U0160694

高等院校
精品课程系列教材

Premiere 非线性编辑

Premiere Pro 2020

张雅明 高茹 ◎ 主编
王欣 李娜 李欣 ◎ 副主编

人民邮电出版社
北京

图书在版编目（CIP）数据

Premiere非线性编辑 : Premiere Pro 2020 : 全彩微课版 / 张雅明，高茹主编. -- 北京 : 人民邮电出版社，2024.2
高等院校数字艺术精品课程系列教材
ISBN 978-7-115-62967-8

Ⅰ. ①P… Ⅱ. ①张… ②高… Ⅲ. ①视频编辑软件－高等学校－教材 Ⅳ. ①TN94

中国国家版本馆CIP数据核字(2023)第192713号

内 容 提 要

本书结合影视制作基本流程，整合视频剪辑过程中涉及的知识和技能，兼顾技术与艺术的综合应用，通过理论与实践结合的方式，系统介绍视频剪辑必备的理论知识，以不同侧重点的视频制作项目为引领，探讨视频剪辑的技巧和方法。本书内容包括基础剪辑的技术与艺术、视频转场与动画的应用、视频特效的添加、字幕设计、画面调色、抠像合成等。全书以循序渐进的方式让读者由浅入深地学习，逐渐具备视频作品创意设计、剪辑制作的综合能力。

本书适合作为高等职业院校影视类专业、数字媒体类专业、摄影摄像类专业视频制作相关课程的教材，也可供媒体类行业的从业人员阅读参考。

◆ 主　　编　张雅明　高　茹
　副 主 编　王　欣　李　娜　李　欣
　责任编辑　马　媛
　责任印制　王　郁　焦志炜

◆ 人民邮电出版社出版发行　　北京市丰台区成寿寺路 11 号
　邮编　100164　　电子邮件　315@ptpress.com.cn
　网址　https://www.ptpress.com.cn
　北京瑞禾彩色印刷有限公司印刷

◆ 开本：787×1092　1/16
　印张：13.75　　2024 年 2 月第 1 版
　字数：342 千字　　2025 年 1 月北京第 3 次印刷

定价：69.80 元

读者服务热线：(010)81055256　印装质量热线：(010)81055316
反盗版热线：(010)81055315
广告经营许可证：京东市监广登字 20170147 号

前言 FOREWORD

新媒体技术的发展，短视频行业的火爆，吸引了一大批视频制作专业人士和业余爱好者，在这个人人都在自我提升的新媒体时代，碎片化的学习已不能满足广大读者的学习需求。本书能让读者进行系统性的学习，真正掌握视频剪辑的技术和艺术，成就自己的职业和爱好。

本着“专业＋兴趣、基础＋提升、够用＋拓展”的思路，编者通过广泛的调研，分析视频制作相关岗位的典型工作任务，对应视频剪辑各工序整理技能点和知识点，设计技能训练项目，集成相关技术理论知识与技能训练项目，按照视频处理的工作过程加以排列，形成以视频编辑工作过程为逻辑的教学项目。同时充分考虑视频制作技术的应用领域和市场需求的变化，结合不同读者的学习需求和特点，将教学内容序化为基础剪辑、转场与动画、视频特效、字幕设计、画面调色、抠像合成 6 个教学单元。第一单元主要讲解剪辑技术和镜头组接的艺术；第二单元主要讲解视转场的添加方法和动画的制作技巧；第三单元主要讲解灵活应用视频特效，为作品增加更多创意效果的方法；第四单元主要讲解不同特点和不同应用场合的字幕设计方法；第五单元主要讲解画面的调色，以及用色彩更好地表达作品情感的技巧；最后第六单元主要讲解抠像技术。以上 6 个教学单元实现了对剪辑知识讲解的全覆盖，帮助读者逐步提升剪辑技能。

本书每个教学单元都设计了基础项目与提升项目。基础项目主要讲解视频制作过程中必备的基础知识和基本技能，通过学习读者可以胜任基本的视频编辑工作；提升项目主要讲解一些操作技巧、创意思路和综合应用知识，通过学习读者可以提高剪辑的工作效率，提升作品的创意水平，培养灵活的剪辑思路，从而能够胜任更专业的后期制作工作。各单元通过基础项目和提升项目的设计，层次化了学习内容，读者可根据自己的需求和学习能力有选择地进行内容模块的学习，自己把握学习强度。本书既能满足专业化的学习需求，又能给业余爱好者带来良好的学习体验。

本书在项目案例的选取与设计上遵循了以德为先的价值导向，读者在制作案例、学习知识、掌握技能的同时，自然而然地受到审美意识、文化自信、家国情怀、工匠精神的感染。此外，本书还融入了价值教育元素，以实现润物细无声的育人目的。

本书由石家庄信息工程职业学院张雅明、高茹任主编，王欣、李娜、李欣任副主编。由于编者水平有限，书中难免存在不足之处，欢迎广大读者、专家批评指正。

编　者

2023 年 4 月

目录 CONTENTS

第一单元　成为真正的“剪刀手”——基础剪辑

项目 1　小镜头，表现大美好——制作《春意盎然》视频短片

02

项目 2　小镜头，剪辑大情怀——剪辑《盛世华夏》创意短片

第二单元 变幻莫测——转场与动画

第三单元　不能说的秘密——视频特效

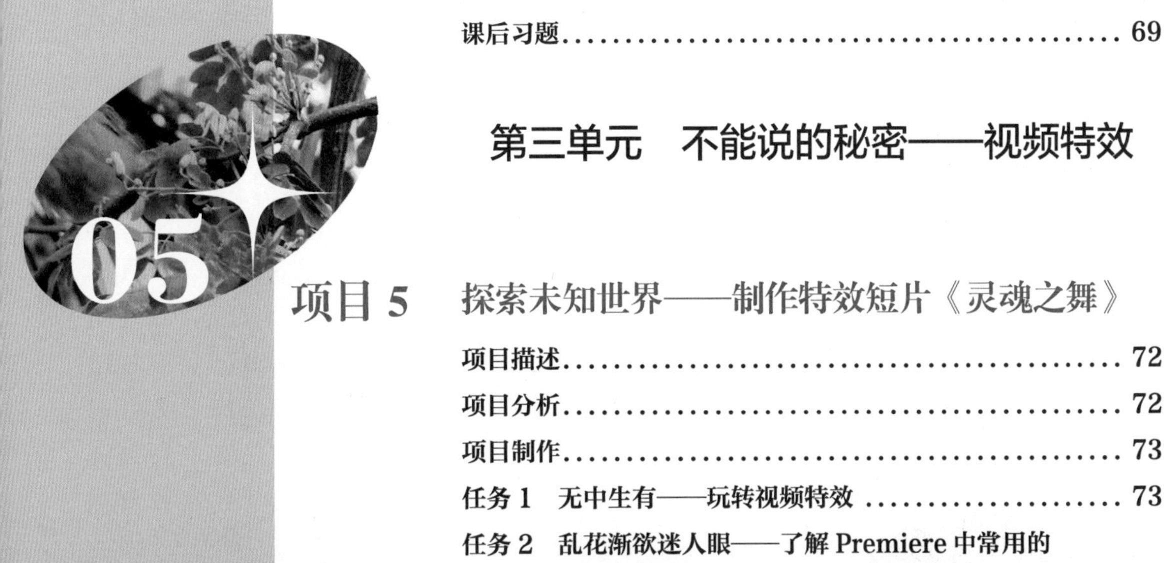

项目 5　探索未知世界——制作特效短片《灵魂之舞》

06

项目 6　于无形处见有形——制作电子相册《古城之旅》

目 录

第四单元 隶篆章草行墨去——字幕设计

项目7 铁画银钩藏雅韵——《中国·西沙》字幕制作

08

项目8 粗微浓淡漫馨香——动态图形字幕设计

第五单元　赤橙黄绿青蓝紫，谁持彩练当空舞？——画面调色

项目 9　最是橙黄橘绿时——试一试 Premiere 调色的 4 种小方法

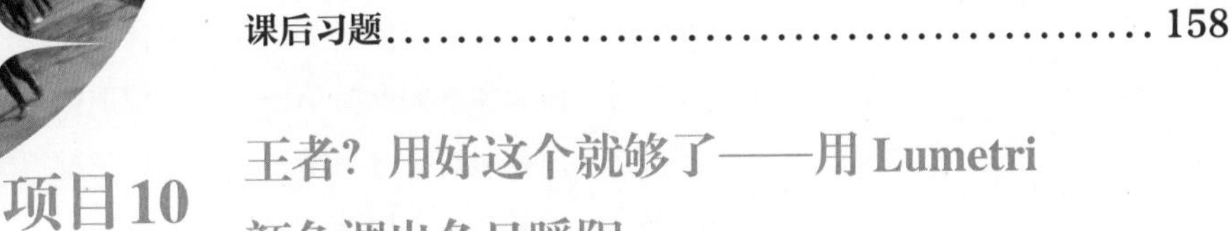

10 项目 10　王者？用好这个就够了——用 Lumetri 颜色调出冬日暖阳

目录 CONTENTS

项目 12 遮显之间，虚实交错——用“键控”特效组制作多种风格的短片

第一单元

成为真正的“剪刀手”——基础剪辑

随着新媒体技术的发展，视频已经成为大众生活中必不可少的娱乐方式。在人手一部手机的当下，拍摄照片和录制视频变得极为容易。对大众来说，视频剪辑也不再是神秘的话题。很多轻便的剪辑工具让我们能轻松制作出一个小视频。但要让你的视频更吸引观众、更与众不同，就需要系统地学习剪辑的技术和艺术。通过学习本单元的基础剪辑技巧，你将成为真正的“剪刀手”，然后不断进阶，就能通过剪辑流畅地讲一个精彩的故事。

单元导学

项目层次	基础项目	提升项目
项目名称	项目 1：小镜头，表现大美好—— 制作《春意盎然》视频短片	项目 2：小镜头，剪辑大情怀—— 剪辑《盛世华夏》创意短片
学习目标	1. 熟悉 Premiere 的工作界面 2. 掌握新建项目的方法 3. 掌握导入素材的方法 4. 熟悉特效控制面板，能够熟练调整素材画面的尺寸 5. 熟练运用 Premiere 对素材进行裁切 6. 掌握调整播放速度的方法 7. 了解视频导出过程中的编码设置问题，能够导出所需格式的视频文件	1. 学会多种素材的应用与处理 2. 熟练应用素材监视器进行素材的剪辑处理 3. 尝试字幕的初级应用 4. 了解音画节奏的调节思路和方法 5. 初步体会镜头组接规律
预期效果	从素材导入、裁切、调速，到最后输出一个简单的作品，读者可以学会基本的视频剪辑方法	学习更多的剪辑技巧和处理素材的方法，以及音画同步的节奏调节艺术，成为真正的“剪刀手”
建议学时	4（理论 2 学时、实践 2 学时）	4（理论 2 学时、实践 2 学时）

01 项目 1

小镜头，表现大美好——制作《春意盎然》视频短片

项目描述

每当春天来临，树枝上的嫩芽抖落着点点露珠，路边的花随着微风摇曳起舞，鸟儿欢快地歌唱着，秧歌般跳跃在枝头，处处都是春天的气息，每一处景色都是一幅美丽的画卷。我们会把这一切拍摄下来，然后和更多的人去分享这份美好。但有时拍摄好的视频时间太长，偶尔画面里还会出现不相关的内容，我们在组织画面的时候，该如何解决这些问题呢？我们可以通过本项目来学习视频短片的制作方法。

项目分析

1．项目素材

拍摄日出、叶子上的水滴滴落、小草生长、花朵盛开的视频，按照一定的逻辑将其组接成一部视频短片，并配上恰当的背景音乐和音效。本项目提供的素材如图 1-1 所示。

图 1-1　项目素材

2．制作要求

- 短片时长：15 秒。
- 每个素材的持续时间为 3 秒。
- 调整各素材大小，以匹配视频画幅大小。
- 各素材需裁剪合适的片段进行组接，并适当调整播放速度。
- 裁剪音效，以配合画面，实现音画对位。
- 添加背景音乐并进行裁剪，以适应短片时长。
- 导出 MP4 格式的视频。

3．样片剪辑效果

样片剪辑效果如图 1-2 所示。

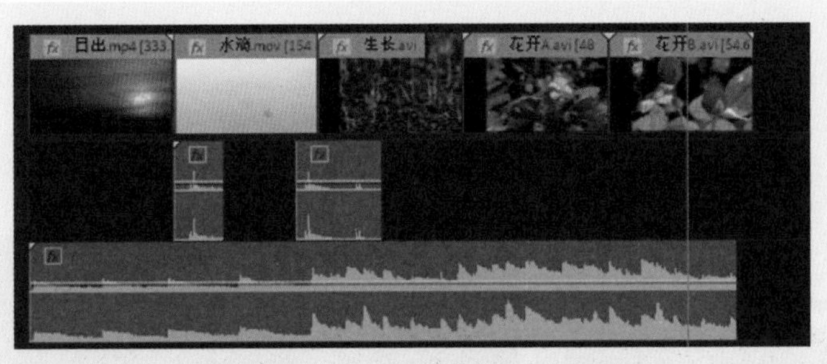

图 1-2 《春意盎然》样片剪辑效果

项目制作

任务 1 千里之行，始于足下——新建项目、导入素材

1. 新建项目

新建项目、导入素材

（1）启动 Premiere，进入【主页】面板，如图 1-3 所示。在【主页】面板上单击“新建项目”按钮，或直接关闭【主页】面板，在应用程序窗口中单击“文件”菜单，选择“新建→项目”命令，如图 1-4 所示。

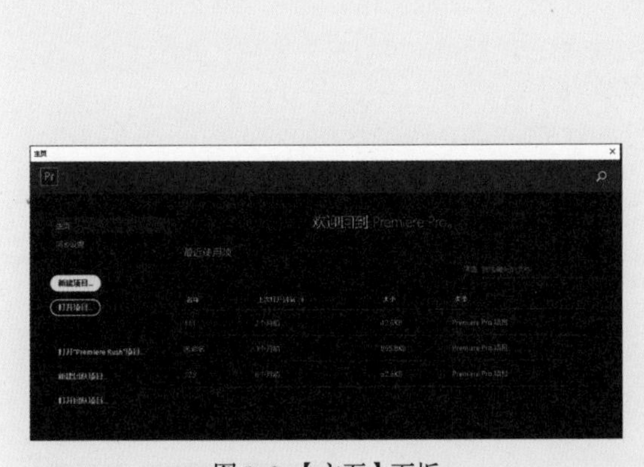

图 1-3 【主页】面板

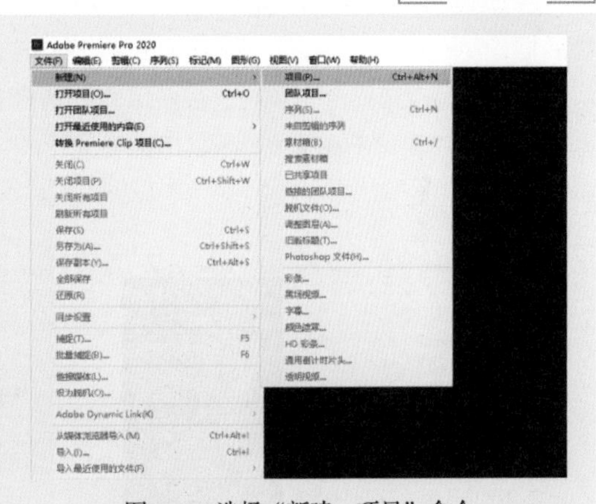

图 1-4 选择“新建→项目”命令

说明

本书使用的软件是 Adobe Premiere Pro 2020，读者可根据自己计算机的配置情况，选择合适的版本来完成本书的学习和实践。

（2）在弹出的“新建项目”对话框中将项目名称设为“春意盎然”，单击“位置”右边的“浏览”按钮，选择项目的存放路径，如图 1-5 所示。单击“确定”按钮，进入 Premiere 的工作界面，在视频剪辑过程中，我们主要使用工作界面中的 6 个面板，如图 1-6 所示。【工具】面板提供不同的工具，以便用户对素材进行剪辑与编辑；【项目】面板主要用于管理所有的素材文件，包括视频、音频、图片等；【时间轴】面板是对素材进行剪辑操作的主要工作区；【节目监视器】面板用于实时预览素材编辑过程中的画面效果；【效果控件】面板用于添加和调整视频和音频的效果，如颜色校正、特效、转场等；【源监视器】面板用于预览项目面板中选中的素材文件。

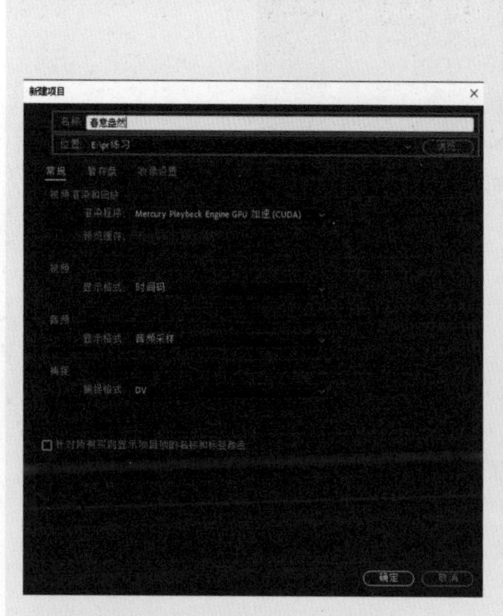

图 1–5 “新建项目”对话框

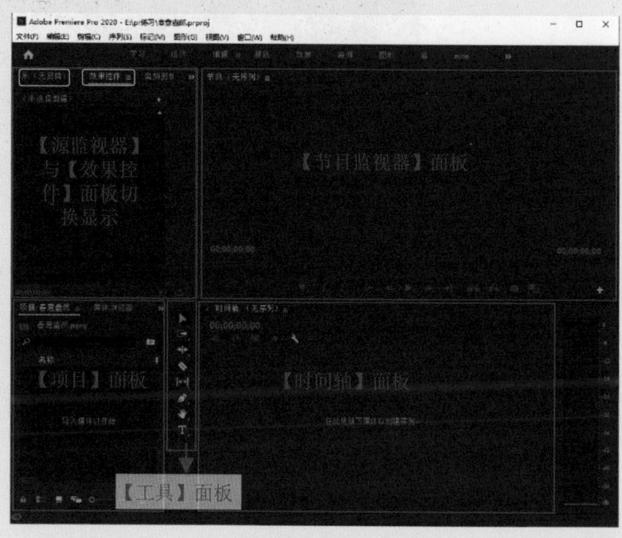

图 1–6 Premiere 工作界面

2．导入素材

（1）单击“文件”菜单，选择“导入”命令，如图 1–7 所示，或直接按快捷键 Ctrl+I，打开“导入”对话框，也可以在【项目】面板的空白处双击打开“导入”对话框。在“导入”对话框中选择要导入的素材，可以选择一个素材，也可以同时选择多个素材，然后单击“打开”按钮，如图 1–8 所示。也可以先打开素材所在的文件夹，选择要使用的素材，然后直接将其拖曳到【项目】面板中，如图 1–9 所示。

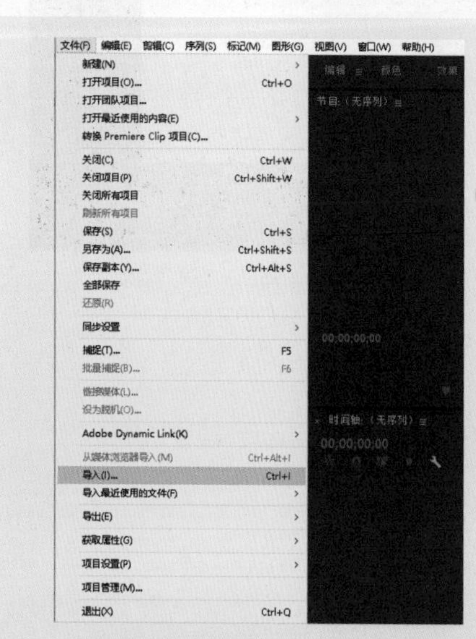

图 1–7 选择“导入”命令

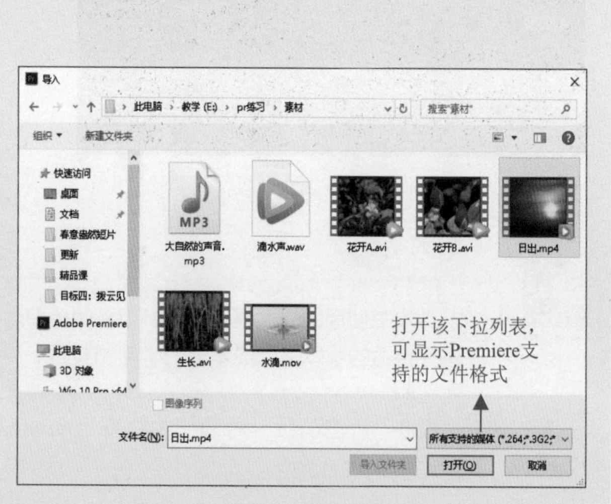

图 1–8 选择素材

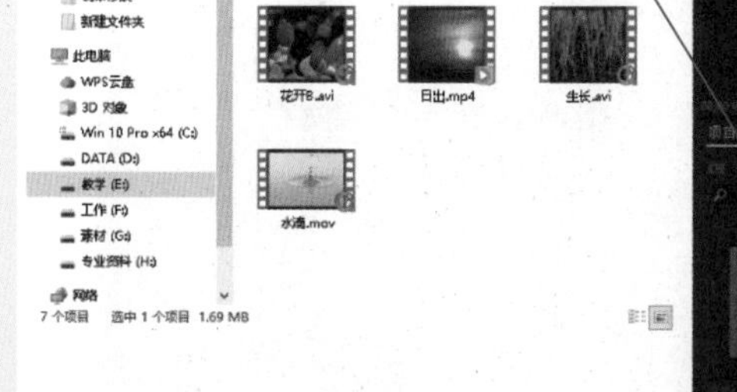
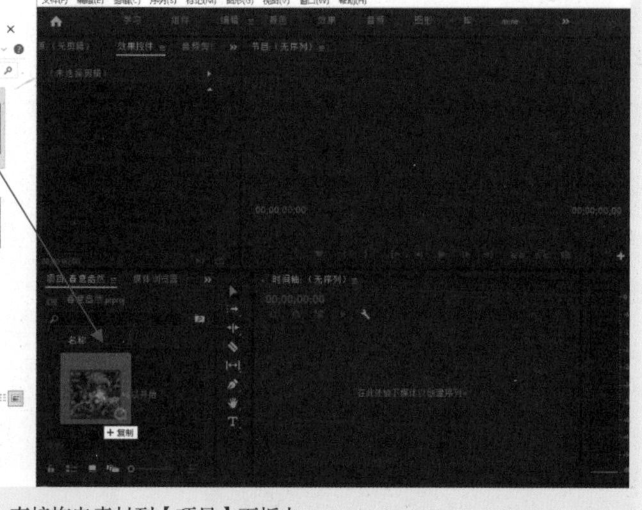

图 1-9　直接拖曳素材到【项目】面板中

（2）导入的素材会在【项目】面板中显示，【项目】面板有列表视图、图标视图、自由变换视图 3 种视图显示方式。

- 列表视图指用列表的方式显示素材的详细信息，如帧速率、开始时间、结束时间等，如图 1-10 所示。

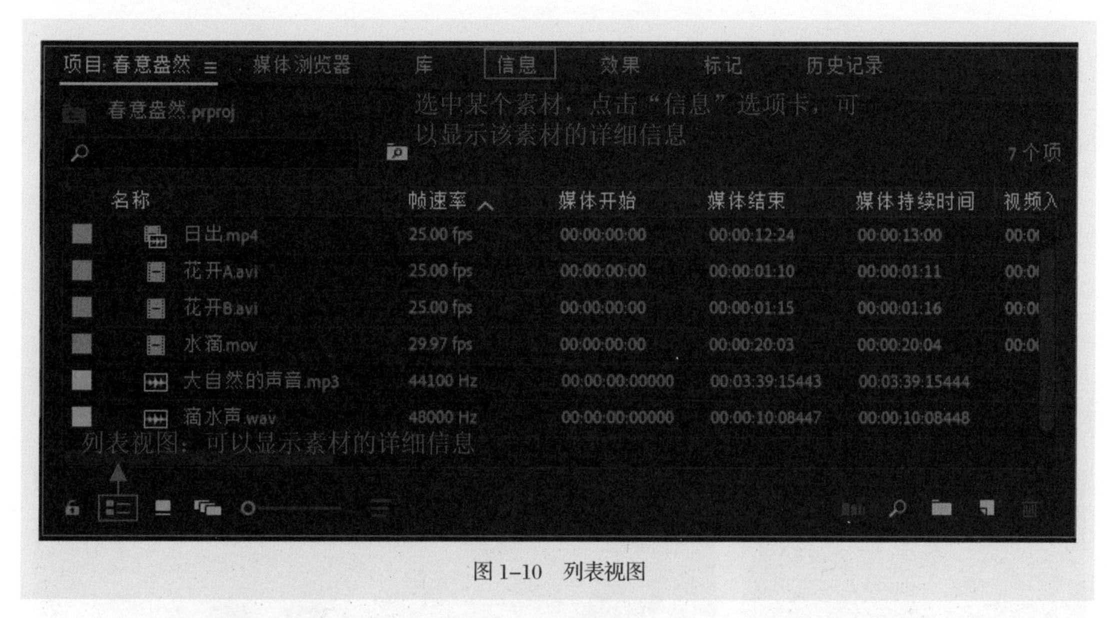

图 1-10　列表视图

- 图标视图以缩略图的方式显示每个素材的画面效果，并且在图标视图下，可以通过“排序图标”按钮对素材按指定的方式进行排序，如图 1-11 所示。
- 在自由变换视图下，素材仍以缩略图的方式显示，但用户可以通过拖曳自由调整其在【项目】面板中的位置，如图 1-12 所示。

图 1-11　图标视图

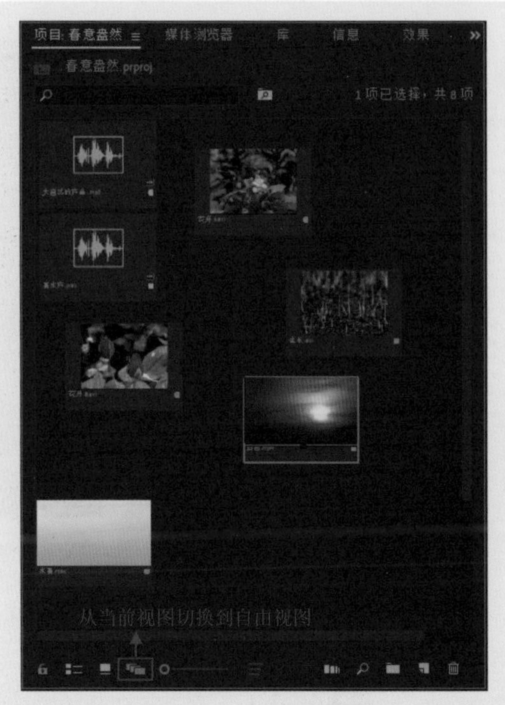

图 1-12　自由变换视图

（3）常用按钮。【项目】面板下方还有一些常用的按钮，可以用来执行某些操作。

- “调整素材显示大小”按钮：向右或向左拖动圆形滑块，可以放大或缩小素材。
- “查找”按钮：如果【项目】面板中的素材较多，可以通过该功能快速找到想要使用的素材，如图 1-13 所示。也可以在【项目】面板左上方的搜索框输入想要查找的素材名称，但要注意这里的搜索具有过滤素材的功能，即输入要查找的素材名称后，【项目】面板中只显示该素材，其他素材则会被过滤掉，如图 1-14 所示。
- “新建素材箱”按钮：单击该按钮后，【项目】面板中会出现“素材箱”文件夹，如图 1-15 所示，可以根据需要对文件夹重命名，以对素材进行分类管理。
- “新建项”按钮：单击该按钮可以新建序列、调整图层和彩条等素材文件，如图 1-16 所示。

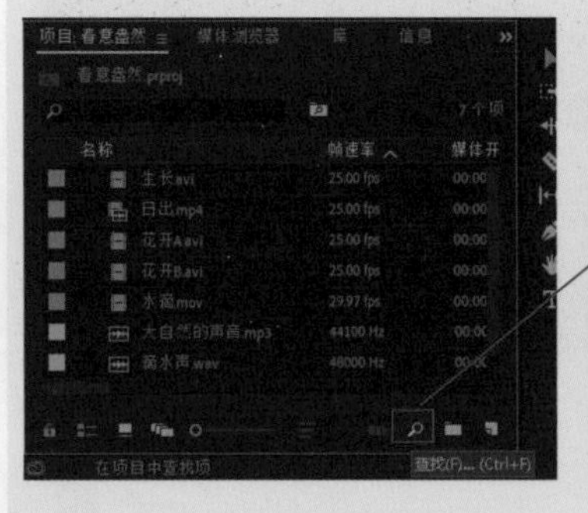

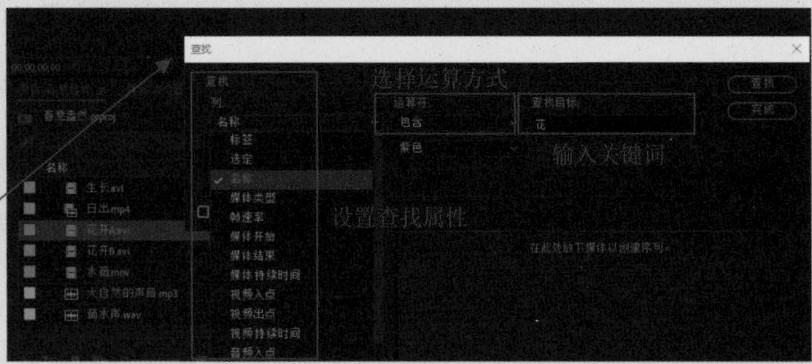

图 1-13　查找素材

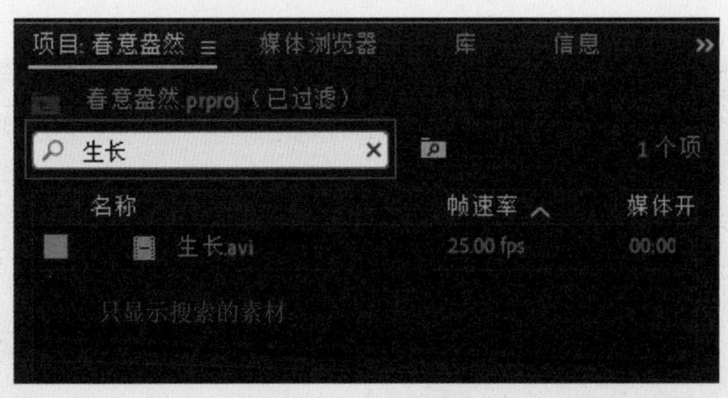

图 1-14　过滤素材

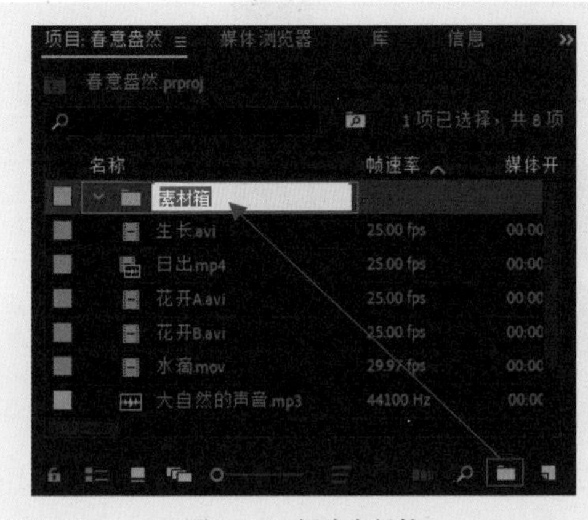

图 1-15　新建素材箱

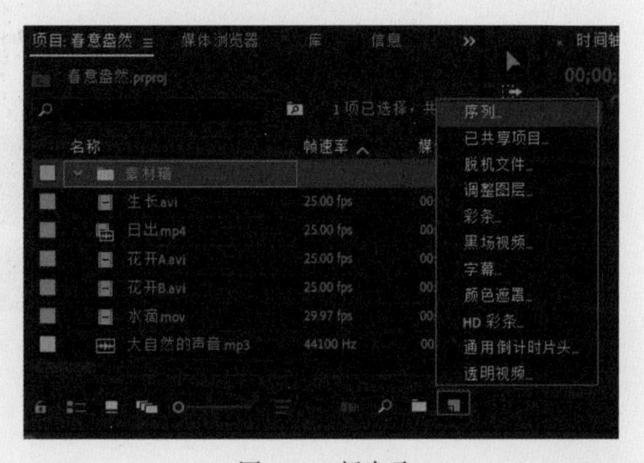

图 1-16　新建项

知识补充 1：常用素材格式（扫描二维码学习）

任务 2　见贤思齐焉——调整素材画面尺寸

导入素材以后，该如何对素材进行编辑呢？可以依据项目需求新建序列，对序列进行参数设置，然后利用序列和【时间轴】面板对素材进行编辑。

1．新建序列

（1）单击“文件”菜单，选择“新建→序列”命令或按快捷键 Ctrl+N，也可以在【项目】面板空白处右击，选择“新建项目→序列”命令，还可以单击【项目】面板右下角的“新建项”按钮，选择“序列”命令，打开“新建序列”对话框。

（2）在“新建序列”对话框中选择“序列预设”选项卡，从中选择“HDV → HDV 720p25”序列预设，在右侧的“预设描述”中可以看到该序列的帧大小、帧速率等参数设置。在“序列名称”输入框中修改序列的名称，默认名称为“序列 01”（如果再次新建序列，则默认名称为“序列 02”，依次类推），然后单击“确定”按钮，如图 1-17 所示。

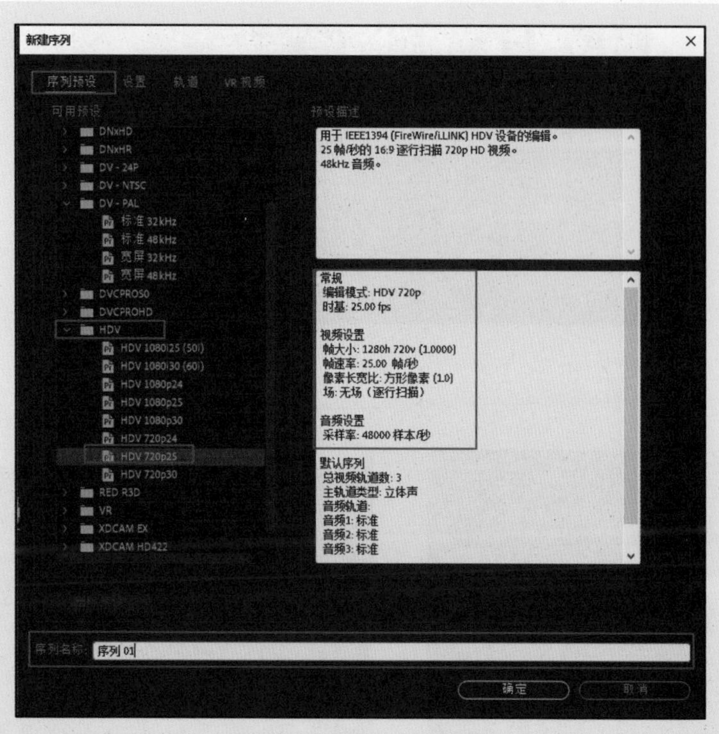

图 1–17 “新建序列”对话框

常用的序列预设还有“DV-PAL →标准 48kHz”和“DV-PAL →宽屏 48kHz”等，如图 1–18 所示。

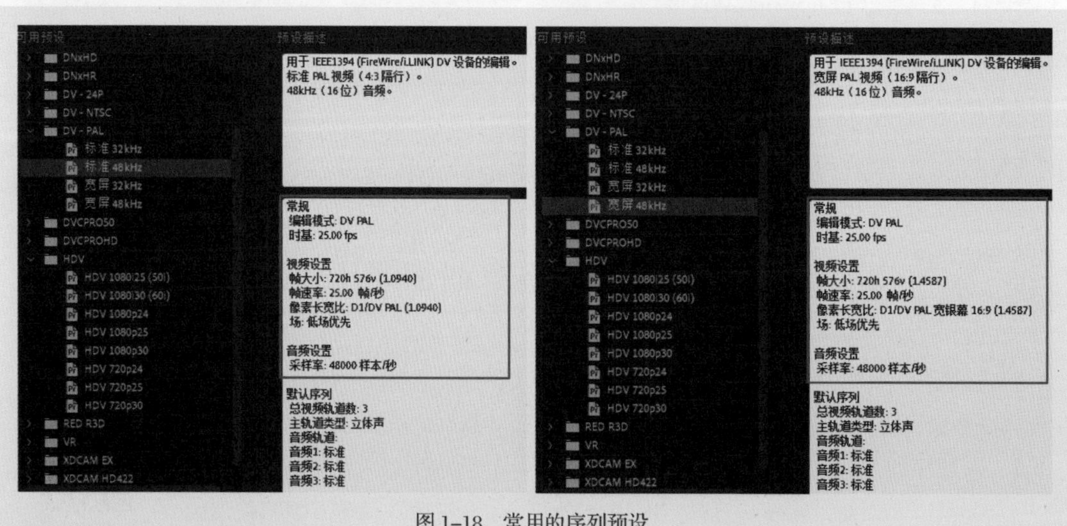

图 1–18 常用的序列预设

也可以进行序列的自定义设置。在“新建序列”对话框中切换至“设置”选项卡，在“编辑模式”下拉列表中选择“自定义”，可自行设置序列的时基、帧大小、像素长宽比等参数，如图 1–19 所示。

图 1-19 自定义序列设置

知识补充 2：什么是序列？视频制作中的一些常用概念解析（扫描二维码学习）

知识补充 2

2. 认识【时间轴】面板

新建序列以后，在【项目】面板中会看到名为“序列 01”的序列文件。可以右击该序列将其重命名。单击“序列 01”，右侧将显示“序列 01”的【时间轴】面板，如图 1-20 所示。

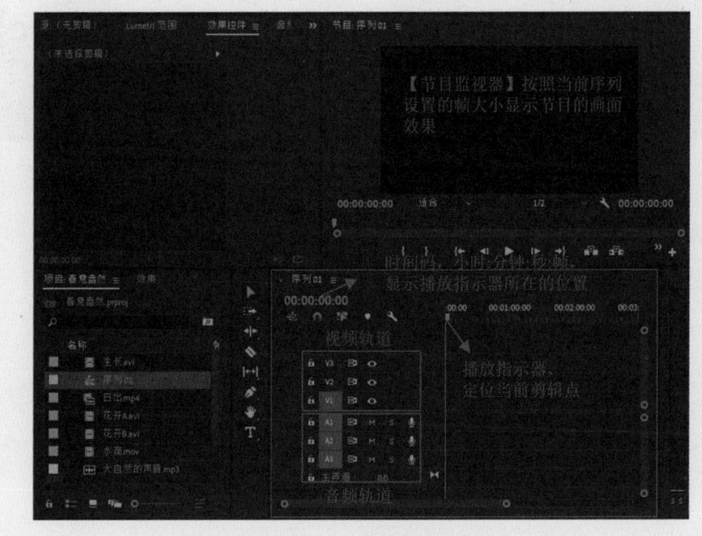

图 1-20 【时间轴】面板

3. 拖入素材

将“日出. mp4”视频素材拖入视频轨道 V1，当拖入的视频素材分辨率和序列设置不一样时，会弹出“剪辑不匹配警告”对话框，如图 1–21 所示。如需要更改序列设置以匹配素材时，单击“更改序列设置”按钮，否则单击“保持现有设置”。视频素材放入时间轴的 V1 轨道后，如果该视频素材带有音频，会在对应的 A1 音频轨道显示相应的音频素材，如图 1–22 所示。

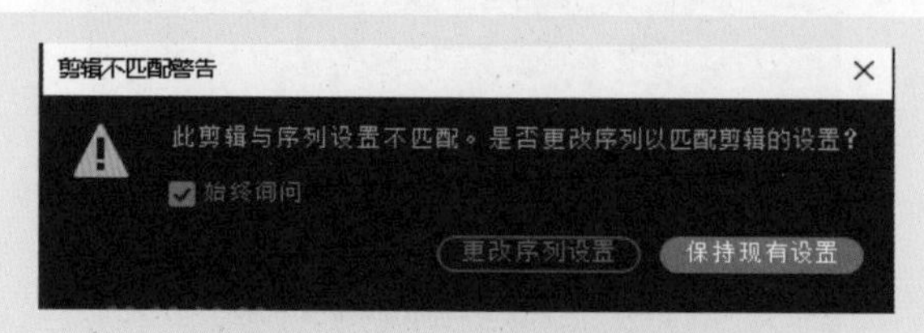

图 1–21 “剪辑不匹配警告”对话框

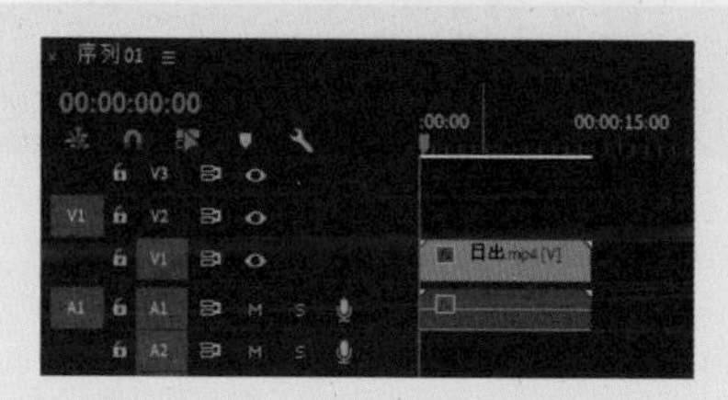

图 1–22 素材的音视频轨道

依次将视频素材“水滴 .mov”“生长 .avi”“花开 A.avi”“花开 B.avi”拖入视频轨道 V1，将这些素材片段初步拼接在一起，如图 1–23 所示。

图 1–23 视频轨道上的素材拼接效果

4. 调整素材画面大小

单击 V1 轨道上的“日出 .mp4”素材片段，使其处于选中状态，并将播放指示器移动到选中的片段上，确保在【节目监视器】面板中看到的画面和当前选中的素材是一致的。然后在【效果控件】面板中展开“运动”控件，可以进行位置、缩放、旋转、锚点等基本属性的设置。

- 位置：调整素材在画面中的位置，默认在中间。
- 缩放：调整素材画幅的大小，可以取消勾选“等比缩放”复选框，进行高度和宽度的分别调整。
- 旋转：旋转素材画面。
- 锚点：素材的中心，是素材进行位置移动、缩放和旋转的参考点。
- 防闪烁滤镜：显示在隔行扫描显示器上时，图像中的细线和锐利边缘有时会闪烁，该属性可以减少甚至消除这种闪烁。随着强度的增加，将消除更多闪烁，但是图像也会变淡。

将“日出 .mp4”的缩放属性调整到 67.0，使其适合序列窗口的大小，如图 1–24 所示。

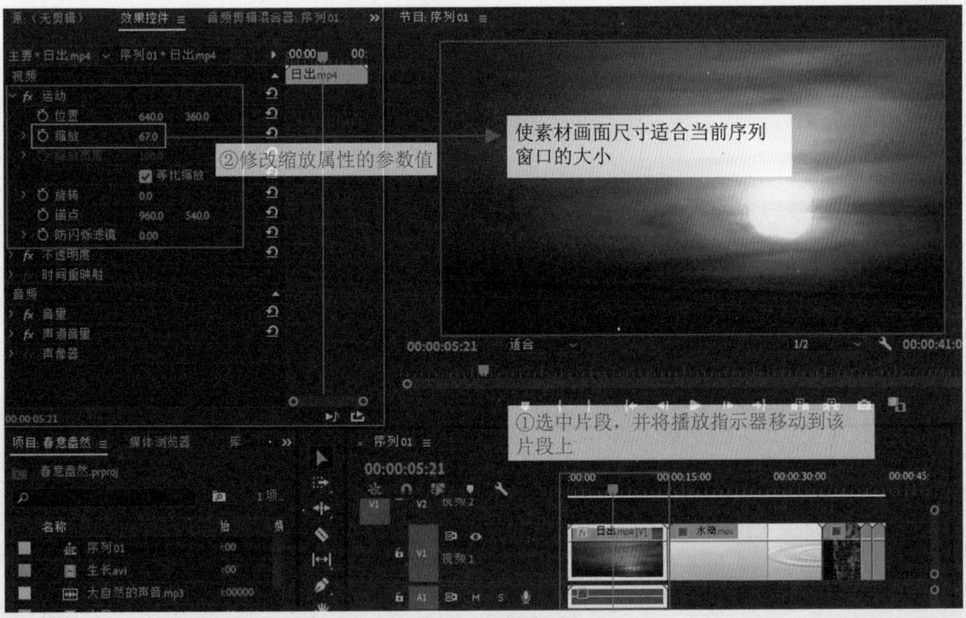

图 1-24 调整“缩放”属性

单击“运动”控件将其选中，这时在【节目监视器】面板中显示的画面的四周会出现 8 个白色控制点，将鼠标指针放在控制点上，鼠标指针将变成双向箭头形状，然后拖动控制点即可灵活调节画面大小，如图 1-25 所示。

图 1-25 在【节目监视器】面板中拖动控制点调节画面大小

调节轨道上其他素材的画面大小，使其适合序列窗口的大小，从而实现整个短片画面大小的统一。

任务 3 刀光“剪”影练“神功”——裁切素材

为了统一视频短片的背景音乐和方便后续的剪辑操作，我们可以先去除视频素材自带的音频，然后根据项目要求对素材片段进行裁切处理。

1．去掉视频素材自带的音频

右击【时间轴】面板 V1 轨道上的视频素材，选择“取消链接”命令，然后选中 A1 音频轨道上的音频，按 Delete 键删除音频。也可以直接在【时间轴】面板取消选中“链接选择项”按钮，这样轨道上的所有素材片段都会取消音视频的链接，如图 1–26 所示。

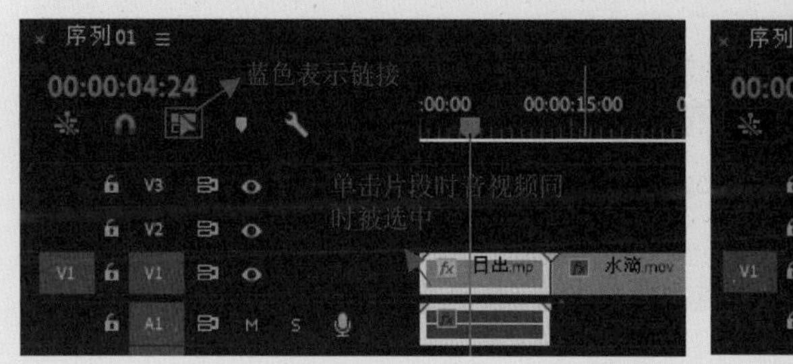

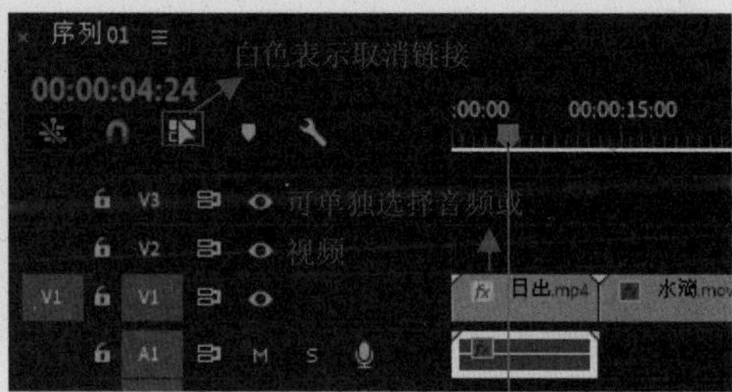

图 1–26 音视频链接与取消链接状态

2．调整时间轴轨道的显示长度

按“加号”（+）键或“减号”（–）键可分别放大或缩小时间轴轨道的显示长度，以便进行精准剪辑操作。也可以拖动【时间轴】面板下方的圆形滑块进行缩放显示，如图 1–27 所示。

图 1–27 时间轴缩放滑块

3．将“日出．mp4”视频素材的前 3 秒裁切掉

（1）将播放指示器移动至 3 秒（00:00:03:00）处，在【工具】面板中选择剃刀工具，鼠标指针变成刀片形状，然后在播放指示器所在的位置单击，即可将素材片段裁切成两部分，如图 1–28 所示。然后用选择工具选中要删除的片段，如图 1–29 所示，按 Delete 键删除。

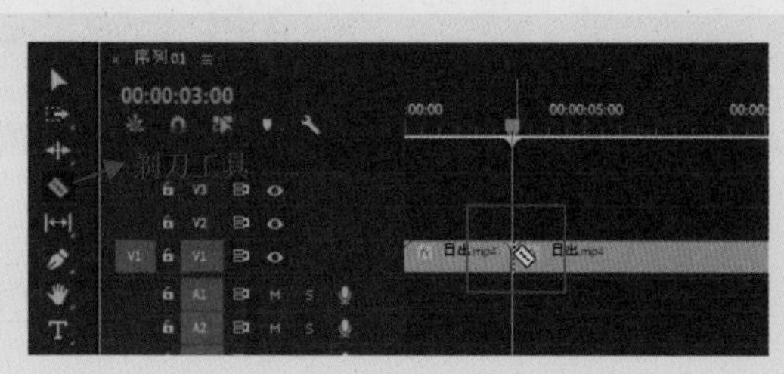

图 1–28 应用剃刀工具裁切片段

图 1-29　应用选择工具选中片段

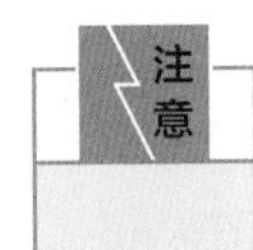

使用完剃刀工具后，一定要切换回选择工具，否则在素材片段上单击会再次进行裁切操作。

（2）如果素材片段是从入点（素材的开始点）或出点（素材的结束点）开始裁切，可以直接用选择工具通过拖动完成裁切，如图 1-30 所示。

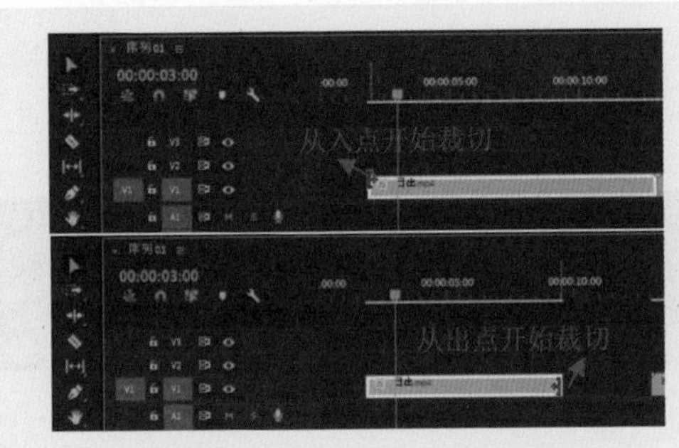

图 1-30　从入点和出点裁切素材

（3）如果直接按 Delete 键将裁切的片段删除，会留出相应时长的空隙，需要手动将后面的素材片段向前移动进行补齐。而如果用波纹删除的方法，后面的片段会自动向前补齐，而不产生空隙。操作方法是右击要删除的片段，选择“波纹删除”命令或按快捷键 Shift+Delete。

还可以用波纹编辑工具拖动素材片段的入点或出点，直接在裁切素材的同时实现波纹删除的效果，如图 1-31 所示。

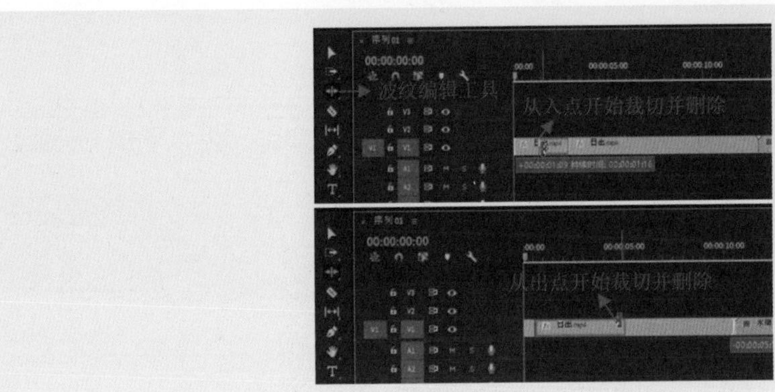

图 1-31　应用波纹编辑工具

（4）裁切和删除素材片段后的时间轴如图 1-32 所示。按空格键或单击【节目监视器】面板中的

“播放”按钮▶，可以预览视频整体播放效果。

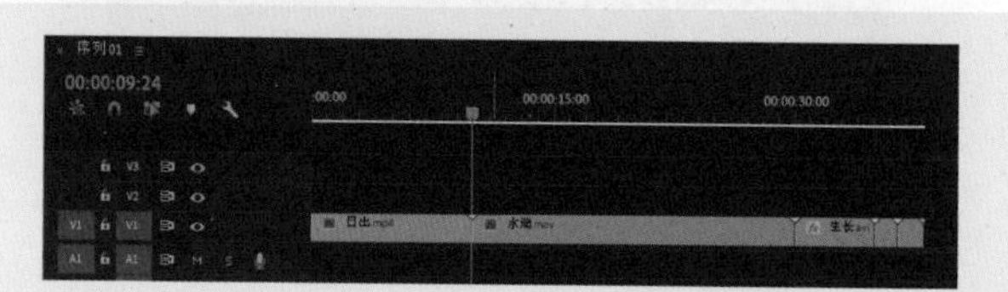

图 1–32　裁切和删除素材片段后的时间轴

如果在操作过程中出现误操作，可按快捷键 Ctrl+Z 撤销误操作。并且在操作过程中需要注意随时保存文件，保存文件的快捷键为 Ctrl+S，Premiere 保存后的项目文件扩展名为“.prproj”。

4．完成其他素材的剪辑

（1）裁切“水滴. mov”视频素材。选取水滴从上往下落的动作开始点作为剪辑点进行裁切，将第 11 秒前的内容裁切掉，以实现水滴和日出动作的流畅组接。水滴滴落动作完成后进行裁切，将第 14 秒以后的内容裁切掉，如图 1–33 所示。

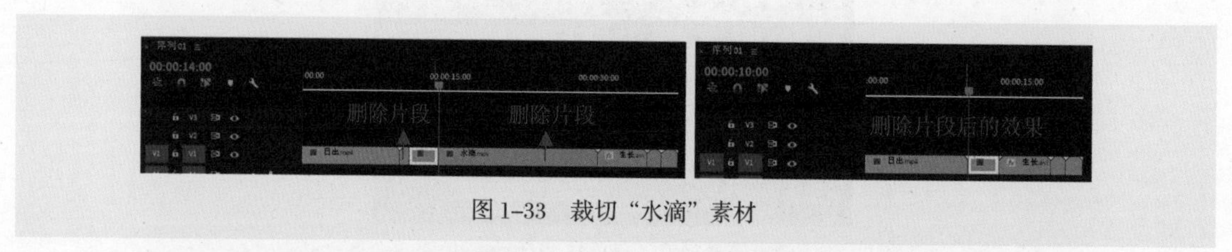

图 1–33　裁切“水滴”素材

（2）裁切“生长. avi”视频素材。保留前 3 秒的素材内容，裁切掉后面的内容，如图 1–34 所示。

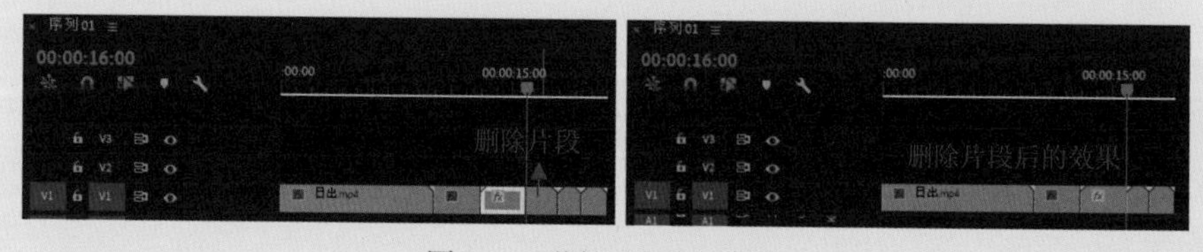

图 1–34　裁切“生长”素材

可以通过左、右方向键逐帧移动播放指示器来准确定位剪辑点。也可以单击【时间轴】面板上的时间码，输入要定位到的时间，如图 1–35 所示。

图 1–35　定位剪辑点

任务 4　时长不够，速度来凑——改变速度和持续时间

任务 3 完成了对素材片段的裁切，其中有些素材片段还存在时长不符合要求的问题，“日出. mp4”视频的片段保留的时长比较长，并且画面播放速度有些慢，与后面的视频节奏不太协调，而最后两个“花开”素材的整体时长不够。接下来按照项目要求（每个素材持续 3 秒）对相关的素材片段进行速度的调节，以达到时长要求，然后添加相应的音效和背景音乐来完成整个作品的制作。

改变速度和持续时间

1. 速度调节

（1）按住波纹编辑工具，在下拉列表中选择比率拉伸工具，如图 1-36 所示。鼠标指针形状发生变化，如图 1-37 所示，拖动入点或出点，可调节素材的时长和播放速度。

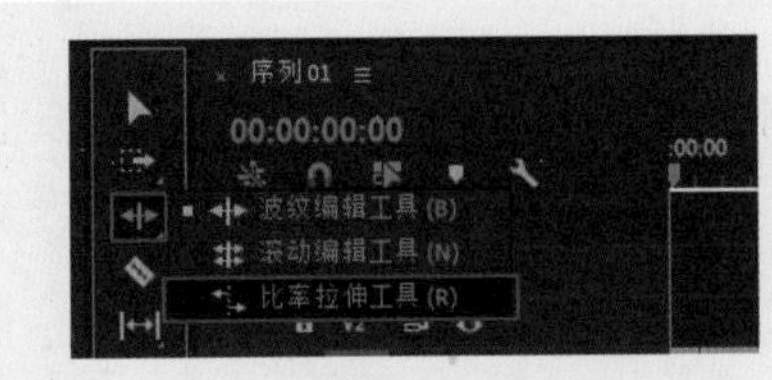

图 1-36　选择比率拉伸工具

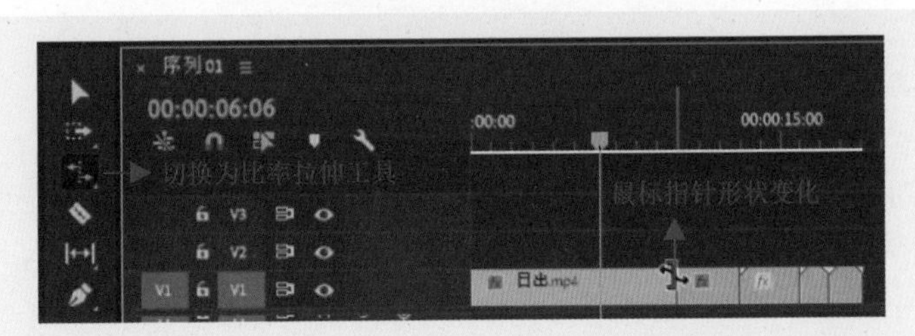

图 1-37　选择比率拉伸工具后鼠标指针的形状

为“日出.mp4”进行调速，把它的持续时长调整为 3 秒。将播放指示器移动到 3 秒处，然后用比率拉伸工具从出点向左拖动到播放指示器所在的时间点，将“日出.mp4”素材片段的时长压缩为 3 秒，播放速度加快，如图 1-38 所示。然后选中调速后产生的空隙，用波纹删除的方法将其删除，使后面的素材片段自动前移，如图 1-39 所示。

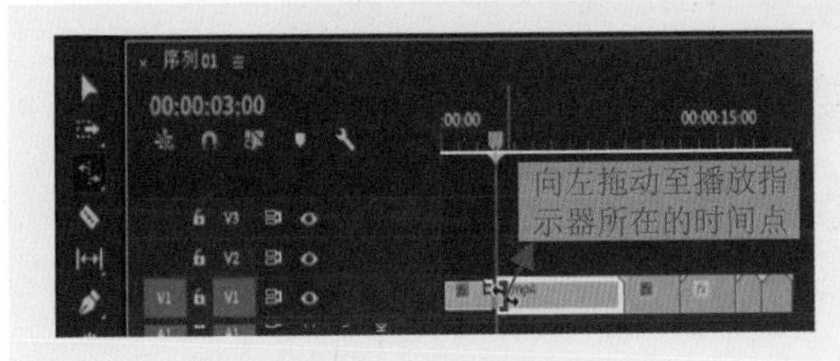

图 1-38　向左拖动出点

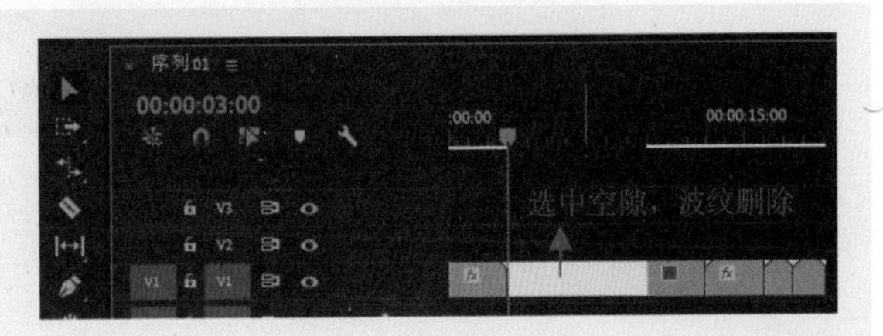

图 1-39　删除空隙

调速后，影片在播放时可能会出现抖动现象，可以右击轨道上的素材片段，选择“时间差值→帧混合”命令来消除抖动。

（2）选中视频轨道上的“花开 A.avi”素材片段，单击鼠标右键，选择“速度 / 持续时间”命令，打开“剪辑速度 / 持续时间”对话框，可以通过设置“速度”或“持续时间”的参数来调节速度和持续时间，这里我们直接将“持续时间”设置为 3 秒，如图 1-40 所示。则该素材的播放时间延长为 3 秒，速度变慢。对“花开 B.mp4”素材片段也用同样的方式调慢速度。

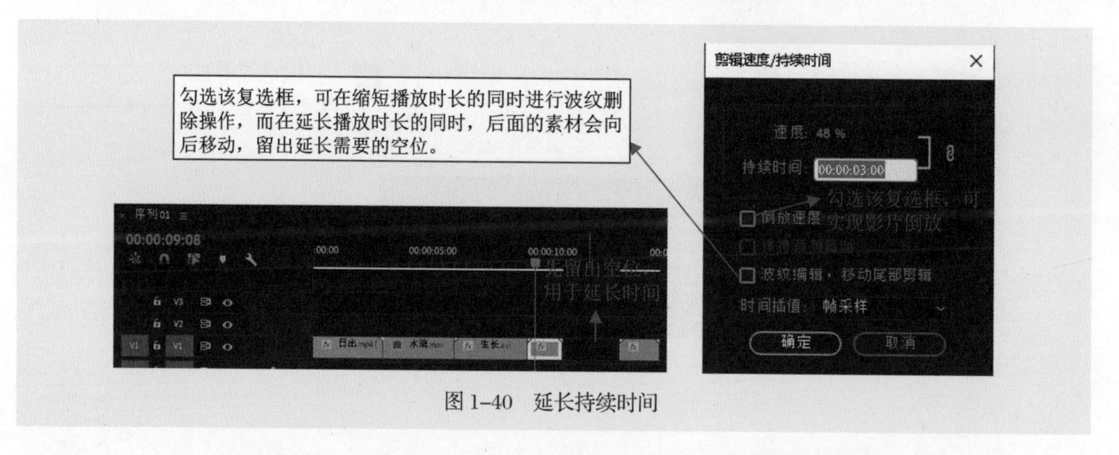

图 1-40　延长持续时间

如果要延长持续时间的片段后面紧跟着其他素材片段，而中间没有空余位置，那么延长持续时间后，延长出来的部分就会被裁切掉。所以，可以勾选“波纹编辑，移动尾部剪辑”复选框，这样它后面的素材就会自动向后移动了。当然，也可以手动拖动后面的片段，留出空余位置。

（3）完成调速后的时间轴如图 1-41 所示。

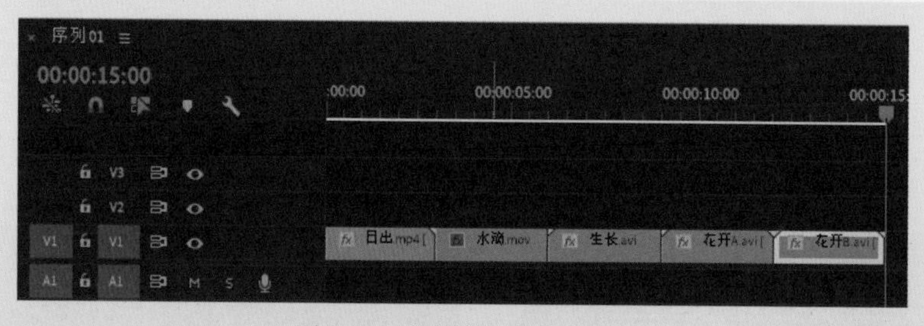

图 1-41　完成调速后的时间轴

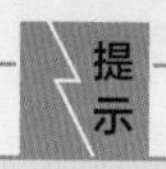

如果要同时操作（如移动、删除等）轨道上的多个素材片段，可以按住 Shift 键，单击需要选择的片段，将它们都选中，一起进行操作。如果是相邻的素材片段，还可以通过框选的方式进行多选。

知识补充 3：应用“时间重映射”命令进行调速处理（扫描二维码学习）

2．添加水滴音效

将“滴水声 .wav”音频素材拖入音频轨道 A1，配合画面水滴落下的动作，裁切合适的音效片段，如图 1-42 所示。

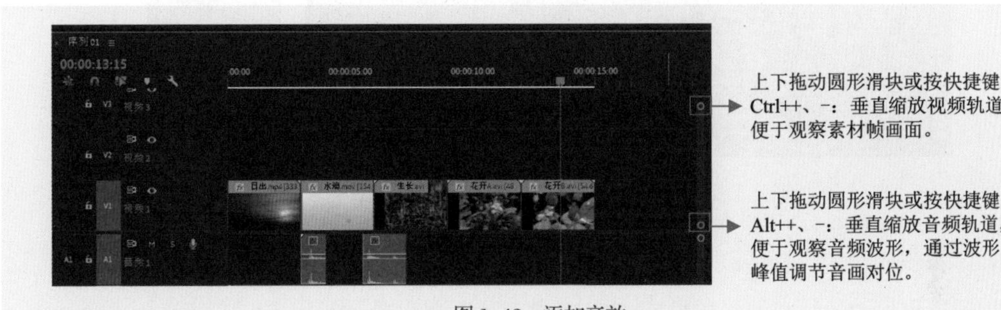

图 1-42　添加音效

3．添加背景音乐

将“大自然的声音 .mp3”拖入音频轨道 A2，根据影片时长进行裁切，完成整个视频短片的剪辑制作，如图 1-43 所示。

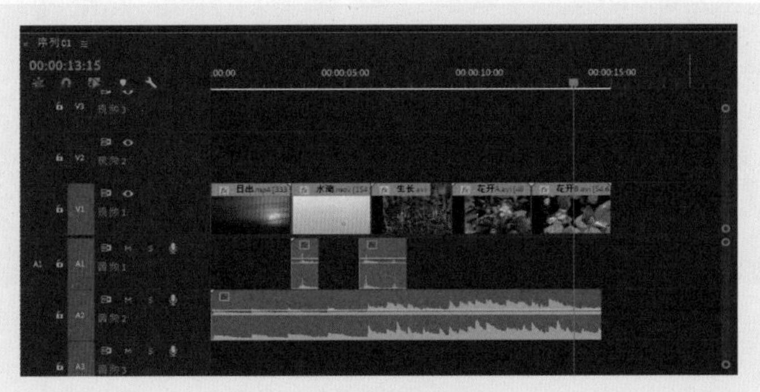

图 1-43　剪辑完成效果

任务 5　守得云开见月明——导出视频

完成第一部作品后，如何把它输出成一个文件，并上传到播放器或网络上呢？单击“文件”菜单，选择“导出→媒体”命令或直接按快捷键 Ctrl+M，打开“导出设置”对话框，选择导出格式，选择文件的存放目录，设置好相关参数后单击“导出”按钮导出视频文件。推荐的导出格式为 H. 264、AVI、QuickTime、Windows Media 等，如图 1-44 所示。

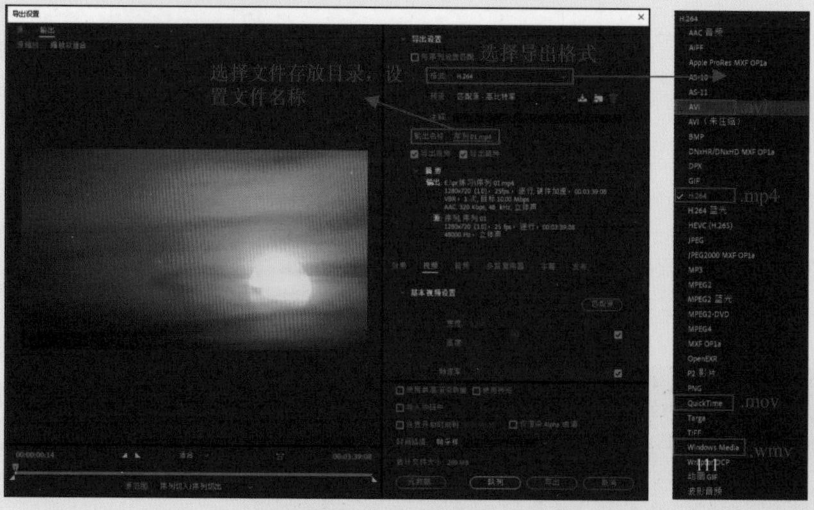

图 1-44 “导出设置”对话框

如果对导出的文件有特殊要求，可以进行特定的设置，如设置视频的宽度、高度、帧速率、比特率等，如图 1-45 所示。还可以设置音频格式、采样率、声道等，如图 1-46 所示。

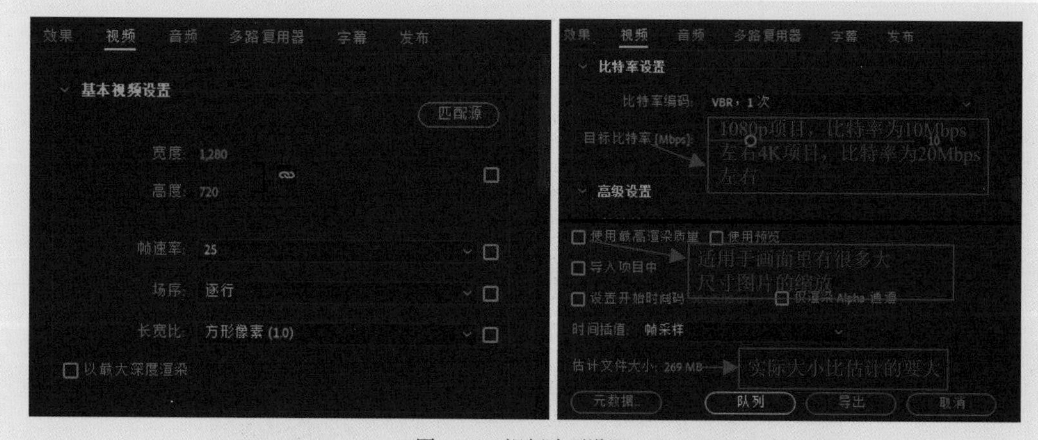

图 1-45 视频选项设置

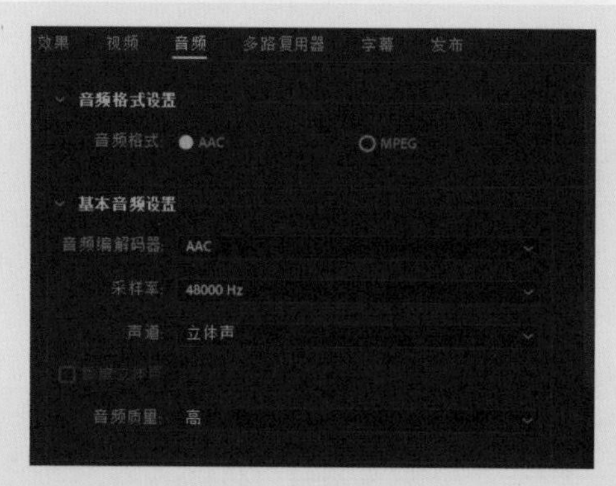

图 1-46 音频选项设置

知识补充 4：什么是比特率和采样率（扫描二维码学习）

要点总结

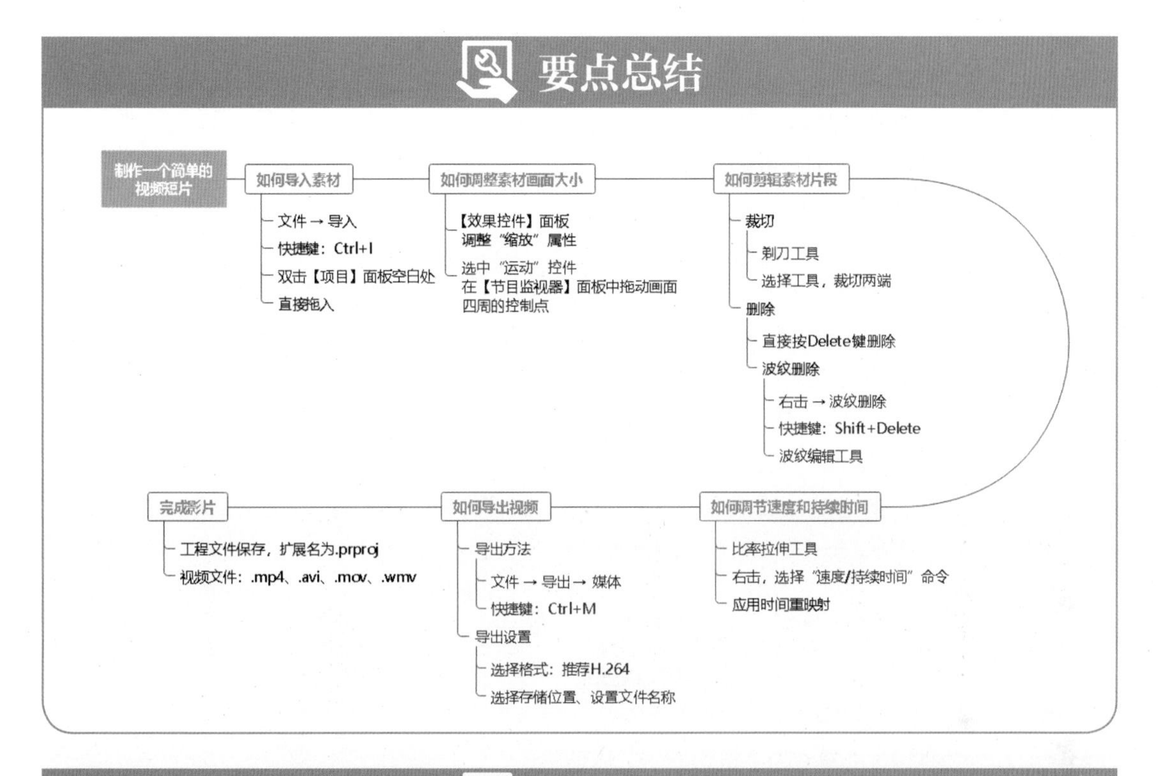

实践训练

电影《开国大典》是一部鉴往知来的历史教科书。该片充分利用黑白历史纪录片资料与实际拍摄的彩色镜头的剪接结合，饱满地展示了强烈的爱国主义精神和国家使命感。电影《我和我的祖国》分别取材中国成立 70 周年以来，祖国经历的无数个历史性经典瞬间，讲述普通人与国家之间息息相关、密不可分的动人故事。我们可以参考这些电影，挑选电影中的精彩镜头，剪辑一个 1 分钟左右的预告片。

课后习题

（一）单项选择题

1．在 Premiere 中创建项目文件的方法是（　　）。

A．Ctrl+N　　B．文件→导入　　C．文件→新建→项目　　D．Shift+N

2. 导入素材的快捷键是（　　）。

A. Ctrl+C　　B. Ctrl+I　　C. Shift+I　　D. Ctrl+S

3. 以下不属于视频文件格式的是（　　）。

A. WAV　　B. AVI　　C. WMV　　D. MOV

4. 可以存储图层、Alpha 通道等信息的图像文件格式是（　　）。

A. JPG　　B. PNG　　C. BMP　　D. PSD

5. 对于 PAL 制式电视系统，帧速率为（　　）。

A. 22 帧 / 秒　　B. 24 帧 / 秒　　C. 23 帧 / 秒　　D. 25 帧 / 秒

6. 在 Premiere 中，用来放置和管理素材的是（　　）。

A. 【项目】面板　　B. 【时间轴】面板

C. 【节目监视器】面板　　D. 【效果控件】面板

7. Premiere 工程文件的扩展名是（　　）。

A. .pro　　B. .premiere　　C. .prproj　　D. .proj

8. 切换为剃刀工具的快捷键是（　　）。

A. Shift+C　　B. C　　C. R　　D. Shift+R

9. 当对素材调整速度后，可能会出现播放时抖动的现象，消除这种抖动的方法是（　　）。

A. 帧混合　　B. 设置标记　　C. 对齐标记　　D. 嵌套素材

10. 如果编辑的视频要在网络上传播，推荐的导出格式是（　　）。

A. H. 264　　B. AVI　　C. Quick Time　　D. MPEG

（二）判断题

1. 执行“文件”→“导入”命令或直接按快捷键 Ctrl+I 可以导入素材。（　　）
2. 在 Premiere 中导入素材时，一次只能导入一个素材。（　　）
3. PAL 制式的 DVD 分辨率为 720 像素 ×576 像素。（　　）
4. 如果原始素材带有声音，放入时间轴轨道后，声音是不能单独删除的。（　　）
5. 使用比率拉伸工具只能改变素材的持续时间，不能改变速度。（　　）

（三）简答题

1. 列举 3 种 Premiere 导入素材的方法。
2. 简要描述一个视频短片的制作流程。
3. 标清、高清、全高清是如何区分的？
4. 调整素材画幅尺寸的方法有哪些？
5. 调节素材播放速度的方法有哪些？

02 项目 2

小镜头，剪辑大情怀——剪辑《盛世华夏》创意短片

项目描述

本项目的主题是《盛世华夏》，看到这个主题，你首先想到的是什么呢？头脑中是不是已经闪现出一个个画面：新中国成立时的热血沸腾，2008 年奥运会和 2022 年冬奥会开幕式的盛大与恢宏，国庆阅兵场上的三军风采与国之重器，众志成城、共克时艰的奉献与感动，一个个温馨的家庭，一张张美丽的笑脸……那么把这些画面好好地组织一下，创意构思，剪辑制作，用镜头语言来表现一个和谐盛世吧。

本项目主要介绍一些剪辑过程中的操作技巧，帮助读者提高工作效率，也让读者在工作中能够游刃有余、得心应手。

项目分析

1. 项目素材

我们可以从专业的素材网上下载或自己拍摄一些符合项目主题的视频和图片，也可以从影视作品（如电影、电视剧、专题片等）中截取符合创意思路的镜头。本项目提供的素材如图 2-1 所示。

图 2-1 部分素材参考

2. 制作要求

- 时长要求：60 秒。
- 根据自己的创意构思，合理选取素材，应用剪辑技巧，使镜头能够表达创意内容。
- 选择合适的背景音乐，让音乐更好地烘托短片的主题。
- 恰当添加能够突出主题的字幕。

项目制作

任务 1　万紫千红总是春——应用多种素材

制作该项目需要用到很多素材，来源不同，格式多样，在使用过程中就会有不同的处理方法，能够合理应用多种素材，是我们进行剪辑工作的一个重要前提。

应用多种素材

1. 素材格式转换

如果在导入素材时出现“文件格式不受支持”的错误提示，如图 2-2 所示，那么这个素材的格式是 Premiere 不支持的，无法正常导入。这时，如果还需要使用该素材，可以考虑借助一些格式转换软件，将其转换为 Premiere 支持的格式就可以导入了。

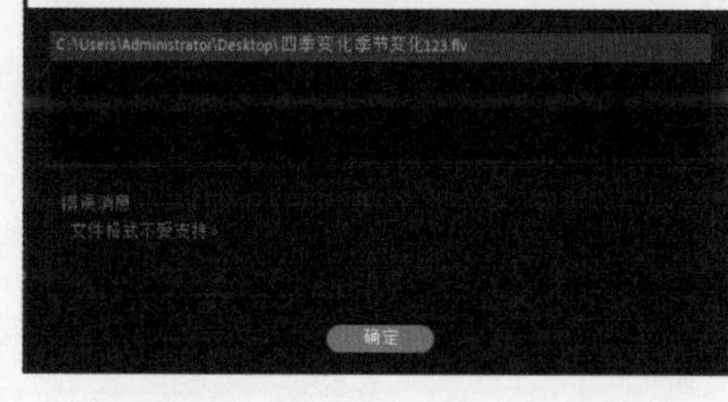

图 2-2　“文件导入失败”对话框

以格式工厂转换软件为例，进行视频转换时，先展开“视频”选项卡，然后单击目标格式，比如选择“MP4”，如图 2-3 所示。然后会弹出所选格式的设置对话框，在对话框里添加要转换的视频文件、设置输出目录，如图 2-4 所示，单击“确定”按钮进入转换界面，再单击“开始”按钮，视频开始转换，如图 2-5 所示。

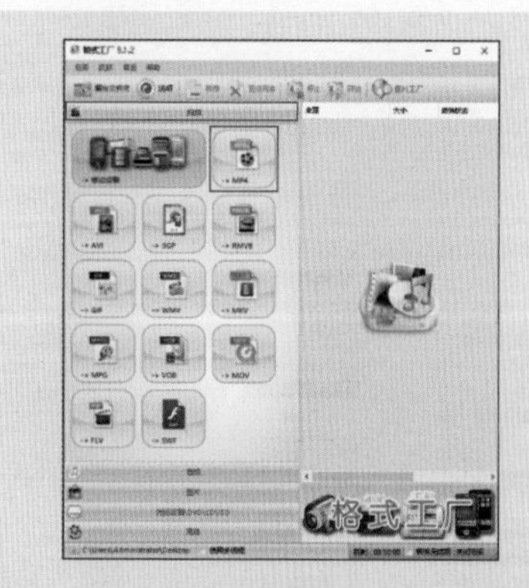

图 2-3　选择目标格式

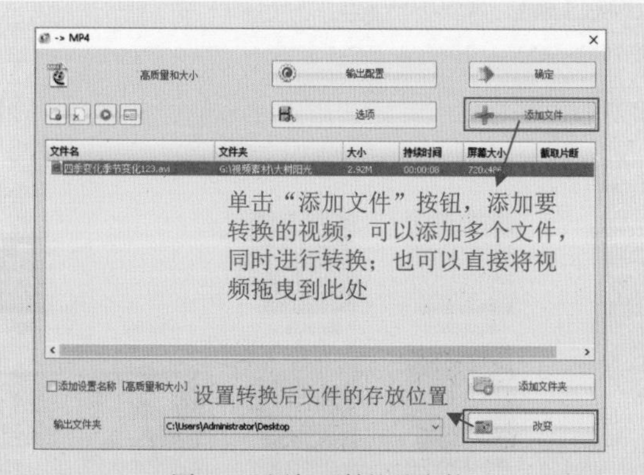

图 2-4　添加要转换的文件

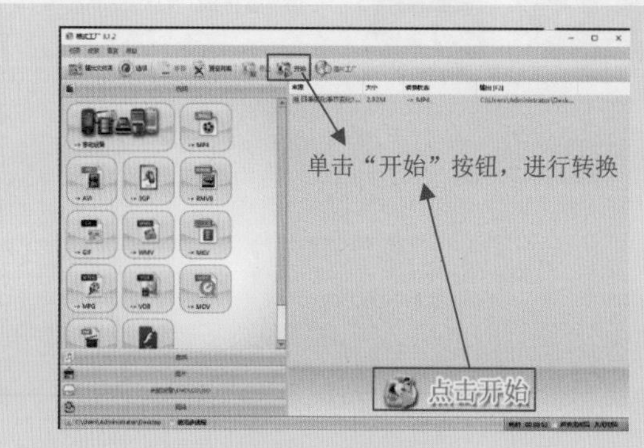

图 2-5　开始转换

进行输出配置，对输出视频的视频编码、屏幕大小、比特率等进行重新设置，还可以附加字幕、添加水印等，如图 2–6 所示。如果要在转换格式的同时，选取其中的一部分片段进行输出，可以单击“选项”按钮，分别设置开始时间和结束时间，从中截取一个片段进行转换，如图 2–7 所示。

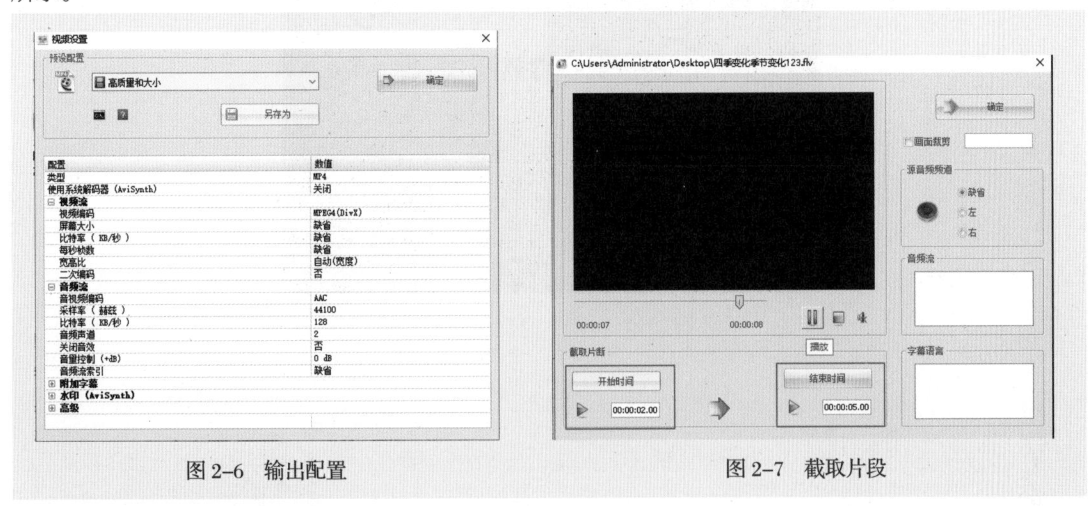

图 2–6　输出配置　　　　图 2–7　截取片段

2. PSD 图像素材的导入

Premiere 可以直接导入 PSD 格式的图像文件，如果我们需要在 Photoshop 中设计一些包装元素并应用到视频中，可以直接保存为 PSD 文件。在 Premiere 中导入 PSD 文件时，会弹出“导入分层文件”对话框，如图 2–8 所示。因为 PSD 文件带有图层，所以可以选择不同的图层导入方式，如图 2–9 所示。

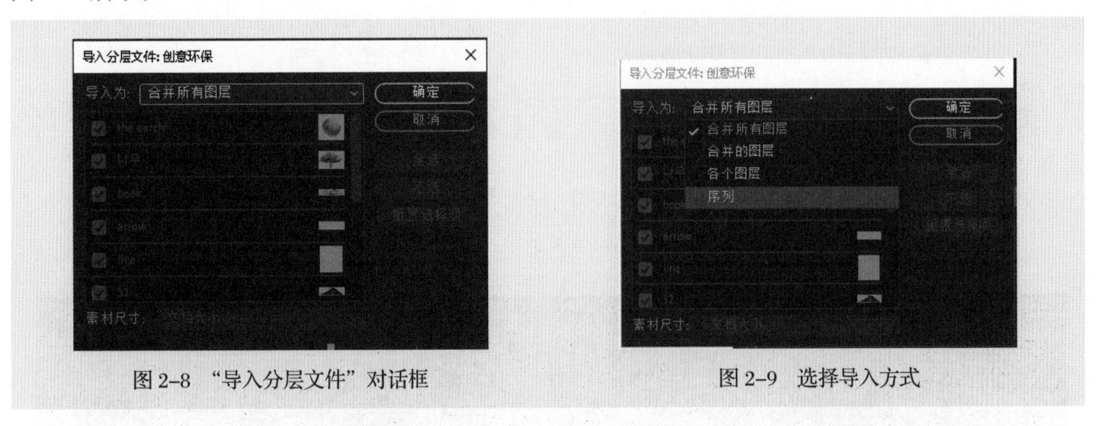

图 2–8　“导入分层文件”对话框　　　　图 2–9　选择导入方式

如果选择导入“序列”，则会在 Premiere 中自动创建一个序列，序列名称为文件名称，同时会将该 PSD 文件中的各图层依次放在【时间轴】面板的不同轨道上，如图 2–10 所示。

3. 导入图像序列

图像序列是文件名称按数字序号连续排列的一系列单个文件，如 name01.jpg、name02.jpg、name03.jpg……，这样的图像素材按照序列的方式导入后，就会连起来播放，从而产生动画效果，如图 2–11 所示。

图 2-10　导入 PSD 序列的效果

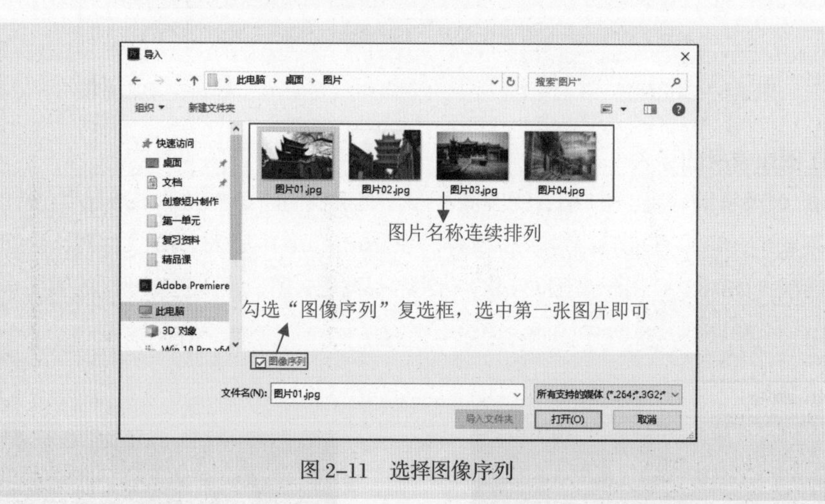

图 2-11　选择图像序列

这些图片素材以图像序列的方式导入后，会以视频的方式存在，而每张图片的持续时间为 1 帧，如果有 4 张图片，则该视频的总时长为 4 帧，如图 2-12 所示。

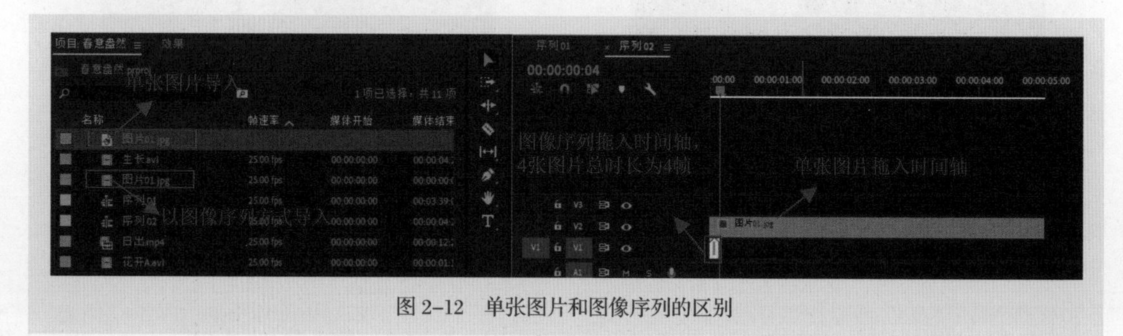

图 2-12　单张图片和图像序列的区别

任务 2　磨刀不误砍柴工——提高剪辑的工作效率

在剪辑过程中，如果掌握了一些常用操作的技巧，会让我们的工作效率大大提高。

1. 快速调整素材画面尺寸

（1）批量调整素材尺寸。对于画面原始大小相同的多个素材片段，要缩放同样的比例，可以先调整好一个片段的“缩放”属性，然后在【效果控件】面板中选中“运动”控件，按快捷键 Ctrl+C 将其复制，如图 2-13 所示。再选中其他要缩放的多个素材片段，按快捷键 Ctrl+V，这样就将整个“运动”控件中的属性设置粘贴给了选中的所有素材片段，如图 2-14 所示。当然，如果对“运动”控件中的位置、旋转等属性都进行了改变，也会一并复制。

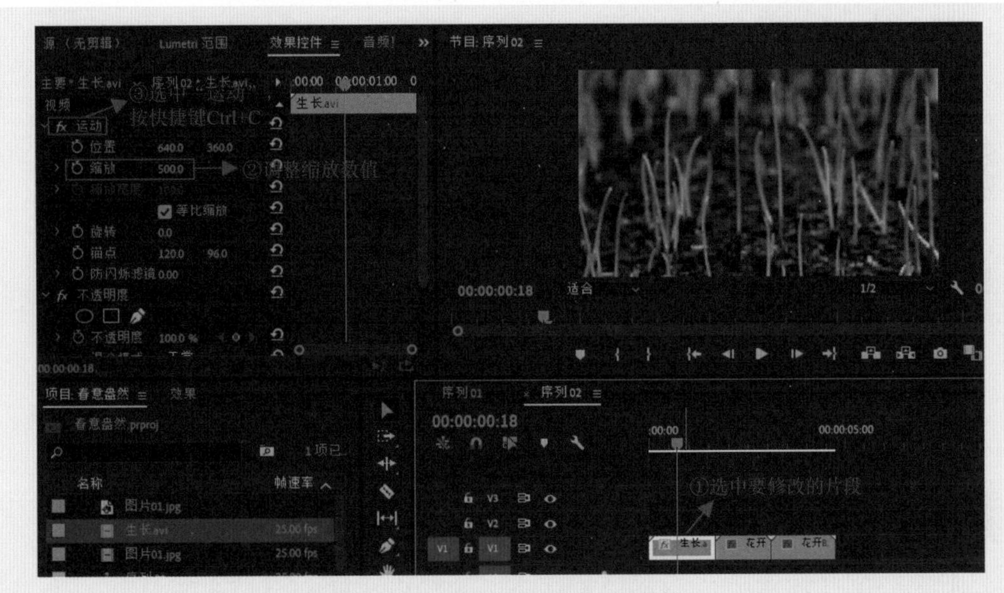

图 2-13　复制“运动”控件中的属性

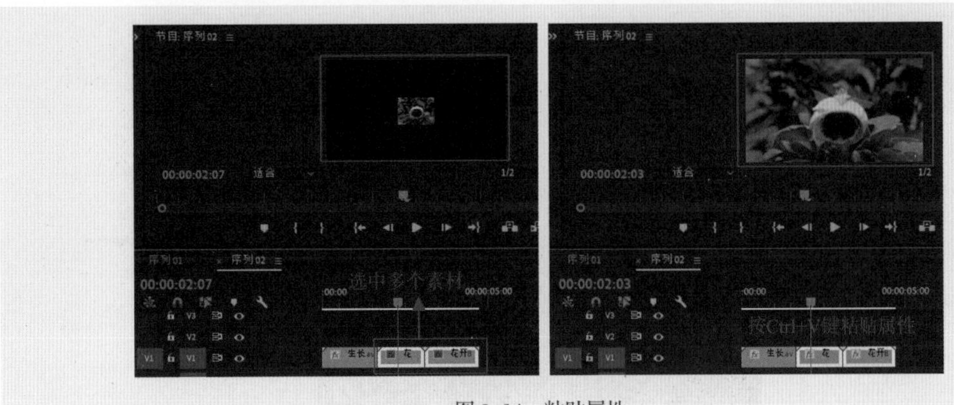

图 2-14　粘贴属性

（2）快速匹配帧大小。右击视频轨道上的素材片段，可以通过“缩放为帧大小”和“设为帧大小”两个选项直接将该片段的画面大小调整为当前序列设置的画面大小，如图 2-15 所示。

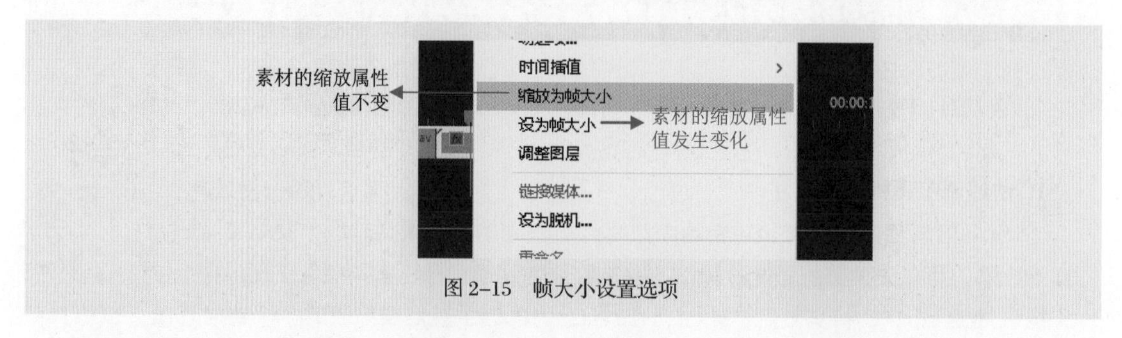

图 2-15　帧大小设置选项

还可以在素材导入之前通过“编辑”菜单中的“首选项”命令，在“媒体”选项中设置“默认媒体缩放”，这样素材导入后就会根据设置情况自动匹配帧大小，如图 2-16 所示。

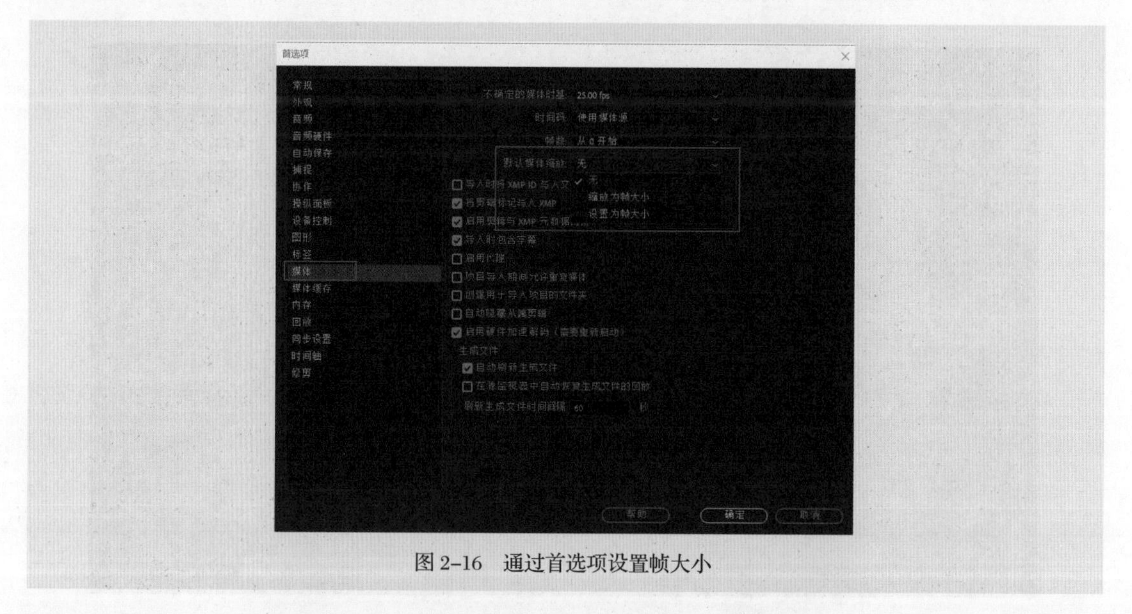

图 2-16　通过首选项设置帧大小

（3）取消“等比缩放”。在“运动”控件中，取消勾选“缩放”属性的“等比缩放”复选框，可以分别调节画面的高度和宽度，如图 2-17 所示。该方式会使画面变形，所以在应用时要注意对素材画面的影响。

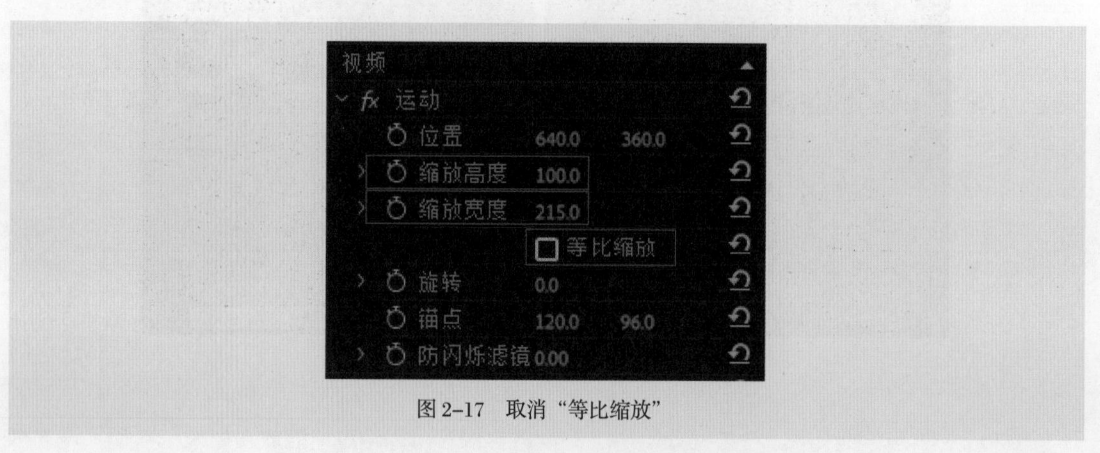

图 2-17　取消“等比缩放”

2. 应用【源监视器】面板剪辑一个素材的多个片段

如果对于同一个素材，我们要使用它里面的多个片段，应用【源监视器】面板来剪辑会方便很多。在【项目】面板中双击要使用的素材，该素材画面会在【源监视器】面板中显示，如图 2-18 所示。

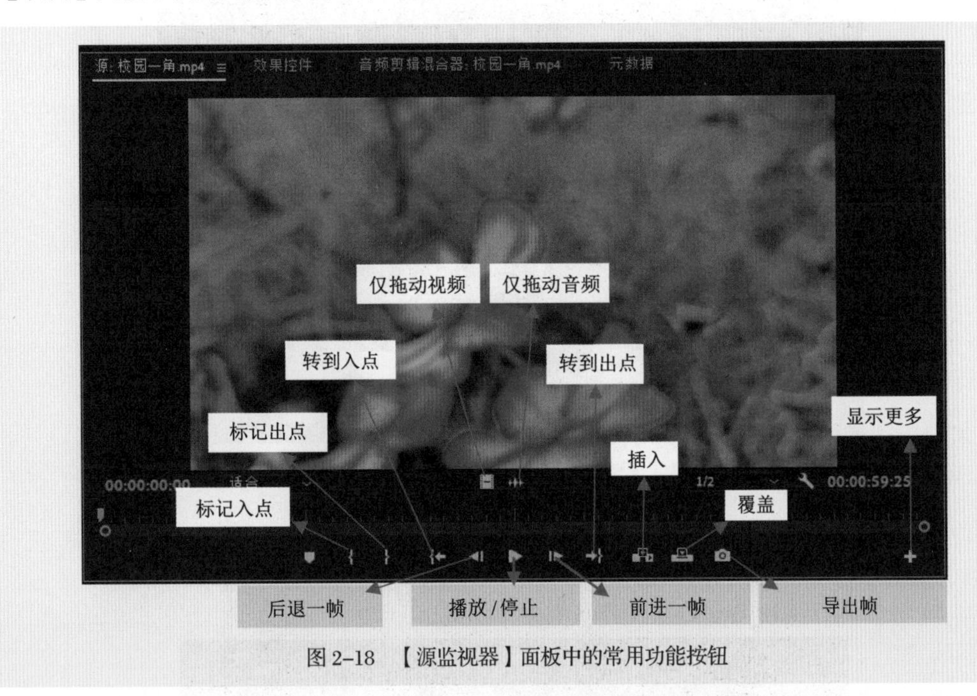

图 2-18　【源监视器】面板中的常用功能按钮

设置入点和出点，确定要选取的片段。在【源监视器】面板中移动播放指示器到要截取片段的开始时间点，然后单击“标记入点”按钮，再移动播放指示器到要截取片段的结束时间点，单击“标记出点”按钮，这样就确定了想要使用的素材片段。如果要删除已经标记的入点和出点，可以在【源监视器】面板的时间轴处右击，在弹出的快捷菜单中选择相应的命令，如图 2-19 所示。

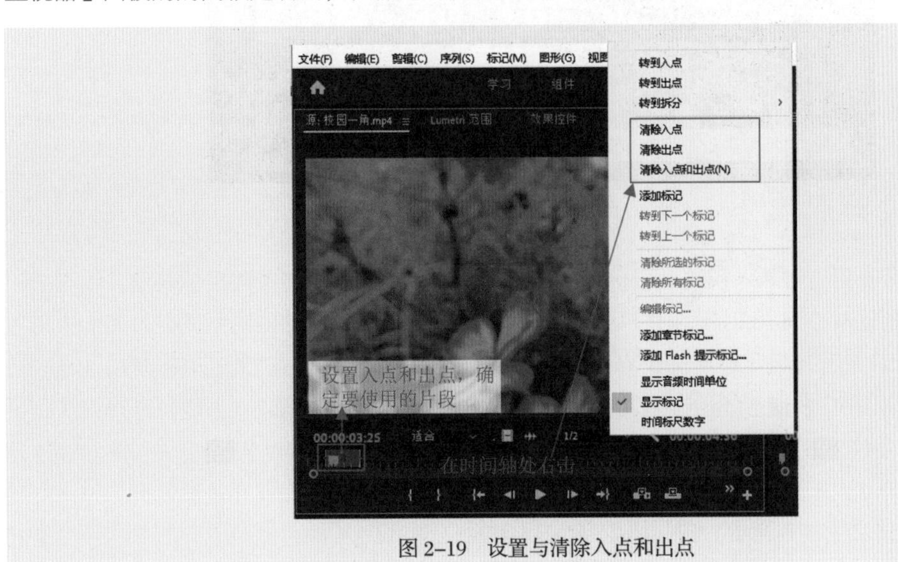

图 2-19　设置与清除入点和出点

在【时间轴】面板的音视频轨道中应用片段。确定了要截取的素材片段后，直接在【源监视器】面板的画面中进行拖曳，将其拖曳到【时间轴】面板的相应轨道上，这种方法会将该片段的音频和视频同时拖入，也可以通过拖曳画面下方的“仅拖动视频”按钮到视频轨道或“仅拖动音频”按钮到音频轨道，从而选择只使用该片段的画面或声音，如图 2-20 所示。

图 2-20　从【源监视器】面板拖曳素材片段到时间轴轨道

还可以使用“插入”按钮和“覆盖”按钮将选取的片段放入时间轴轨道。应用插入与覆盖操作时，需要先认识时间轴轨道左侧的几个控件，如图 2-21 所示。

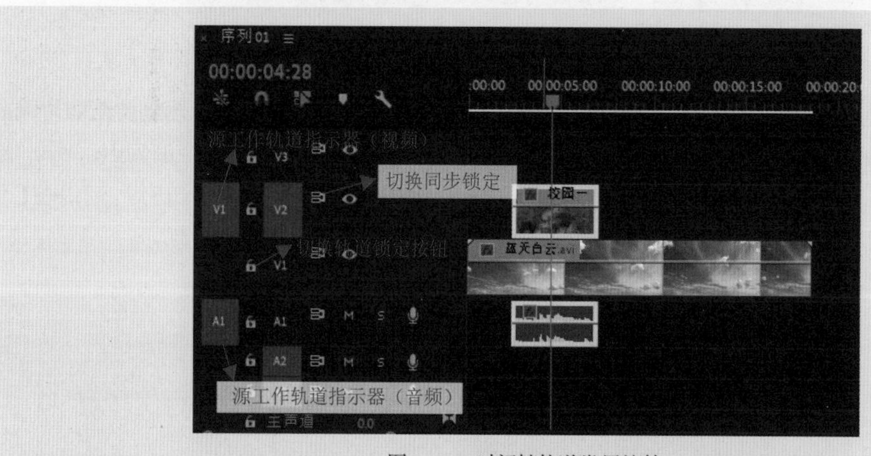

图 2-21　时间轴轨道常用控件

源工作轨道指示器（对插入和覆盖进行源修补）用来指定要插入和覆盖的目标轨道，当某个视频轨道点亮和音频轨道点亮（即呈蓝色显示状态）时，可以通过插入和覆盖的方式在轨道放入相应的素材，如图 2-22 中的视频轨道 V2 和音频轨道 A1，其左侧的源工作轨道指示器被点亮。如果 V1 和 A1 都没点亮，则相应轨道不能通过插入和覆盖的方式来放入视频或音频。

- 切换同步锁定：默认启用，表示此轨道同步参与插入工作。禁用后，表示此轨道（点亮源工作轨道指示器的除外）不参与插入工作。按住 Shift 键的同时单击该图标可全部启用或禁用。
- 切换锁定轨道：默认未锁定，表示可以在轨道对素材进行各种编辑处理。轨道被锁定之后，将不能进行任何编辑操作。

首先在【时间轴】面板中确定要放入素材片段的目标轨道，然后将播放指示器移动到要放入素材的时间点，单击“插入”按钮或按英文输入法下的逗号键，所选素材片段被放入目标轨道，同时所有启用同步锁定的轨道会从当前时间点被裁开，而被裁开时间点后面的所有片段都会向后移动到新加入的片段时长之后，整个轨道剪辑的持续时间会变长，如图 2-22 所示。

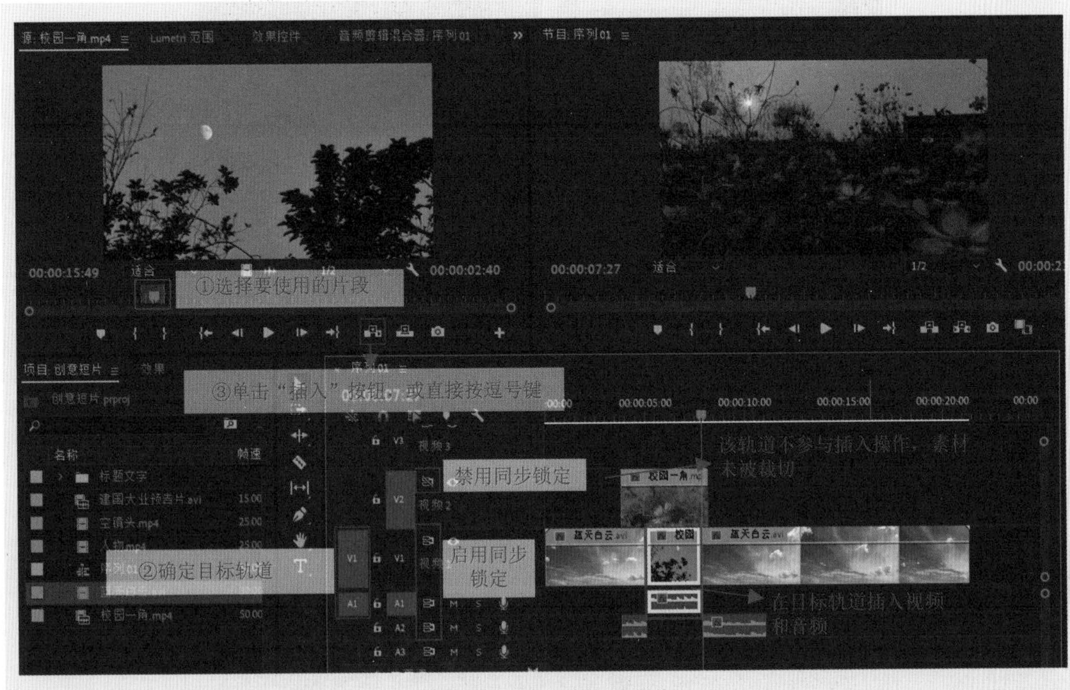

图 2-22　应用“插入”操作

如果单击“覆盖”按钮或按英文输入法下的句号键，新加入的素材片段会从播放指示器所在的位置开始，直接向后覆盖在目标轨道上，如果目标轨道上已有素材，新加入的片段会将已有素材相同时长的片段进行替换。应用覆盖方式后，轨道上剪辑的总时长不变，如图 2-23 所示。

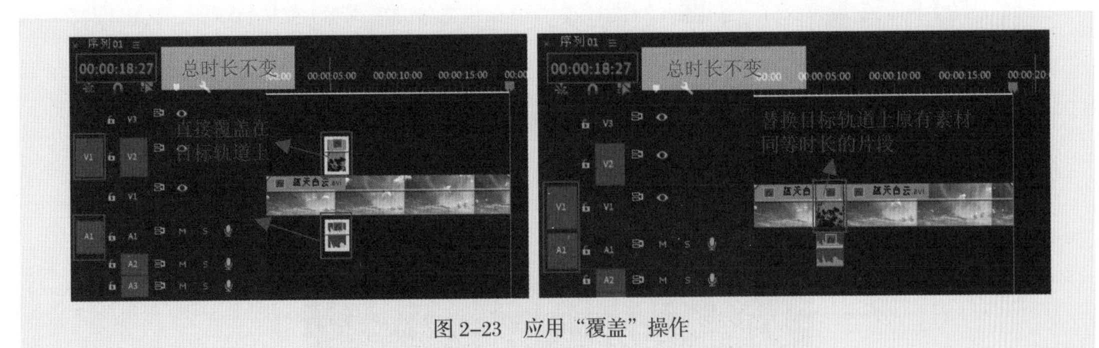

图 2-23　应用“覆盖”操作

3. 应用【节目监视器】面板剪辑轨道上的素材片段

选中轨道上需要编辑的素材片段，设置入点和出点后，单击“提升”按钮或按英文输入法下的分号键，可直接将入点和出点之间的片段删除，同时留出相同时长的空隙，如图 2-24 所示。单击“提取”按钮或按英文输入法下的单引号键，则在删除片段的同时，后面的部分自动向前补齐，实现波纹删除的效果。

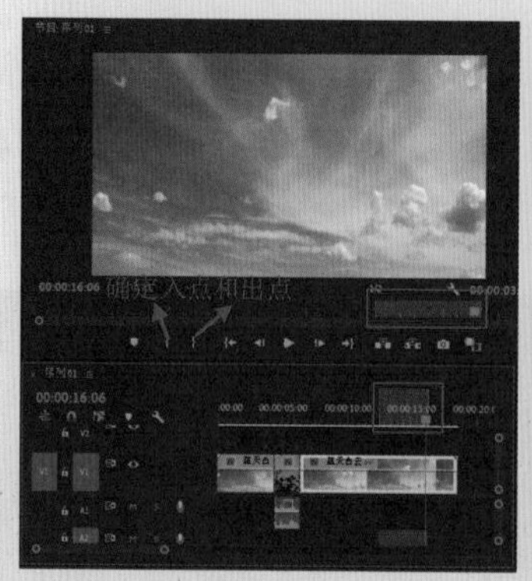

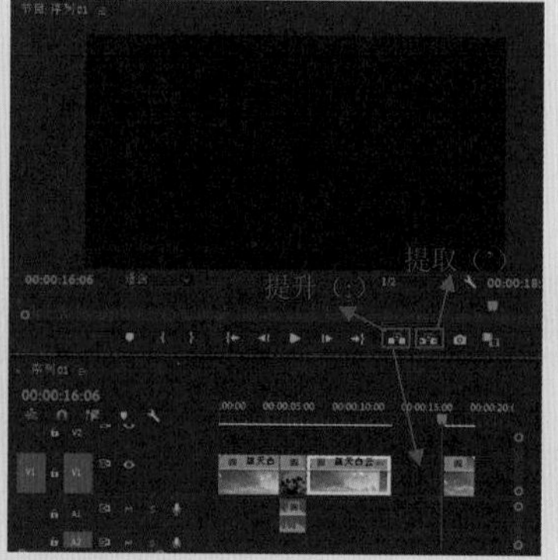

图 2-24　应用“提升”操作

知识补充 5：三点剪辑和四点剪辑及剪辑过程中的常用快捷键（扫描二维码学习）

知识补充 5

任务 3　言有尽而意无穷——添加简单字幕

添加简单字幕

为了让作品更好地表达主题，我们需要适当地加一些字幕，比如镜头场景的说明、片头的标题文字、片尾的文字等，字幕的添加能让你的作品更完整、更出色。

关于 Premiere 中字幕的应用，后面会有专门的单元进行讲解，本项目先介绍简单的应用，以帮助大家更好地去实现自己的创意。

1. 应用文字工具添加简单字幕

在【工具】面板中选择文字工具T，然后在【节目监视器】面板中的画面上单击，会出现文字输入框，直接输入文字即可，如图 2-25 所示。

图 2-25　输入文字

输入文字以后，单击视频轨道上新出现的图形素材或在【节目监视器】面板中单击文字将其选中，在【效果控件】面板中展开“文本”控件，可以设置文字的字体、颜色、大小等属性，如图 2-26 所示。

图 2-26　设置文字效果

字幕也是素材，像处理其他素材一样，在时间轴轨道上进行剪辑操作即可。

知识补充 6：【工具】面板中的其他工具（扫描二维码学习）

2. 借助设计工具设计字幕素材

如果对 Premiere 自身的字幕制作效果不满意，可以借助一些专业的设计工具来进行设计。比如我们在 Photoshop 设计了一个文字效果，因为 Premiere 支持 PSD 图像格式，所以直接保存为 PSD 格式文件，根据需要导入相应的图层就可以了。这里我们不需要背景，所以选择图层的时候可以将背景去掉，如图 2-27 所示。

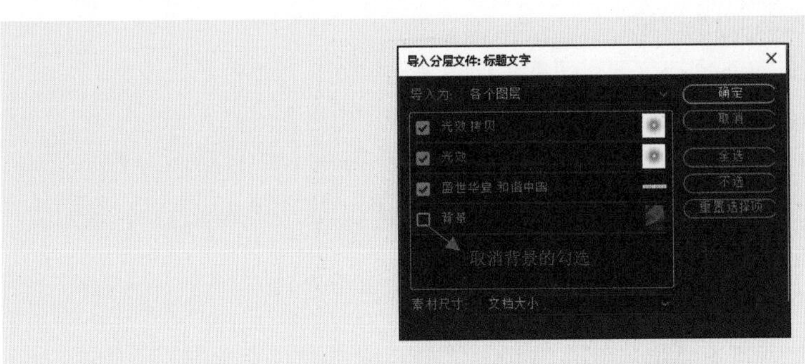

图 2-27　导入 PSD 图层

任务 4　为有源头活水来——让画面匹配音乐节奏

明确了作品的主题和创意思路后，先选择恰当的音乐，然后根据音乐的节奏剪辑素材，会大大提升工作效率和作品的呈现效果。

画面情绪的起伏，配合音乐的节奏，会使整个作品情感的表达更为充分，作品也会更有节奏感。将背景音乐拖入音频轨道后，通过放大（水平和垂直方向）时间轴的查看区域，将音频波形充分展开，然后分析音频波形，找到波形的峰值，用峰值位置作为剪辑的转折点，可以实现不错的剪辑效果，如图 2-28 所示。

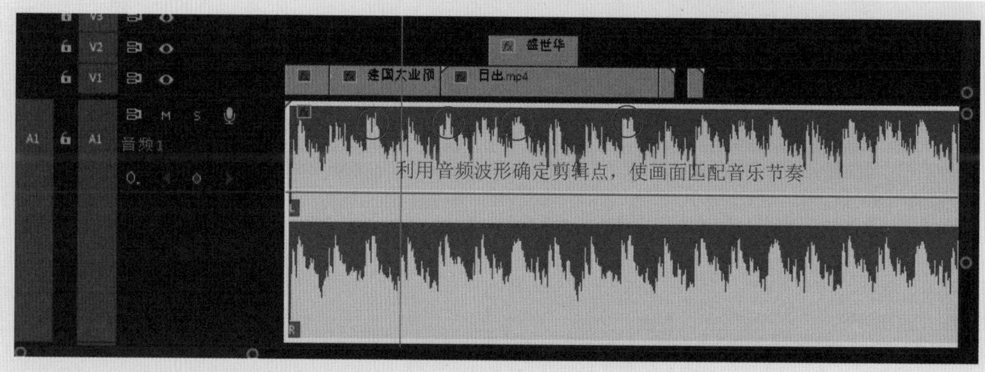

图 2-28　分析音频波形，确定剪辑点

任务 5　百川东到海——让影片自然、流畅

把一个片子的每一个镜头按照一定的顺序和手法连接起来，成为一个具有条理性和逻辑性的整体，这种构成的方法和技巧叫作镜头组接。

影片剪辑不仅仅只是将众多表现某种场景、情绪的镜头段落素材连接与组合，更是为了通过这一过程传递特定的信息，抒发特定的情感与情绪。镜头一旦有序地连接与组合，可以超越镜头本身的含义，赋予镜头新的意义。

了解镜头组接的规律，并在实践中应用体会，会让我们的影片剪辑更加自然、流畅。

1. 镜头的组接要符合生活逻辑、思维逻辑

生活逻辑是指事物本身发展的客观规律，要尽可能把握事物发展的总体进程和认识过程，确保镜头编排次序上正确的逻辑关系，也叫作画面组接的连续性；思维逻辑是指人们观看影视节目时的心理活动规律，即看到某一画面时，观众会期待下一个画面的内容，要把观众期待的内容在下一个镜头中表现出来，以满足人们欣赏影视节目时的视觉心理要求，也叫画面组接的联系性，是指前一个镜头和下一个镜头侧重内容上的有机联系。

2. 景别的变化要采用“循序渐进”的方法

景别变化的方式有 3 种，分别是前进式镜头组接、后退式镜头组接和环形镜头组接。

- 前进式镜头组接：指景别由远景、全景向近景、特写过渡，用来表现由低沉到高昂向上的情绪变化和剧情的发展。
- 后退式镜头组接：由近到远，景别从特写向远景过渡，表示由高昂到低沉、压抑的情绪变化，在影片中表现由细节扩展到全部。
- 环形镜头组接：把前进式镜头组接和后退式镜头组接结合在一起使用。由全景—中景—近景—特写，再由特写—近景—中景—全景，表现情绪由低沉到高昂，再由高昂转向低沉。

3. 镜头组接要符合轴线规律

所谓的“轴线规律”是指拍摄的画面是否有“越轴”现象。在拍摄的时候，如果拍摄的机位始终在主体运动轴线的同一侧，那么构成画面的运动方向、放置方向都是一致的，否则是“越轴”，一般越轴镜头不能组接，因为越轴镜头组接后容易造成视觉上的混乱。

如果只能应用越轴的镜头进行组接，可以通过在中间插入一些过渡镜头（比如中性运动方向镜头、同一主体物特写（无明显方向性）、空镜头等）来解决方向混乱的问题。

4. 镜头组接要遵循“动接动、静接静”的规律

如果画面中同一主体或不同主体的动作是连贯的，可以动作接动作，达到顺畅、简洁地过渡的目的，我们简称为“动接动”。如果两个画面中的主体运动是不连贯的，或者它们中间有停顿，那么这两个镜头的组接必须在前一个画面主体做完一个完整动作停下来后，接上一个从静止到开始的运动镜头，这就是“静接静”。

“静接静”组接时，前一个镜头结尾停止的片刻叫“落幅”，后一镜头运动前静止的片刻叫“起幅”，起幅与落幅时间间隔大约为 1 ~ 2 秒。运动镜头和固定镜头组接同样需要遵循这个规律。如果一个固定镜头要接一个摇镜头，则摇镜头开始要有起幅；相反一个摇镜头接一个固定镜头，那么摇镜头要有“落幅”，否则画面就会给人一种跳动的视觉感。有时为了特殊效果，也有静接动或动接静的镜头。

5. 镜头组接的时长应遵循观众视觉心理规律

镜头的景别、亮度以及运动等都影响着观众对镜头长短的关注程度。

远景、中景等镜头大的画面包含的内容较多，观众需要看清楚这些画面上的内容，所需要的时间就相对长一些；而对于近景、特写等镜头小的画面，所包含的内容较少，观众只需要较短的时间即可看清，所以画面停留时间可以短一些。

画面亮度高的部分更能引起人们的注意，镜头长度应短一些，暗部则长一些。

在同一幅画面中，运动的部分比静止的部分会先引起人们的视觉注意，表现运动的部分时，画面持续时间要短一些，表现静止的部分时，画面持续时间则应稍微长一些。

6. 镜头组接影调色彩的统一

无论是黑白还是彩色画面组接都应该保持影调色彩的一致性。如果把明暗或者色彩对比强烈的两个镜头组接在一起（除了特殊的需要外），就会使人感到生硬和不连贯，影响内容的通畅表达。

当然，关于镜头组接的规律和原则远不止这些，随着学习的深入和实践经验的积累，读者可以逐步进行拓展，不断提升视频剪辑的技术和艺术水平。

要点总结

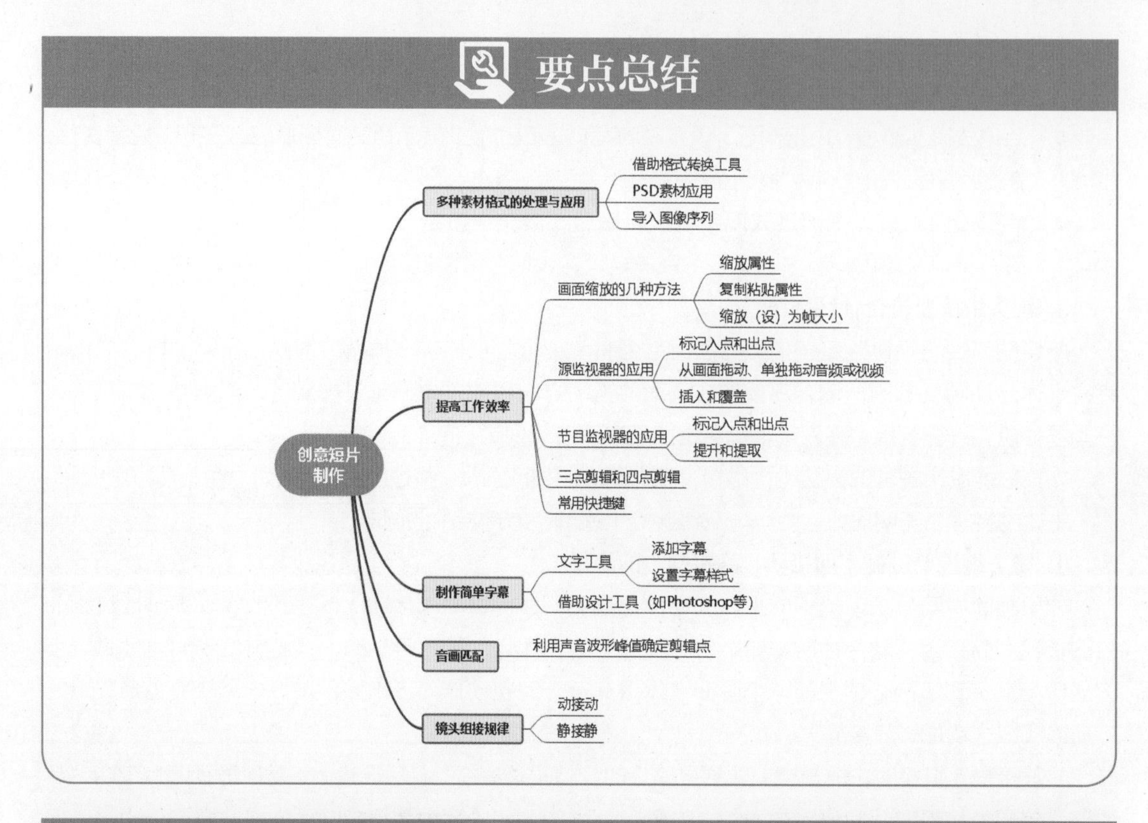

实践训练

- 根据本项目的主题要求进行创意构思，搜集或拍摄素材，完成创意短片的剪辑制作。
- 影片赏析，学习镜头组接规律，培养镜头感。

电影《攀登者》以 1960 年与 1975 年中国登山队两次登顶珠峰的事迹为背景，讲述方五洲、曲松林等中国攀登者怀揣着为国登顶的信念与梦想登上世界之巅的故事。影片情节惊心动魄，场景气势恢宏，在震撼与感动中弘扬了浓厚的爱国主义精神，体现了团结协作的体育精神，传递了“世上无难事，只要肯攀登”的信念与力量。大家可以从这部影片中选取 5 ~ 10 分钟的片段，用 Premiere 把每个镜头切开，去体会其中的镜头组接规律和情感的表达方式。

课后习题

（一）单项选择题

1. 导入时会弹出“导入分层文件”对话框的素材格式是（　　）。

   A. PSD　　B. WMV　　C. GIF　　D. BMP

2. 下列格式中，应用 Premiere 不能直接导入的是（　　）。

   A. AVI　　B. JPG　　C. FLV　　D. WMV

3. 默认情况下，为素材设定入点、出点的快捷键是（　　）。

   A. I 和 O　　B. R 和 C　　C. < 和 >　　D. + 和 -

4. 假设时间轴轨道的总长度为 15 秒，通过插入方式插入一段长度为 10 秒的片段，那么总长度为（ ）。

A. 10 秒 B. 15 秒 C. 20 秒 D. 25 秒

5. 假设时间轴轨道有一段 10 秒的素材，通过【节目监视器】面板设置入点为 2 秒，出点为 4 秒的片段，然后利用提升的方式删除该片段，总长度变为（ ）。

A. 8 秒 B. 12 秒 C. 10 秒 D. 16 秒

6. 下列操作能复制轨道上的素材片段的是（ ）。

A. Ctrl+ 拖曳 B. Alt+ 拖曳 C. Shift+ 拖曳 D. Windows+ 拖曳

7. 可以选择单个轨道上在某个特定时间之后的所有素材或部分素材的工具是（ ）。

A. 选择工具 B. 外滑工具 C. 向前轨道选择工具 D. 旋转编辑工具

8. 下面是组接在一起的两个镜头：（1）全景——一排军人正在进行军训实弹射击。（2）中景——一个军人趴在地上瞄准，扣动扳机。请在下列镜头中选择合适的镜头作为第三个镜头进行组接（ ）。

A. 一个部队开大会的场景 B. 篮球场上正在进行篮球比赛

C. 一个射击靶子，可以看到子弹中靶 D. 一个军人走了出去

9. 越轴现象是编辑过程中应该避免的错误，要校正越轴，可以在中间插入一个（ ）来调整。

A. 运动镜头 B. 中性镜头 C. 固定镜头 D. 人物情绪镜头

10. 在镜头组接时，一个固定镜头与运动镜头组接，需要将固定镜头与运动镜头的起幅组接，所遵循的镜头组接规律是（ ）。

A. 轴线规律 B. 遵循观众视觉心理 C. 动接动 D. 静接静

（二）判断题

1. 导入 PSD 文件时，不能选择单个图层。（ ）
2. 如果图片名称一样且序号连续，就可以以图像序列的方式导入。（ ）
3. 应用缩放工具可以缩放时间轴查看区域。（ ）
4. 镜头组接是一个纯技术工作，与编辑者和拍摄者的思想和理念无关。（ ）
5. 画面亮度高的部分更能引起人们的注意，镜头长度应短一些，暗部则长一些。（ ）

（三）简答题

1. 要改变素材片段的画幅大小，有哪些方法？
2. 【源监视器】面板中插入和覆盖方式的区别是什么？
3. 应用【节目监视器】面板剪辑轨道上的素材片段时，提升和提取有何不同？
4. 简述镜头组接的规律。
5. 什么是动接动、静接静？

第二单元

变幻莫测——转场与动画

在制作视频作品的过程中，经常会遇到没有视频素材，或素材不合适的情况，这时该如何保质保量地完成作品呢？我们不妨选用一些可以表现相关内容的图片素材，然后通过对图片的设计加工，让它们像视频一样生动，甚至比视频素材更加好用。

本单元通过对转场和动画的介绍，让大家能够灵活应用各种视频转场技巧和关键帧动画技术。

单元导学

项目层次	基础项目	提升项目
项目名称	项目 3：画面流转间的文化自信—— 制作《古城巷陌》宣传片片头	项目 4：创新、创意永无止境—— 制作旅游 Vlog 创意短片
学习目标	1. 理解关键帧的概念 2. 学会关键帧的添加、修改和删除 3. 掌握 Premiere 内置转场效果的应用方法 4. 能够熟练剪辑图片素材 5. 能为作品添加转场和简单的字幕效果 6. 培养设计意识，增强美感	1. 深入理解转场的含义和作用 2. 熟悉常用转场的制作方法及应用目的 3. 初步体会视频特效的应用 4. 了解转场预设插件的应用方法 5. 能够灵活应用关键帧动画增强画面的动感 6. 培养分析能力和探究精神 7. 提高自主学习能力和鉴赏能力
预期效果	能够灵活应用关键帧为图片素材设计动态效果，并通过添加转场效果实现镜头间的自然过渡，最后顺利完成一个具有文化底蕴的宣传片片头的设计与制作	能够灵活应用各种视频转场技巧和关键帧动画技术，充分发挥创新、创意意识，进行视频短片的创意制作
建议学时	4（理论 2 学时、实践 2 学时）	4（理论 2 学时、实践 2 学时）

03 项目 3

画面流转间的文化自信——制作《古城巷陌》宣传片片头

项目描述

宣传片片头的质量决定了观众要不要继续看宣传片的内容。如何能在第一时间吸引住观众呢？是厚积薄发还是先声夺人？是慷慨激昂还是娓娓道来？答案就在本项目里。

《古城巷陌》宣传片片头利用动画制作和镜头过渡技巧，让一张张静止的图片生动起来，带领观众走进古城中的城楼与小巷，领略古城深厚的文化底蕴。通过本项目中多个任务的学习和实践，读者可以创作出既生动又婉转的片头效果，去体会南宋词人辛弃疾《永遇乐・京口北固亭怀古》中那“斜阳草树，寻常巷陌”的意境。

项目分析

1. 项目所需素材

从体现不同角度、不同内容的古城街道图片素材中挑选 5 ~ 6 张，制作一个宣传片片头作品，配合恰当的背景音乐和字幕，突出宣传片《古城巷陌》要表达给观众的“古城悠悠道文化，巷陌深深诉沧桑”的主题和意境。本项目提供的素材如图 3-1 所示。

图 3-1 项目素材

2. 制作要求

- 视频时长：20 秒。
- 主要使用图片素材，需统一所有素材的画面尺寸，并根据时长和节奏合理调整每个素材片段的持续时间。
- 为图片素材设计效果，使画面生动、流畅。
- 根据主题风格，添加合适的背景音乐，并调节长度以适应短片时长。
- 尝试简单设计并添加落版字幕，说明宣传片名称，强化主题。

3．样片展示

作品制作完成后的部分镜头画面效果如图 3-2 所示。

图 3-2　成片部分镜头画面效果

项目制作

任务 1　柳暗花明又一村——图片素材应用技巧

1．将素材批量拖入时间轴轨道

图片素材应用技巧

新建项目，再新建一个预设为“HDV → HDV 720p25”的序列，并命名为“古城巷陌”。导入所需的图片素材，在【项目】面板中将素材全部选中，同时拖曳到时间轴轨道，素材会根据选择的顺序依次排列在视频轨道上，从而避免了一个个拖入的重复工作。

批量拖入时，可以连续选择多个素材，也可以挑选不连续的多个素材。连续选择：选中第一个，按住 Shift 键再选中最后一个，或拖动鼠标框选，如图 3-3 所示。不连续选择：按住 Ctrl 键的同时，单击选择所需的素材，拖入时间轴轨道后，素材的前后顺序取决于选择的顺序，如图 3-4 所示。

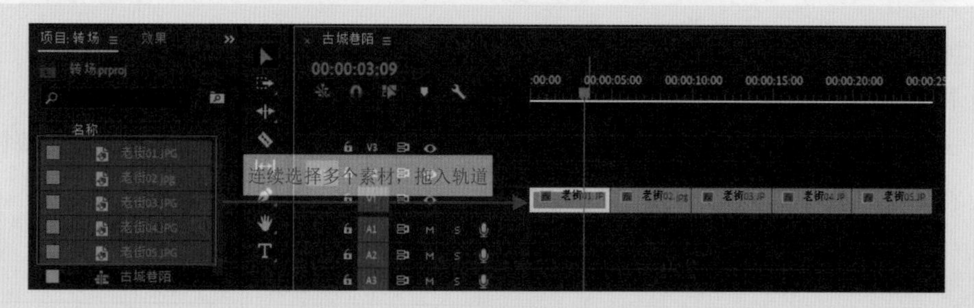

图 3-3　连续选择多个素材，拖入轨道

图 3-4　不连续选择多个素材，拖入轨道

2．修改图片素材的持续时间

图片素材拖入时间轴轨道后，默认持续时间是 5 秒。我们需要根据影片时长要求和剪辑的节奏适当调整每个图片素材的持续时间，因为图片是静态的，所以用裁切或调速的方式都可以。而如果影片中要求每个图片的持续时间都相同，也可以在导入图片之前，对默认持续时间进行修改。单击“编辑”菜单，选择“首选项”命令，打开“首选项”对话框，然后选择“时间轴”选项，在右侧找到“静止图像默认持续时间”，在输入框中输入需要的时长即可，如图 3-5 所示。这样，再导入图片素材并拖入时间轴轨道后，其持续时间就会应用修改后的值。

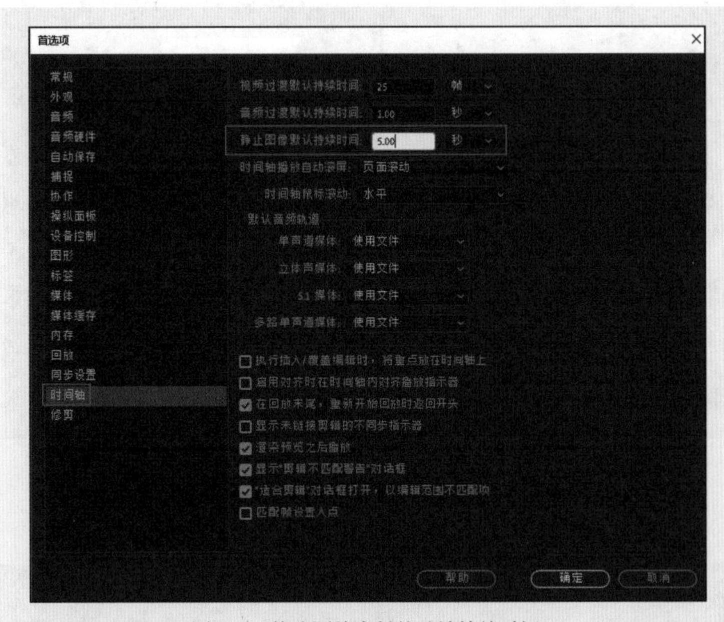

图 3-5　修改图片素材的默认持续时间

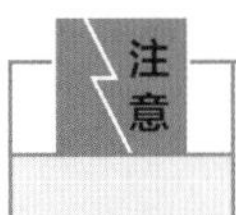

修改默认持续时间后，对已经导入的图片素材不会产生影响，只影响之后导入软件中的图片。

3．调节素材画面大小

单击轨道上的图片素材，在【效果控件】面板中选中“运动”控件，然后在【节目监视器】面板中观察当前素材画面的显示效果。适当调节素材的显示比例，通过观察画面四周的控制点，能看

出素材画面有的太大，超出了当前序列窗口的显示范围，有的太小不能满屏显示，如图 3-6 所示，这时就需要对各素材的画面大小进行调整。

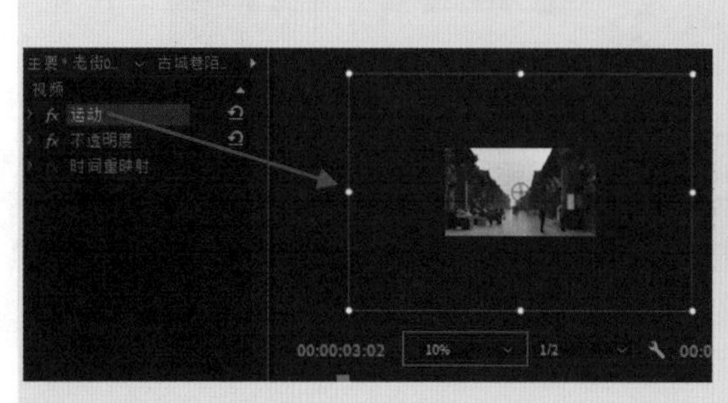

图 3-6　图片大小与序列窗口不一致

可以在【节目监视器】面板中直接拖动画面四周的控制点进行缩放，也可以在【效果控件】面板中修改“缩放”属性的参数值。可以等比例缩放，如图 3-7 所示。而如果不考虑素材的变形问题，也可以不等比例缩放，以便自由调整画面的高度和宽度，使素材画面和序列窗口完全匹配，如图 3-8 所示。

图 3-7　等比例缩放素材画面，只匹配宽度

图 3-8　不等比例缩放素材画面，高度、宽度完全匹配

任务 2 关键帧有多关键——如何制作关键帧动画

样片里原本静止的图片，在片中产生了运动效果，有大小和位置的变化等，从而使整个影片生动了起来，那么如何让静止的素材动起来呢？这就要用到剪辑中的关键帧技术，在本任务中，我们先来系统地学习一下如何制作关键帧动画。

1．认识关键帧

Premiere 的核心技术是将视频文件逐帧展开，然后以帧为精度进行编辑，并且实现与音频文件的同步，这体现了非线性编辑的特点和功能。

剪辑过程中，帧是组成影片的每一幅静态画面。无论是电影或者电视，都是利用动画的原理使得图像产生运动效果。动画是一种将一系列差别很小的画面以一定速率连续放映以产生出运动视觉的技术。根据人类的视觉暂留现象，连续的静态画面可以产生运动效果。构成动画的最小单位为帧，即组成动画的每一幅静态画面，一帧就是一幅静态画面。

帧是比秒更小的时间单位，比如我们在进行序列设置时，对于“时基”的设置，就是指每秒播放多少帧画面，也就是帧速率，如图 3-9 所示。

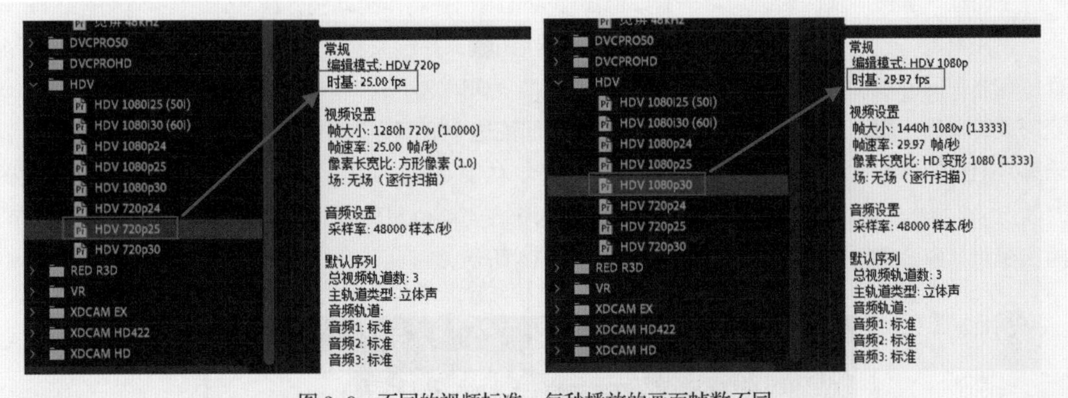

图 3-9 不同的视频标准，每秒播放的画面帧数不同

用专业术语来说，关键帧就是指角色或者物体运动或变化中的关键动作所处的那一帧，在业内设置关键帧叫作打关键帧，打关键帧是指从这一帧开始针对某个属性做一些状态的改变，如果打了多个关键帧，而每个关键帧上的状态都不同，就会产生状态变化的过程，也就是产生了动画效果。我们在视频作品中看到的很多动态效果都是通过关键帧来制作的，所以，要想让你的作品活力十足、别开生面，就要用好关键帧。

2．应用关键帧

（1）开启或关闭属性的关键帧功能。在 Premiere 中，我们会看到很多属性的前面都会有一个类似秒表的小图标按钮，叫作“切换动画”，未启用时是灰色显示，单击将其激活，变为蓝色显示，说明这个属性的关键帧功能被开启了，同时当前播放指示器所在的位置会出现一个菱形标记，这就是添加的一个关键帧，如图 3-10 所示。再次单击已经激活的“切换动画”按钮，会弹出警告对话框，如图 3-11 所示，如果单击“确定”按钮，该属性的关键帧功能会被关闭，并且会删除已经添加了的所有关键帧。

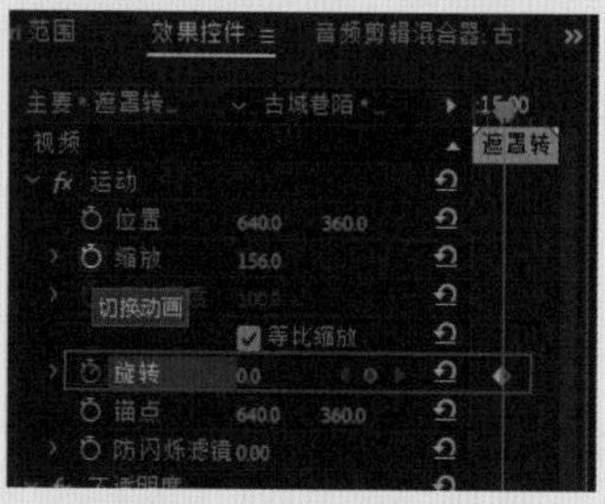

图 3-10　开启关键帧功能

图 3-11　关闭关键帧功能

（2）制作关键帧动画。要制作关键帧动画，有 3 个必不可少的条件：属性、时间、数值。首先要确定为哪个属性制作关键帧动画，然后开启这个属性的关键帧功能；因为运动是随着时间的推移发生的，所以要有动画的开始和结束时间，也就是至少要有两个关键帧，一个确定动作开始的时间点，另一个确定动作结束的时间点；运动过程就是某些状态变化的过程，所以在这两个时间点上的状态是不同的，也就是两个关键帧处的参数设置要有区别，满足了这 3 个条件，我们才能看到动画效果。

下面以“旋转”属性为例来看一看如何添加关键帧，并制作出动画效果。

首先单击“旋转”属性左侧的“切换动画”按钮，开启关键帧功能，这里要注意，开启后会直接在当前时间播放指示器的位置添加一个关键帧，如果这个时间点不是你想要的，可以直接拖动菱形关键帧标记，放到合适的时间点。如果我们把这个时间作为动画的开始时间，那么需要设置动画开始时的状态，比如这里就设置为从 0.0 开始，如图 3-12 所示。调整播放指示器到动画结束的时间点，直接修改参数值，这里设置为 180.0°，即可在当前位置再添加一个关键帧，如图 3-13 所示。播放视频，会看到图片旋转的动画效果，如图 3-14 所示。

图 3-12　设置开始关键帧

图 3-13　设置结束关键帧

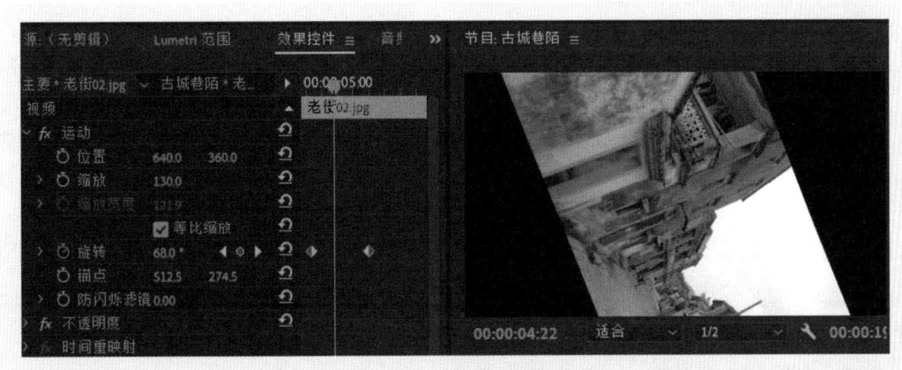

图 3-14　关键帧动画过程

（3）关键帧的定位、添加、选择和删除。开启属性的关键帧功能后，该属性右侧会出现关键帧导航器，左边是“转到上一关键帧”按钮，中间是“添加 / 移除关键帧”按钮，右边是“转到下一关键帧”按钮，如图 3-15 所示。单击两侧的跳转按钮，播放指示器会准确定位到前一个或下一个关键帧（也可以按住 Shift 键的同时拖动播放指示器以对齐到关键帧）。单击“添加 / 移除关键帧”按钮，会在当前播放指示器所在的时间点添加一个关键帧，如果这个时间点已有关键帧，则直接删除。

图 3-15　关键帧导航器的按钮组成

要对关键帧进行操作，先要将其选中。使用选择工具直接单击某个关键帧，可以选择单个关键帧；按住 Shift 键的同时单击所需关键帧，可以选择多个连续或不连续的关键帧，如图 3-16 所示；也可以直接拖动鼠标框选多个连续的关键帧，如图 3-17 所示。

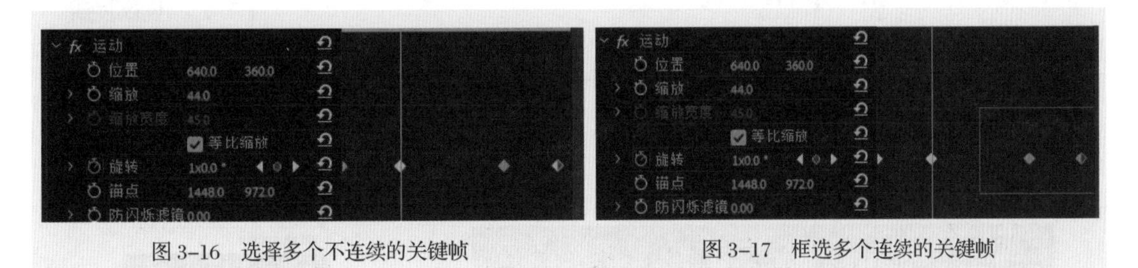

图 3-16　选择多个不连续的关键帧　　图 3-17　框选多个连续的关键帧

选中的关键帧，可以按 Delete 键删除，或单击“编辑”菜单，选择“清除”命令进行删除。

添加关键帧时，可以在指定时间点先单击“添加 / 移除关键帧”按钮，再根据需要修改参数值；也可以直接修改参数值，只要数值发生了变化，软件就会在新的时间点重新记录一个关键帧。如果两个关键帧的参数值一样，则不会产生动画效果，通常用来使某种状态保持一个时间段。

（4）移动关键帧。选中单个或多个关键帧，向左或向右拖动，即可移动关键帧。这里需要注意的是，关键帧的移动相当于延长或缩短了动作的持续时间，如果其对应的属性值不变，则产生的动画的速度会发生相应的变化。

（5）剪切、复制和粘贴关键帧。选中单个或多个关键帧，按快捷键 Ctrl+C（复制）或 Ctrl+X（剪切），或右击并选择“复制”或“剪切”命令，或单击“编辑”菜单，选择“复制”或“剪切”命令（这里需要注意的是，选择剪切后，原来位置上选中的关键帧将会被删除），然后将播放指示器移动到所需的时间点，按快捷键 Ctrl+V（粘贴）或右击选择“粘贴”命令，或单击“编辑”菜单，选择“粘贴”命令，可以将复制或剪切的关键帧直接粘贴到当前素材片段的其他时间；也可以粘贴给其他素材片段的同一属性，在时间轴轨道上选择目标素材片段，然后在【效果控件】面板中选择相同的属性，确定目标时间位置后，按上述方法粘贴。

知识补充 7

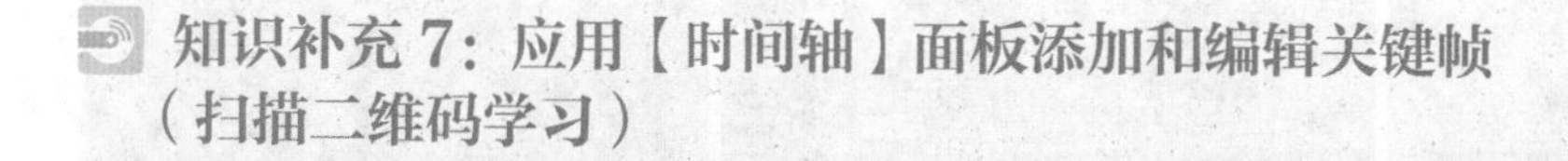

知识补充 7：应用【时间轴】面板添加和编辑关键帧（扫描二维码学习）

任务 3　静与动的完美结合——制作位置动画

先导入背景音乐，然后配合音乐的起伏，根据样片效果为图片素材添加关键帧动画，增强画面的节奏感。

制作位置动画

1．导入背景音乐，修改持续时间

将背景音乐拖入音频轨道中，如图 3-18 所示。由于视频制作要求的时长为 20 秒，我们使用的这段音乐时长不够，需要将持续时间延长。右击音频轨道上的音乐素材，选择“速度 / 持续时间”，修改持续时间为 20 秒，并勾选“保持音频音调”复选框，如图 3-19 所示。

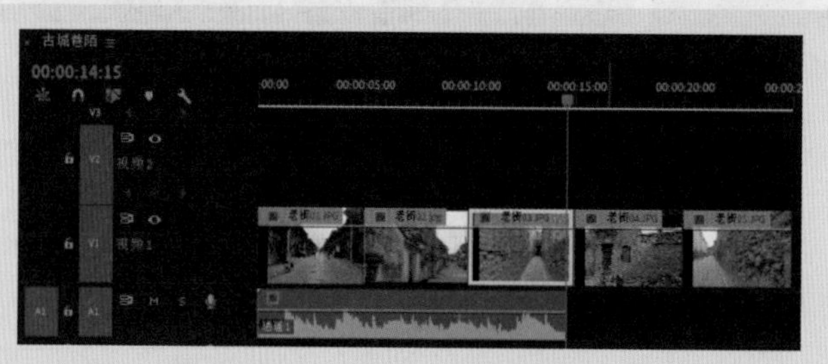

图 3-18　拖入音乐到音频轨道

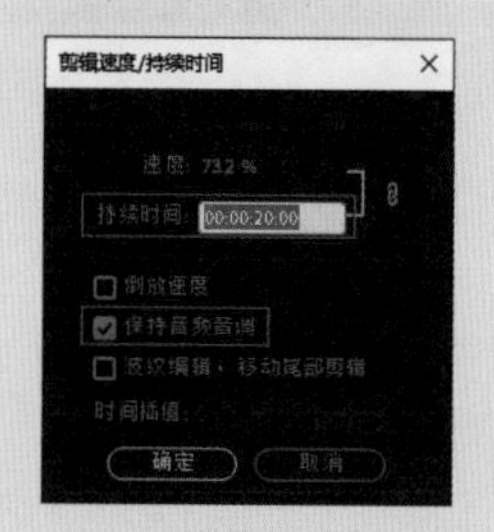

图 3-19　调整音乐持续时间

然后根据音乐的节奏和时长进行画面的剪辑，为了更直观地捕捉到音乐的节奏点，可以先将音乐的波形放大显示，波形的峰值即为我们要参考的节奏点，拖动音频轨道右侧的圆形滑块，或按快捷键 Alt+“+”，在垂直方向上放大音频轨道的显示比例，如图 3-20 所示。

图 3-20　垂直放大音频轨道的显示比例

2．制作第一张图片由右向左的位置动画

（1）添加并设置动画起点。选中视频轨道上的第一个素材片段，将播放指示器移动到该片段的入点，在【效果控件】面板中，展开“运动”控件，单击“位置”属性左侧的“切换动画”按钮，开启该属性的关键帧功能，添加开始关键帧，并适当调大 x 轴的坐标值，使图片稍向右侧移动，如图 3-21 所示。同时为了使图片依旧满屏显示，需要适当地将“缩放”属性值调大，如图 3-22 所示。

图 3-21　添加开始关键帧，调节水平位置

图 3-22　将“缩放”属性值调大

（2）添加并设置动画结束点。参考音乐的节奏，将播放指示器移动到音乐的第一个峰值处（大约 1 秒 23 帧），适当调小“位置”属性的 x 坐标值，使图片向左移动。因为数值产生了变化，所以在该时间点添加了关键帧，作为动画的结束点，如图 3-23 所示。

当然，也可以单击“关键帧导航器”中的“添加 / 删除关键帧”按钮，先添加关键帧，再修改参数值。

然后根据音乐的节奏，将第一张图片的出点裁切至第二个比较高的音频波形处（大约 3 秒 18 帧），使第二张图片在该节奏点的位置出现，如图 3-24 所示。

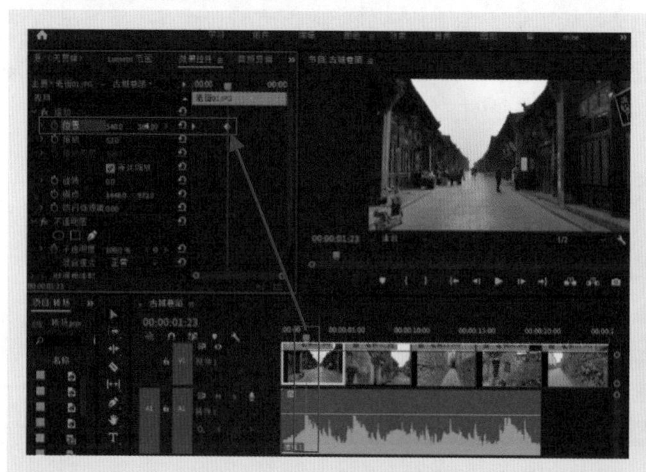
图 3-23　添加结束关键帧

图 3-24　裁切第一张图片的时长

3．制作第二张图片的关键帧动画

为了适应第一张图片带来的观看习惯，第二张图片也可以制作由右向左的位置动画。这里动画的起始关键帧不是在第二张图片的入点处添加，而是在它播放几帧后（大约 4 秒 06 帧）再添加，也就是让它在开始的时候先静止不动（为什么呢？——因为它前面那个素材在结束的时候是静止的，我们没有为其制作任何运动效果，镜头也是固定不动的，这就是镜头组接规律中的“静接静、动接动”原则中的一种）。同样的思路，根据音乐的节奏点，确定结束关键帧的时间点（大约 5 秒 16 帧），并分别调节开始时间和结束时间的“位置”属性的 x 坐标值，如图 3-25 和图 3-26 所示。同时注意图片大小的调整，不要让画面中出现黑屏的部分。

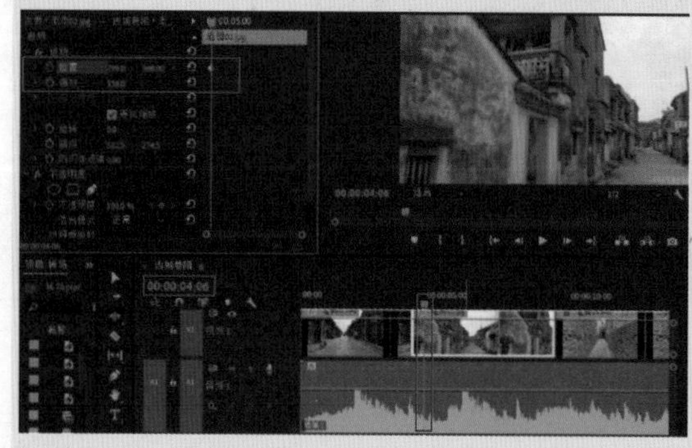
图 3-25　添加开始关键帧

图 3-26　添加结束关键帧

再根据音乐的节奏，将第二张图片的出点裁切至其结束关键帧后面的一处音频波形较高的位置（大约 7 秒 12 帧），从而使第三张图片在该节奏点的位置出现，如图 3-27 所示。

图 3-27　裁切第二张图片的时长

任务 4　大与小的对应关系——制作缩放动画

任务 3 中完成了第一、二张图片素材位置动画的设置，如果其他素材也都设置成位置动画，一是会造成审美疲劳，二是没有体现出宣传片片头的带入感，所以后面几张图片可以制作缩放动画来模拟镜头推拉的效果。

制作缩放动画

1．制作第三张图片的动画效果

第三张图片是幽深的古巷，可以制作一种模拟不断走入的效果，即镜头推进，画面由小到大的变化，这里我们为“缩放”属性添加关键帧。由于第二张图片结束时是静止的，依据“静接静”的镜头组接原则，第三张图片也是在播放几帧后（大约 7 秒 24 帧）再开始动画效果。然后根据音乐节奏点确定动画结束时间（大约 9 秒 09 帧），如图 3–28 和图 3–29 所示。

图 3–28　缩放动画开始

图 3–29　缩放动画结束

再根据音乐的节奏剪辑该图片的时长，将图片出点裁切至后面一处较高的音频波形处（大约 11 秒 05 帧），如图 3–30 所示。

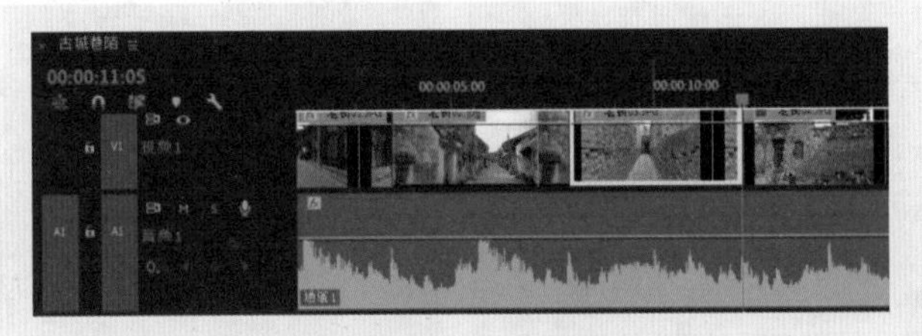

图 3–30　裁切第三张图片的时长

2．制作第四张图片的动画效果

第四张图片是古城的建筑，可以制作推镜头效果，放大显示画面中的某个特征区域，以吸引观众的注意力。但在制作过程中发现，由于想要重点展示的那个区域没有在画面的中心，而随着画面的放大，该区域可能脱离显示范围，这时就需要配合“位置”动画及时校正需要保留在画面中的区域，具体设置如图 3–31 和图 3–32 所示。注意配合音乐的节奏，动画开始时间大约在 11 秒 17 帧，动画结束时间大约在 13 秒 02 帧。

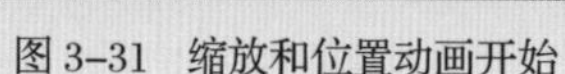
图 3-31　缩放和位置动画开始

图 3-32　缩放和位置动画结束

根据音乐节奏，剪辑该图片的时长，出点大约在 14 秒 23 帧，如图 3-33 所示。

图 3-33　裁切第四张图片的时长

3．制作第五张图片的动画效果

第五张图片是古城中有历史感的小巷墙壁，与第三、四张图片的推镜头相呼应制作拉镜头的效果，由放大的墙壁局部到显示整条小巷，具体设置如图 3-34 和图 3-35 所示，动画开始时间大约在 15 秒 11 帧，动画结束时间大约在 16 秒 20 帧。

图 3-34　缩放动画开始

图 3-35　缩放动画结束

4．预览所有图片的动画效果

将播放指示器移动到视频起始位置，按空格键进行整体动画效果的预览。在预览过程中一定要结合背景音乐和宣传片的主题，测试所有的动画效果是否能完美呈现。如果有不足或感觉不完美的地方，可以进一步调整。

当然，如果有其他创意，也可以自由发挥，制作丰富的动画效果。

任务 5　画面的流转——转场的初步应用

完成前 4 个任务，已经将五张图片成功组接在一起，这种直接组接的方式在剪辑过程中称为“镜头硬切”。镜头硬切就是上一个画面的结尾与下一个画面的开头直接相接，中间不加转场；硬切也叫快切，是指从一个画面到另一个画面的瞬间转换，即一个画面瞬间切出消失，另一个画面瞬时切入出现。有时镜头之间硬切会使画面产生跳跃感，给观众不舒服的视觉感受，这种情况下就可以利用转场来让画面之间的过渡顺畅一些。

Premiere 提供了丰富的转场效果，在本任务中，我们将通过对转场的初步应用，再配合一些包装元素，让影片变得更加流畅、唯美，在画面流转间感受浓浓的文化古韵。

1．制作第一张图片和第二张图片间的转场效果

在【效果】面板中展开“视频过渡”素材箱，找到“溶解”效果组，将其展开，这里我们应用该组中的“交叉溶解”转场效果，直接将其拖曳到第一张图片和第二张图片的交接处，如图 3–36 所示。

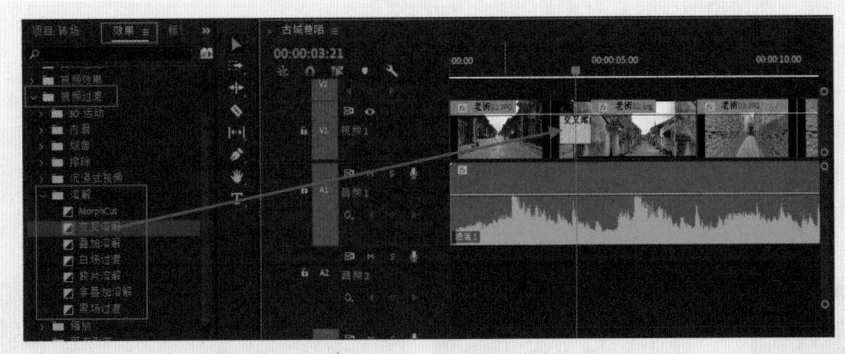

图 3–36　添加转场

在时间轴轨道上单击所添加的转场，在【效果控件】面板中可以修改转场的持续时间，调整转场在两个素材之间的位置，也可以在时间轴轨道上通过拖动的方式修改转场的持续时间和位置，如图 3–37 和图 3–38 所示。

图 3–37　修改转场持续时间

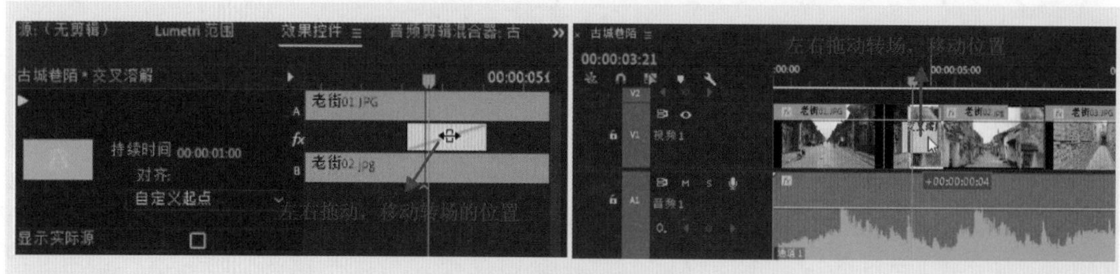

图 3-38　调整转场的位置

“交叉溶解”转场，是 Premiere 系统默认的转场（也是最常用的一种），可直接按快捷键 Ctrl+D 添加，但注意要先选定一个素材片段的入点或出点。

使用类似的方法，在后面的图片之间都加上合适的转场，并进行相应的设置。可以尝试不同的转场效果，但要注意与影片风格和节奏匹配。

2．参照样片制作落版字幕，并添加转场和动画效果

字幕的制作，可以参照第一单元中介绍的简单字幕的添加方法，或参看本书第四单元中关于字幕的详细讲解，这里不赘述。

主标题字幕内容为宣传片名称“古城巷陌”，可制作由大到小逐渐入画的动画效果；副标题字幕内容为“古城悠悠道文化，巷阳深深诉沧桑”，进一步说明影片想要表达的内涵，可以通过在入点应用转场的方式制作入画的效果，参考设置如图 3-39 所示。

图 3-39　为字幕添加转场和动画

3．为音乐制作淡出效果

在音乐结尾处添加关键帧，让声音逐渐变小，使影片自然结束，如图 3-40 所示。

图 3-40　制作声音淡出效果

4．增强影片的艺术感

可以用 Photoshop 制作图 3-41 所示的遮罩效果来包装画面，也可以从网上下载一些漂亮的遮罩素材，遮挡于影片画面上方，使影片具有一种朦胧的效果，从而增强艺术感。

导入制作好的 PSD 格式素材，放在最上方轨道，如图 3-41 所示。

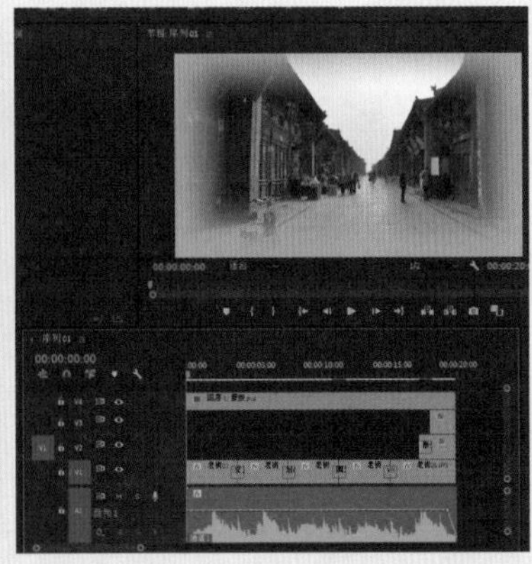

图 3-41　应用遮罩包装画面

至此，宣传片片头制作完成，最后导出视频文件即可。

要在两个素材片段之间放置转场，这两个素材必须在同一轨道上，且相互之间没有间隔。另外，转场还可以添加在一个素材片段的入点或出点处，用来为当前素材制作入画和出画的效果。

要点总结

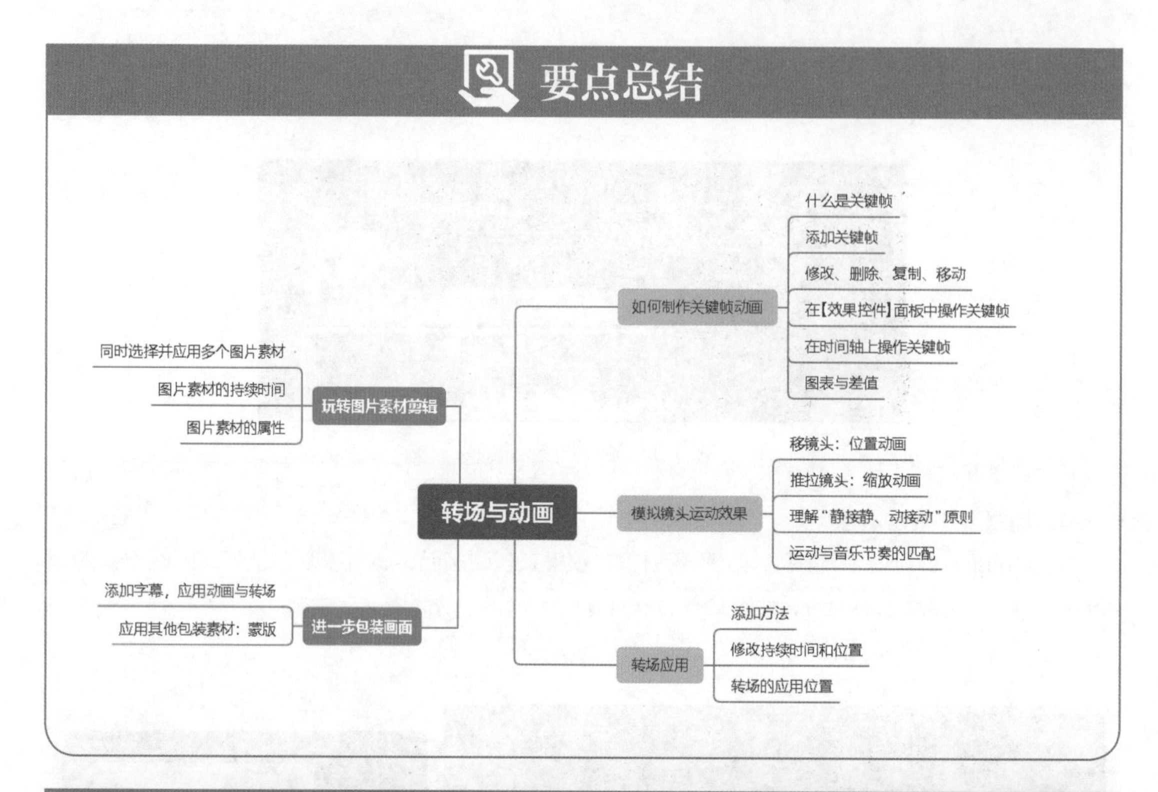

实践训练

“知之者不如好之者，好之者不如乐之者”。[①]“知之者”，是普通的学生；“好之者”，是努力的学生；“乐之者”，是享受的学生。根据给定的素材设计制作一个 10 秒左右的课件片头，通过镜头的生动表达吸引学生成为“乐之者”。

课后习题

（一）单项选择题

1. 选择多个连续素材使用的按键是（　　）。

   A. 空格　　B. Alt　　C. Shift　　D. Ctrl

2. 选择多个非连续素材使用的按键是（　　）。

   A. Ctrl　　B. 空格　　C. Enter　　D. Shift

3. Premiere 中比秒更小的时间单位是（　　）。

   A. 分　　B. 帧　　C. 片段　　D. 镜头

4. 连续的静态画面可以产生运动效果的原理是（　　）。

   A. 化学反应　　B. 天气现象　　C. 心理现象　　D. 视觉暂留现象

① 引自《樊登讲论语：学而》

5. 要模拟由远及近的动画效果，需要添加关键帧的属性是（　　）。

A. 位置　　B. 缩放　　C. 不透明度　　D. 饱和度

6. 上一个画面的结尾与下一个画面的开头直接相接，中间不加转场叫作（　　）。

A. 淡出　　B. 硬切　　C. 淡入　　D. 叠化

7. 添加默认转场的快捷键是（　　）。

A. Ctrl+R　　B. Ctrl+C　　C. Ctrl+E　　D. Ctrl+D

（二）判断题

1. 导入的图片素材，其默认持续时间是不能修改的。（　　）
2. 要创建随时间推移的属性变化，应设置关键帧数至少为两个。（　　）
3. 如果尚未添加关键帧，效果属性的值和速率图表显示为曲线。（　　）
4. 关键帧动作要有起点和终点，也就是开始时间和结束时间；起点的数值和终点的数值不同，才能产生动画效果。（　　）
5. 转场只能添加在两段素材之间。（　　）
6. 在两段素材之间添加转场后，转场的位置是可以调整的。（　　）

04 项目 4

创新、创意永无止境——制作旅游 Vlog 创意短片

项目描述

Vlog 是视频博客，本质上是视频形式的日志，起源于一个意大利公司，它推出了一款名叫"MyVideoBlog"的 App。Vlog 风靡于年轻人群体，让年轻人可以很好地表达个性。Vlog 有日常类、旅游类、节日类、美食类等不同的类别。一个好的 Vlog 需要符合三大标准：快节奏剪辑、足够清晰的画质和明确的标签。

本项目我们以旅游 Vlog 为主题进行视频短片的创意制作。通过学习转场的应用技巧，读者能掌握预设的使用方法，还能初步体验遮罩的艺术效果，将曾经看过的大好河山、走过的幽幽小径、留恋的乡土风情等，用镜头语言表现出来，并在制作过程中探索更多创新、创意思路和技巧。

项目分析

1. 项目素材

整理自己拍摄过的符合本项目主题的视频或图片，制作旅游 Vlog 创意短片。任务训练过程中应用的素材如图 4-1 所示，希望给大家提供一些创意和灵感。

图 4-1 任务训练过程中应用的素材

2. 制作要求

- 视视频时长：15 秒。
- 根据自己的创意构思，合理地选取素材，并应用剪辑技巧，使镜头能够表达创意内容。
- 选择合适的背景音乐，让音乐更好地烘托旅游 Vlog 的主题。
- 恰当地添加能够突出主题的字幕。

3. 效果展示

部分转场与插件制作效果展示如图 4-2 所示。

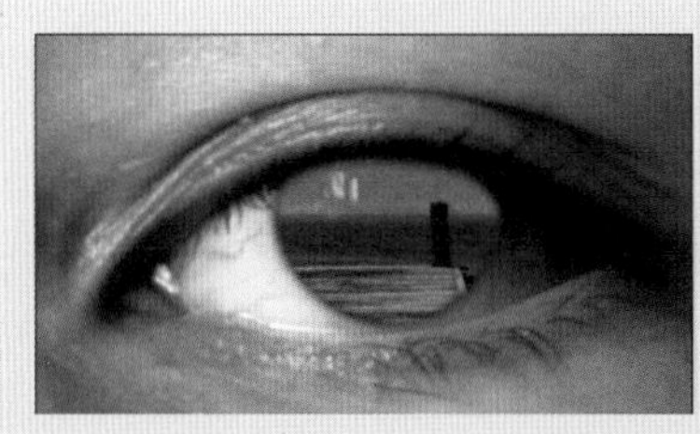

图 4–2　部分转场与插件制作效果展示

项目制作

任务 1　创新永无止境——常见的视频转场技巧

1. 什么是转场

常见的视频转场技巧

转场也称作视频场景转场，是指场景与场景之间的过渡或切换。构成电视片的最小单位是镜头，一个个镜头连接在一起形成的镜头序列即段落，每个段落都具有某个单一的、相对完整的意思，如表现一个动作过程、一种相关关系、一种含义等。它是视频中一个完整的叙事层次，就像戏剧中的幕、小说中的章节一样，一个个段落连接在一起，就形成了完整的视频。因此，段落是视频最基本的结构形式，视频在内容上的结构层次是通过段落表现出来的。而段落与段落、场景与场景之间的过渡或转换就叫作转场。

在后期制作中，视频转场是指在两段素材之间（也可在单一素材的入点或出点），用一些特别的效果（如交叉溶解、黑场过渡、页面翻转等）实现场景或情节之间的平滑过渡，以避免给人生硬的感觉。Premiere 的“视频过渡”效果中提供了丰富的转场效果，如图 4–3 所示，但在应用时一定要结合画面特点、作品风格进行合理的选择，不能盲目地堆砌各种各样的转场。一个视频中的转场用得太多，就会喧宾夺主，无法反映视频作品的主题。

图 4–3　Premiere 中的转场效果

2. 技巧转场

转场分为技巧转场和无技巧转场。技巧转场是指通过电子特技切换台或后期软件中的特技技巧，对两个画面的剪辑进行特技处理，完成场景转换的方法。常用的技巧转场形式主要有以下 3 种。

（1）淡入淡出。淡入淡出转场即上一个镜头的画面由明转暗，直至黑场，下一个镜头的画面由暗转明，逐渐显现至正常的亮度，可以使用 Premiere 中的“黑场过渡”转场效果来实现，如图 4-4 所示。

图 4-4　淡入淡出

还可以通过制作“不透明度”属性的关键帧动画来实现淡入淡出效果。右击时间轴轨道上的素材片段，在“显示剪辑关键帧”子菜单中选择“不透明度”命令，显示出不透明度控制线，利用钢笔工具在控制线上添加并拖动关键帧，即可制作淡入淡出效果，如图 4-5 所示。

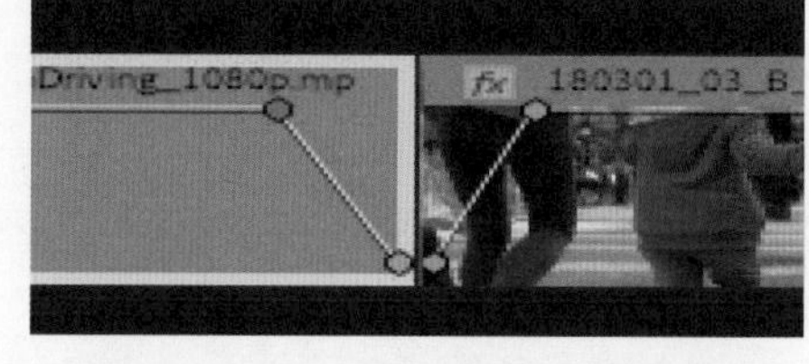

图 4-5　应用时间轴制作淡入淡出效果

淡入淡出可以中断观看者的思路，是切入新场景比较常用的一种转场技巧，在应用时应考虑视频的情节、情绪以及节奏的要求。

（2）叠化转场。叠化指前一个镜头的画面与后一个镜头的画面相叠加，前一个镜头的画面逐渐暗淡隐去，后一个镜头的画面逐渐显现至清晰的过程，可以使用 Premiere 中的“交叉溶解”转场效果来实现，如图 4-6 所示。

叠化转场的主要作用有：表示时间的流逝，表明时空发生了改变，表现梦境中的场景、回忆的内容等。

图 4-6　叠化转场效果

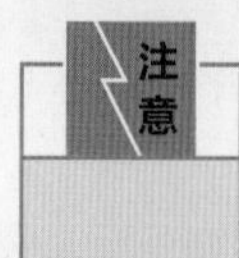

在叠化转场时，前后两个镜头会有几秒的重叠，这几秒的重叠能够呈现柔和、舒缓的表现效果。所以当镜头质量不佳时，可以借助这种转场来掩盖镜头的缺陷。

（3）划像转场。划像是指两个画面之间的渐变过渡，分为划出与划入，划出指的是前一画面从某一方向退出屏幕，划入指下一个画面从某一方向进入屏幕。

在转场的过程中，视频画面被某种形状的分界线分隔，分界线一侧是画面 1，另一侧是画面 2，随着分界线的移动，画面 2 会逐渐取代画面 1，可以在 Premiere 中的“划像”过渡效果组中选择某种划像转场，如图 4-7 所示。

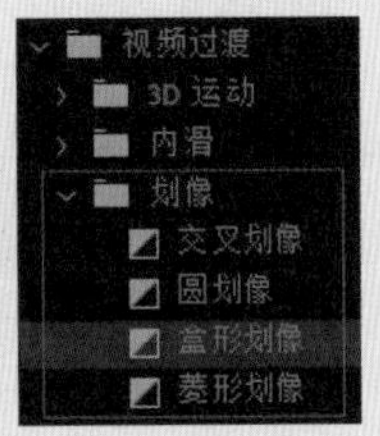

图 4-7　划像转场

3．无技巧转场

无技巧转场是用镜头的自然过渡来连接上下两段内容的，主要适用于蒙太奇镜头段落之间的转换和镜头之间的转换。与情节段落转换时强调的心理隔断性不同，无技巧转换强调的是视觉的连续性。

并不是任何两个镜头之间都可应用无技巧转场，运用无技巧转场需要注意寻找合理的转换因素和适当的造型因素。比如有些转场效果就需要拍摄相应的镜头才可实现。常用的无技巧转场形式主要有以下 3 种。

- 空镜头转场：空镜头是指以景物为主，没有人物的镜头。空镜头有写景与写物之分，前者通称“风景镜头”，往往用全景或远景表现；后者称“细节描写”，一般采用近景或特写，如图 4-8 所示。

空镜头的作用主要有介绍环境，表示时间，渲染人物情绪，拟人、比喻、对比等。空镜头转场常用于交代环境、背景、时空，抒发人物情绪，表达主题思想，是视频导演表达思想内容、抒发情感意境、调节剧情节奏的重要手段，如图 4-9 所示。

图 4-8　空镜头画面

图 4-9　抒发情绪，表达主题思想

- 声音转场：声音转场是用音乐、音响、解说词、对白等和画面的配合实现转场，是转场的惯用方式。其主要作用一是利用声音过渡的和谐性自然地转换到下一画面，其中，主要方式是声音的延续、声音的提前进入、前后画面声音相似部分的叠化；二是实现时空的大幅度转换，比如街采性节目中，可能有不同的对象回答同一个问题，这时，就可以利用回答中的呼应关系，连接不同的时空，甚至剪辑出双方交锋的效果。
- 主观镜头转场：主观镜头是指借人物视觉方向所拍摄的镜头，用主观镜头转场就是按前后镜头间的逻辑关系来处理场面转换问题，可用于大时空转换。比如上一个镜头拍摄主体在观看的画面，下一个镜头转接主体观看的对象，这就是主观镜头转场。主观镜头转场不但非常自然，而且能引起观众的好奇心，如图 4-10 所示。

图 4-10　主观镜头转场

任务 2　创意无限可能——应用遮罩转场

随着短视频和 Vlog 的盛行，对于无技巧转场的应用，涌现出了很多有创意的思路和方法，其中，遮罩无缝转场便是很多视频创作者都非常喜爱的一种转场设计方法，本任务将详细介绍遮罩转场的应用技巧。

1．什么是遮罩转场

遮罩（也叫遮挡）转场就是在画面运动时，画面被暂时遮住，当画面恢复后，顺势进入其他场景，以实现画面的无缝衔接，通常表示时间、空间的转换。常用的遮挡方式有以下 3 种。

- 黑场：物体冲向镜头黑场、物体闭合黑场。
- 前景遮挡：通过人影（主体运动 / 镜头运动）、树、电线杆、墙面、汽车等前景物体遮挡画面。
- 特效遮挡：运用特效合成进行遮挡，使效果看上去更炫。

2．前期拍摄

要应用遮罩转场，需要在拍摄素材时提前构思好，是用人物还是物体作为转场的遮挡物。如果用人物作为遮挡，怎样进行场面调度？如果用物体作为遮挡，又该如何进行拍摄呢？

（1）当人物作为遮挡时，常用的拍摄方法有 2 种。

方法一：在第一个场景中，主角跑向镜头，抬手遮盖镜头；到第二个场景时，主角把手从镜头上拿开并稍微后退。

方法二：主角在第一个场景的画面正中跳一下，在第二个场景重复跳跃动作，将两段素材主角跳至最高点的地方作为剪辑点拼接，就能得到转场效果。需要注意的细节是，由于空间最高点的停留时间很短，剪辑时可以分别将主角跳至最高点的那 0.1 秒选出，微调慢速，让最高点的瞬间更明显。

（2）当物体作为遮挡时，常用的拍摄方法有 2 种。

方法一：首先找到一扇玻璃门，主角站在门后，摄影师站在门前 1 米处，拿着摄像机快速冲向玻璃门，造成后半段有轻微运动模糊的效果。再换到户外场景，摄影师同样快速冲向主角，主角做后退跌倒状。

方法二：在场景一中找到一根柱子或者一棵树，主角自然走过，摄影师从侧面平移跟拍，让镜头被树木自然遮挡，完成第一段拍摄。在场景二中找到类似的柱子或树木，主角朝相同方向走过，利用遮罩转场制作完成视频无缝组接。同时要注意选取的两棵树的颜色要尽量相近，两个场景的光线也要尽量相近。镜头在两个场景中离树木的距离要尽量相同，主角在两段视频中的大小也要尽量相同。如果两棵树的颜色有差距，可以在剪辑时调色或加入一个模糊特效，让效果更逼真。

3．蒙版的应用

使用 Premiere 的蒙版可以将效果应用于视频中的某一帧或某一特定部分。蒙版可用于在素材画面中设定要模糊、覆盖、高光显示、应用效果或校正颜色的特定区域。可以创建和修改不同形状的蒙版（如椭圆形、矩形），也可以使用钢笔工具绘制自由形式的贝塞尔曲线形状。下面以“不透明度”属性为例，介绍蒙版工具的应用方法。

（1）创建自由形状蒙版。利用钢笔工具围绕目标自由绘制复杂蒙版形状。在【效果控件】面板中，展开“不透明度”属性，选择钢笔工具，直接在【节目监视器】面板的画面上绘制，如图 4–11 所示。

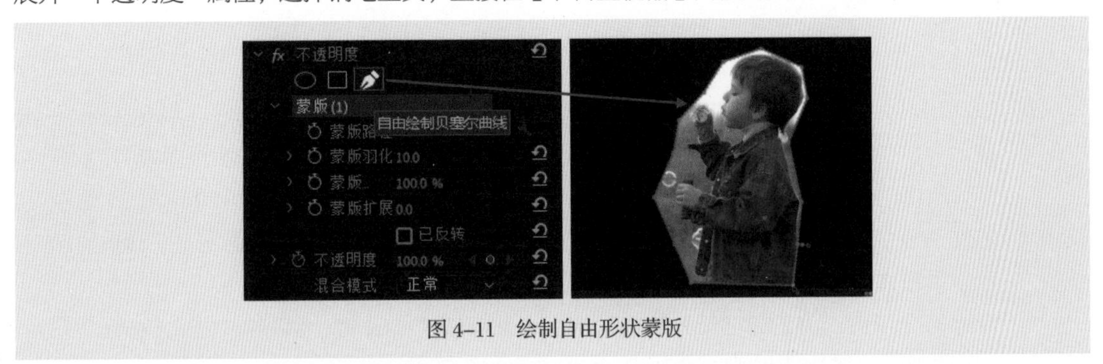

图 4–11 绘制自由形状蒙版

（2）用钢笔工具绘制直线路径线段。使用钢笔工具可绘制的最简单的路径，是具有两个顶点的直线。通过连续单击，可以创建由通过顶点连接的直线段组成的路径，这是一个线性蒙版。线性蒙版始终是一种由硬角连接的多边形，线性控制点也称为角点，如图 4–12 所示。

（3）用钢笔工具绘制贝塞尔曲线路径线段。使用钢笔工具，通过拖动方向线可创建曲线路径线段，方向线的长度和方向决定了曲线的形状。如果已经创建了线性蒙版，可将鼠标指针置于顶点上，同时按住 Alt 键，此时鼠标指针将变为一个反向“V”字形，然后单击，可将线性蒙版上的顶点转换为贝塞尔曲线的顶点，顶点两端会出现控制手柄，可以用来调节线段的曲度。图 4–13 中，A 是两个方向的贝塞尔曲线的手柄，可控制曲线形状，B 是贝塞尔曲线的顶点。

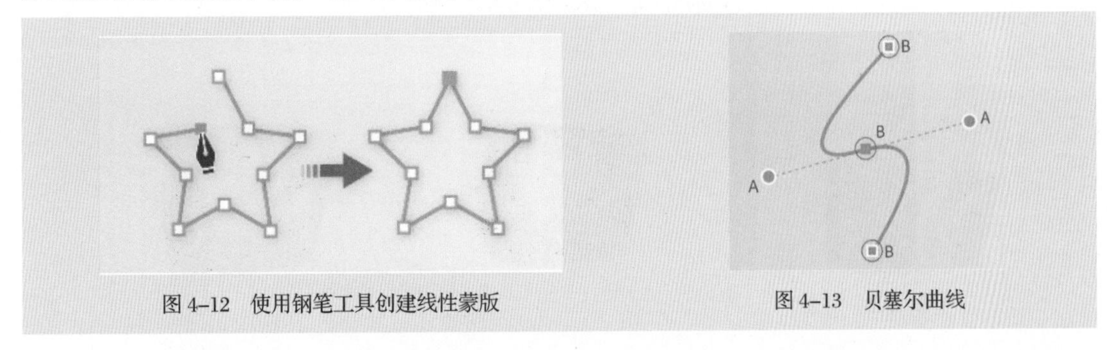

图 4–12 使用钢笔工具创建线性蒙版　　图 4–13 贝塞尔曲线

（4）修改和移动蒙版。通过拖动蒙版上的顶点和控制手柄，可以调节蒙版的形状、大小和旋转角度。

- 调整蒙版大小：将鼠标指针置于顶点之外并按住 Shift 键，鼠标指针变成双向箭头形状，然后拖动鼠标，可以等比例缩放所绘制的蒙版，如图 4–14 所示。
- 旋转蒙版：将鼠标指针置于顶点之外，鼠标指针变成弯曲的双向箭头形状，然后拖动即可旋转蒙版，如图 4–15 所示。

- 顶点的转换：按住 Alt 键并单击顶点，即可将线性顶点转换为贝塞尔曲线顶点，此时可拉动两端的手柄改变曲线弧度，或将曲线顶点转换为线性顶点，线性顶点两端没有控制手柄，如图 4–16 所示。

图 4–14　等比例缩放蒙版　　图 4–15　旋转蒙版　　图 4–16　转换顶点

- 移动顶点：直接使用选取工具拖动顶点即可，如图 4–17 所示。可以同时选中多个顶点一起移动，按住 Shift 键并单击可选择不连续的多个顶点，或拖动鼠标框选多个连续的顶点，再拖动其中的一个顶点就可以实现同时移动，如图 4–18、图 4–19、图 4–20 所示。
- 添加顶点：直接将鼠标指针置于线段上（非顶点处），鼠标指针会变成带“+”号的钢笔形状，单击即可添加一个顶点，如图 4–21 所示。
- 删除某个顶点：将鼠标指针置于某顶点上，然后按住 Ctrl 键，鼠标指针会变成带“–”号的钢笔形状，单击即可删除该顶点，如图 4–22 所示。
- 移动整个蒙版：可将鼠标指针置于蒙版内部，鼠标指针会变成手的形状，直接拖动即可移动整个蒙版。

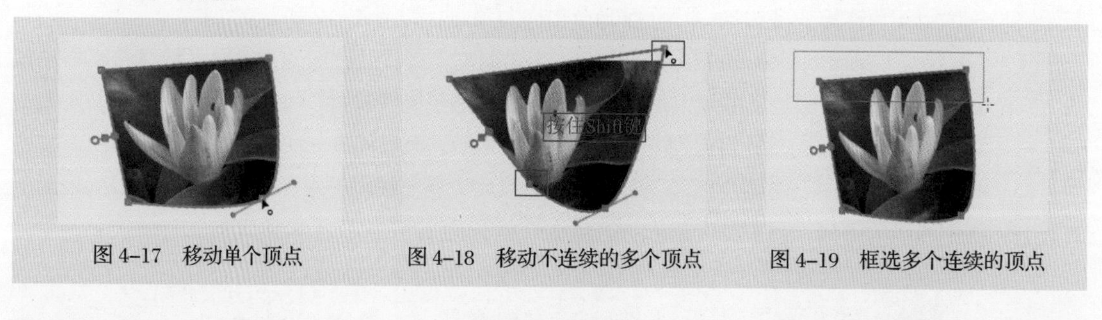

图 4–17　移动单个顶点　　图 4–18　移动不连续的多个顶点　　图 4–19　框选多个连续的顶点

图 4–20　移动多个顶点　　图 4–21　添加顶点　　图 4–22　删除顶点

（5）调整蒙版设置。可以在【效果控件】面板中设置蒙版羽化，扩展蒙版，更改不透明度，或者将蒙版反转以调整蒙版对画面的影响效果。

- 蒙版羽化：用于指定“蒙版羽化”的值。蒙版周围的羽化参考线显示为虚线。将手柄拖离羽化引导线可增加羽化，拖向羽化引导线可减少羽化。蒙版羽化手柄可直接在【节目监视器】面板的蒙版轮廓上控制羽化量，如图 4–23 所示。

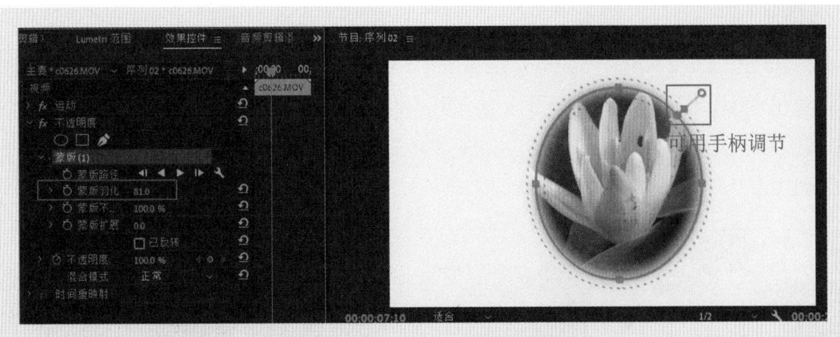

图 4–23　调节蒙版羽化

- 蒙版不透明度：蒙版应用不透明度时，会更改其所影响画面的不透明度。当蒙版不透明度的值等于 100% 时，蒙版完全不透明并会遮挡图层中位于其下方的区域。蒙版不透明度越小，蒙版下方的区域就越清晰，如图 4–24 所示。

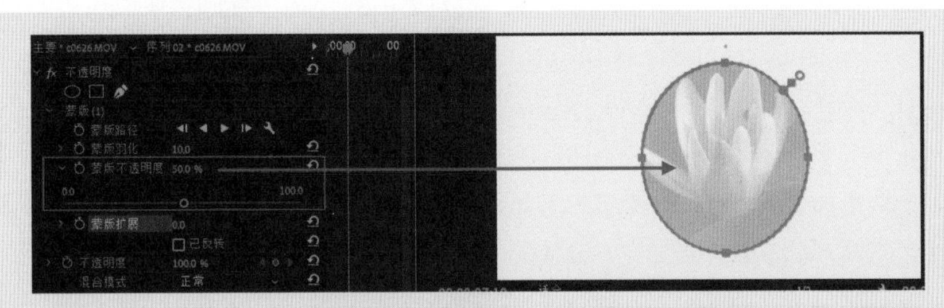

图 4–24　设置蒙版不透明度

- 蒙版扩展：设置“蒙版扩展”的值，正值将边界外移，负值将边界内移。也可用手柄将扩展参考线向外拖动以扩展蒙版区域，或向内拖动以收缩蒙版区域，如图 4–25 所示。

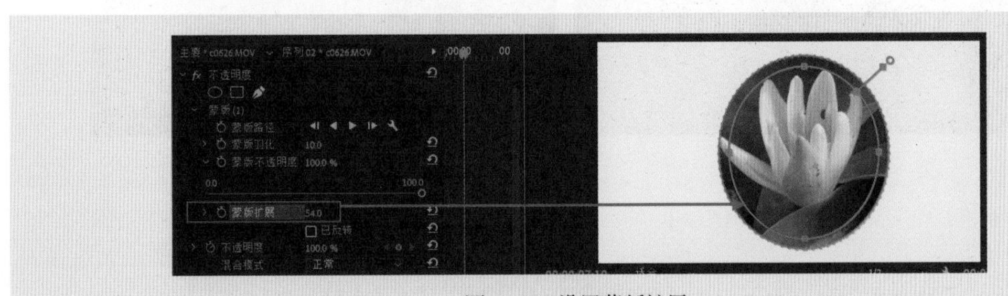

图 4–25　设置蒙版扩展

- 反转蒙版：勾选“已反转”复选框，可交换蒙版区域和未蒙版区域，如图 4–26 所示。

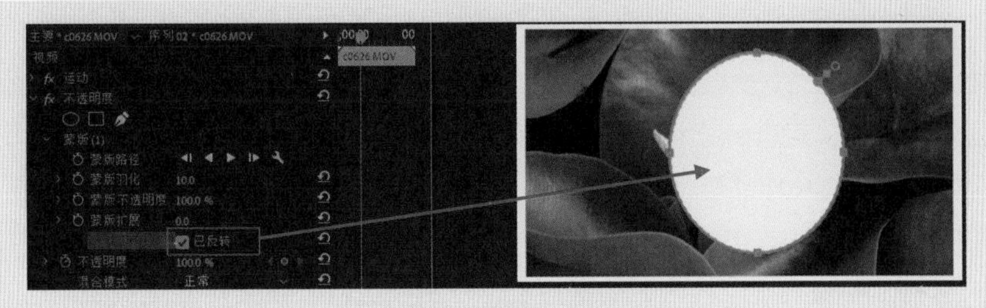

图 4–26　设置蒙版反转

4．制作遮罩转场

借助上层画面中的物体遮挡（需要在前期拍摄时设计好，遮挡物在横向或纵向是否能完全覆盖屏幕范围），随着物体运动离开屏幕，下层的画面逐步显示完整，实现场景自然转换的效果，如图 4-27 和图 4-28 所示。

图 4-27　上层画面，以树干为遮挡物

图 4-28　转场后显示的下层画面

为上层素材的“不透明度”属性绘制蒙版，因为树干的轮廓不规则，所以可以用钢笔工具绘制不规则路径。

根据要遮住部分的变化，为蒙版路径添加关键帧，随变化过程调整路径上各顶点的位置，改变路径的大小及形状，使其在运动的过程中能够和树干的边缘吻合。如果边缘太生硬，可适当设置羽化值。调节过程可参考图 4-29。需要注意的是，蒙版绘制的位置不同，其调节过程和相应参数的设置也不太一样，大家灵活处理即可。

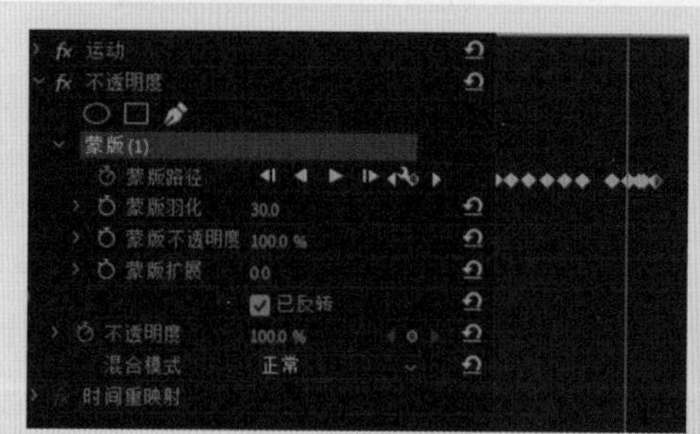

图 4-29　蒙版调节参考

路径顶点可依据形状变化随时添加或删除；可根据边缘特点转换顶点类型，利用手柄调节曲线弧；根据蒙版影响的区域，选择是否需要反转蒙版。

任务 3　眼明正似琉璃瓶——制作眼睛转场

继续应用蒙版工具，配合帧定格技术和视频特效的初步应用，设计一个具有创意的眼睛转场效果，能让作品更加生动、更有寓意。

制作眼睛转场

1．导入素材

导入两段素材（眼睛素材和转场后的素材），分别放在两个视频轨道上，如图 4-30 所示。

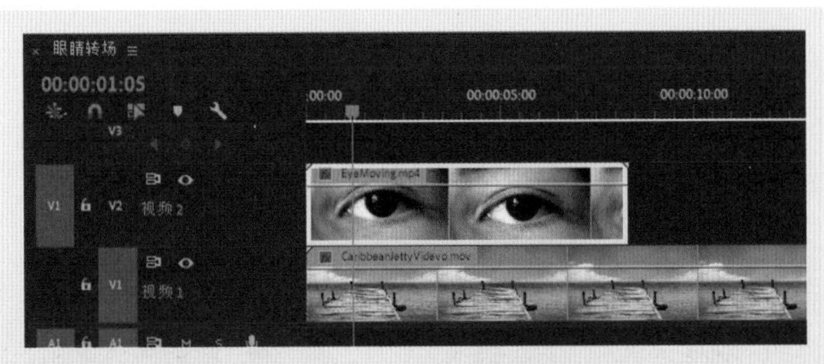

图 4-30　导入素材到视频轨道

2. 添加帧定格

调整两段素材的尺寸至适合屏幕大小，然后将播放指示器定位到眼睛睁开时的一帧画面，右击并选择“添加帧定格”命令，素材会被裁剪为两段，后半段为定格画面，用来制作转场效果，前半段根据需要可以保留或删除，如图 4-31 所示。

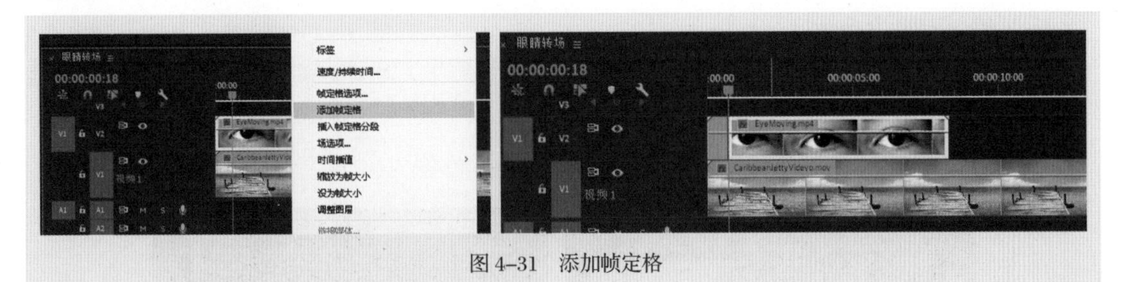

图 4-31　添加帧定格

3. 应用视频特效

在【效果】面板中展开“视频效果”素材箱，找到“扭曲”特效组，将“变换”效果拖曳到眼睛素材上，然后在【效果控件】面板中右击“变换”视频特效，选择“重命名”，将名字改为“眼睛遮罩”，如图 4-32 所示。

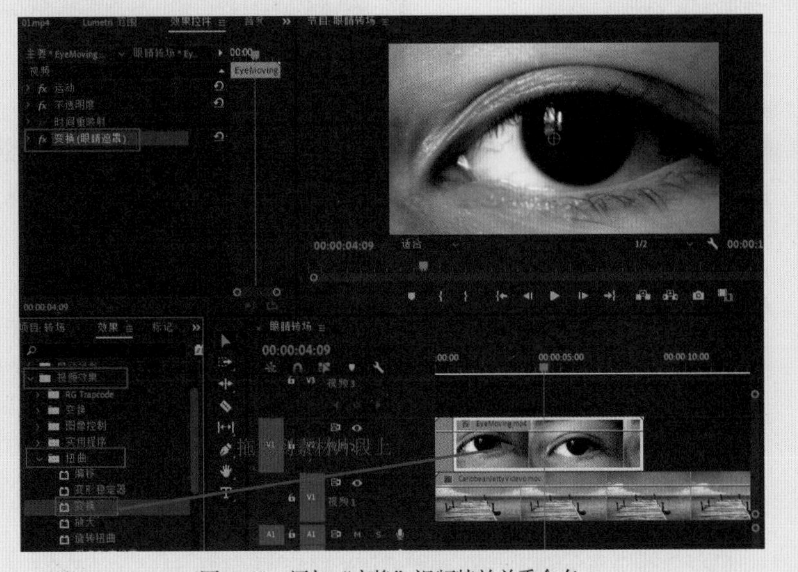

图 4-32　添加“变换”视频特效并重命名

4．添加蒙版

在【效果控件】面板中展开“变换（眼睛遮罩）”特效，选择椭圆蒙版工具，为眼睛添加蒙版，可以在按住 Alt 键的同时单击各节点，展开控制手柄，调整蒙版路径的形状与眼睛形状一致，并适当设置羽化值，如图 4-33 所示。

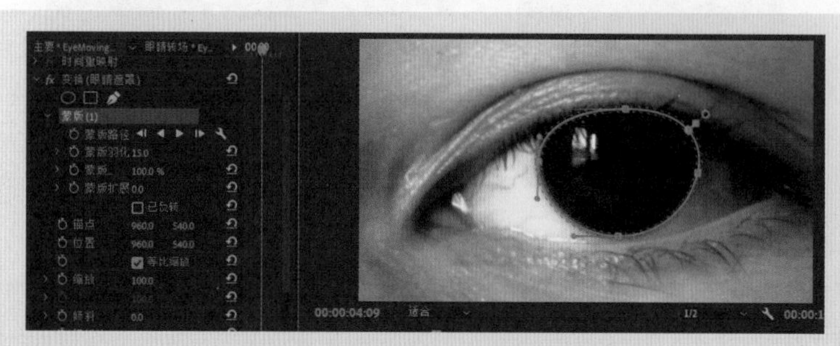

图 4-33　添加蒙版，调整路径形状

5．制作不透明度动画

为“变换（眼睛遮罩）”特效中的“不透明度”属性制作关键帧动画（数值由 0 至 100，不透明度逐渐增加）。将添加的关键帧选中，右击并选择“缓入”效果，然后展开数值，调整速度曲线，使其产生由慢到快的加速度变化，从而使动画更具冲击力，如图 4-34 所示。

图 4-34　为“变换”特效制作不透明度动画

6．制作眼睛逐渐放大的效果

再次为眼睛素材添加“变换”特效，命名为“眼睛放大”，并为该特效的“缩放”属性添加关键帧，制作由小到大的动画效果（注意要与前面不透明度动画的时间一致），然后选择“缓入”效果，调整速度变化，如图 4-35 所示。

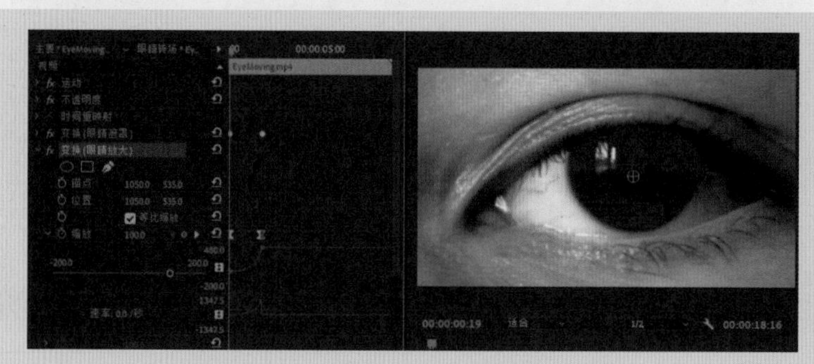

图 4-35　为“变换”特效制作逐渐放大效果

需要注意的是，直接为“缩放”添加关键帧，在放大过程中其目标点可能会产生偏移，在项目 3 中，我们通过同时为“位置”和“缩放”都添加关键帧的方法，在变化过程中调整图片的位置来确定聚焦区域。这里介绍一个新的方法，就是先将变换的锚点定位到眼睛中心，然后将“位置”属性的参数值设置成和锚点一致，再制作“缩放”属性的关键帧动画即可，如图 4-36 和图 4-37 所示。

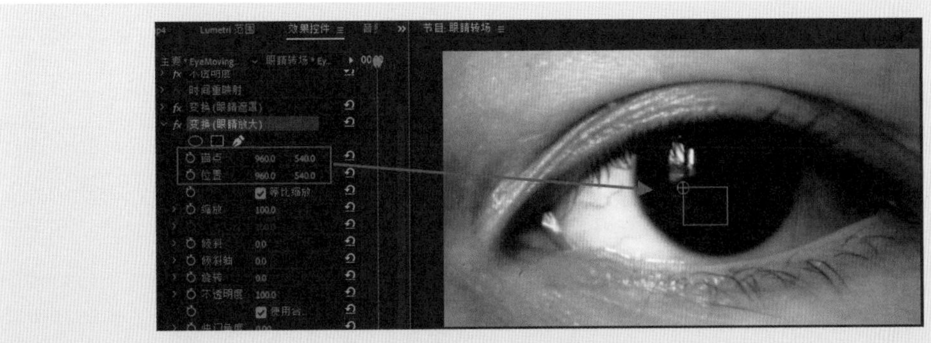

图 4-36　调节锚点前

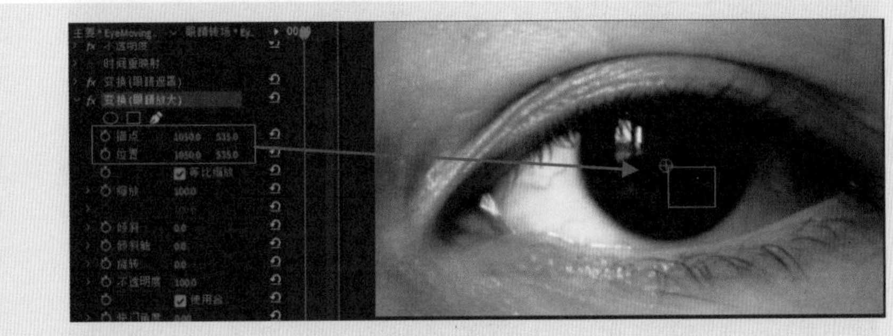

图 4-37　调节锚点后

至此，眼睛逐渐透明并放大展开的动画效果已实现，接下来为眼睛下方的素材制作缩放动画，让眼睛看到的画面也产生一个随着眼睛的变大，逐步由小到大的动画效果，如图 4-38 所示。

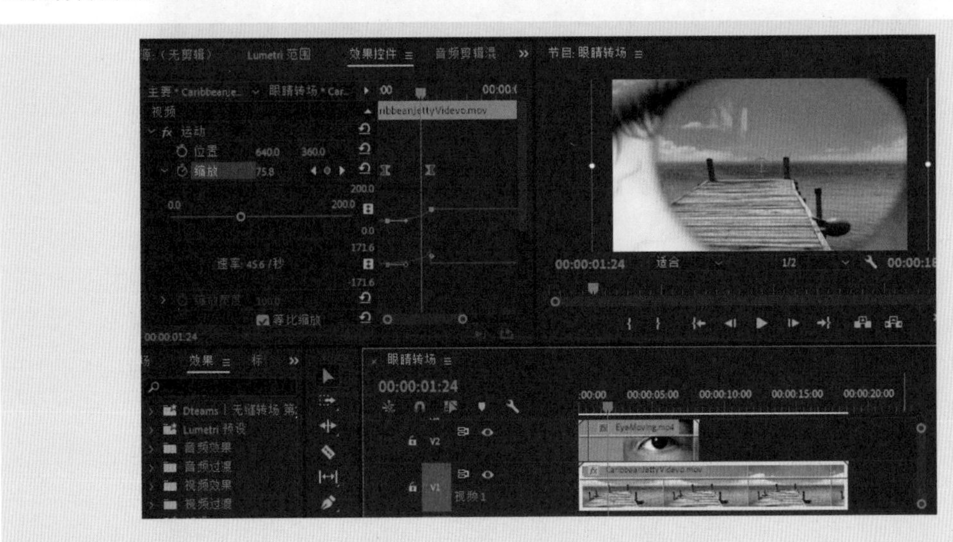

图 4-38　制作下层素材的逐渐放大效果

任务 4　事半功倍——预设与插件的应用

有没有无须太多操作，又能制作出生动、炫酷的转场的方法呢？答案是使用预设。应用预设，可以方便、快捷地实现画面间的无缝转场，即根据画面中物体的运动来切换画面，让画面间的过渡既自然、流畅，又动感十足。预设分为内置预设和外部预设插件两种类型。

预设与插件的应用

1．应用内置预设

将播放指示器移至两段视频的中间，将前面一个素材的出点向前移动 10 帧，在该处将素材切开（可以按快捷键 Ctrl+K），再将后面一个素材的入点向后移动 10 帧，在该处切开，这块裁切出来的区域就是用来设置转场的。当然，这个裁切的时长可以根据想要应用转场的时长来调整，如果需要增加转场时长，裁切的时间就可以长一点儿。然后在【效果】面板中展开"预设"素材箱，选择需要添加的预设效果，比如应用"模糊"预设，将"快速模糊入点"拖到后面的片段上，将"快速模糊出点"拖到前面的片段上，如图 4-39 所示。

图 4-39　应用内置转场预设

2．应用外部预设插件

（1）导入预设插件。对于外部预设插件，首先要导入，方法是在【效果】面板中找到"预设"素材箱，然后右击并选择"导入预设"命令，在弹出的"导入预设"对话框中，找到事先下载好的预设文件（扩展名为 .prfpset），选择所需的预设，单击"打开"按钮，即可将其导入 Premiere 中，如图 4-40 所示。

（2）应用预设插件。导入外部预设插件后，在【效果】面板中就可看到其选项，找到所需的预设应用给素材片段即可。应用外部预设插件分为以下 2 种情况。

一种是成对出现的预设，即预设名称标注了 Start（开始）和 End（结束），这样的预设按照前面介绍的方法应用，即需要在两段素材的连接处，把前一段素材的尾部和后一段素材的头部分别剪开几帧，然后把标有 End 的预设应用给前面的片段，把标有 Start 的预设应用给后面的片段。

另一种是不用成对使用的预设，也就是预设名称没有标注开始和结束，这样的预设在应用时，通常需要新建调整图层，如图 4-41 所示，放在两段素材交叉处的上方轨道中，然后将预设应用给这个调整图层，想要预设效果持续多长时间，就把调整图层的时长调整为多长时间，如图 4-42 所示。

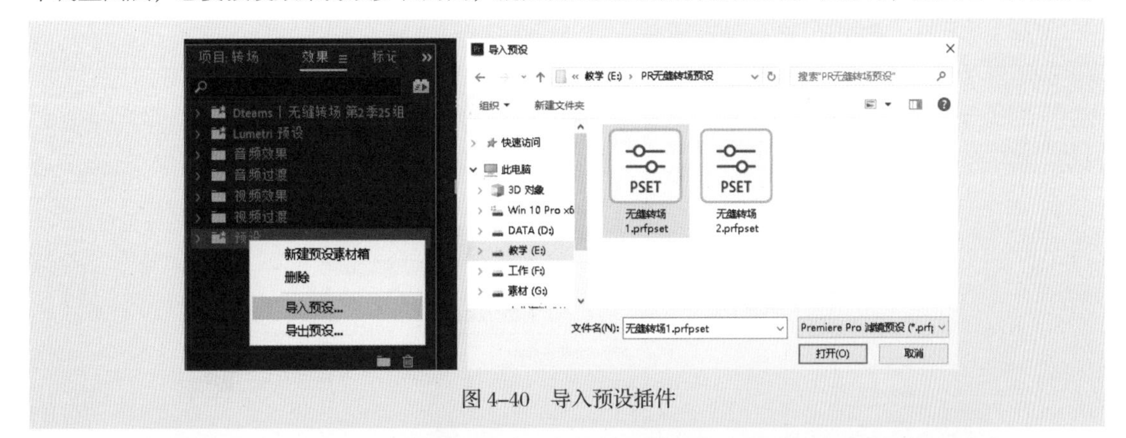

图 4-40　导入预设插件

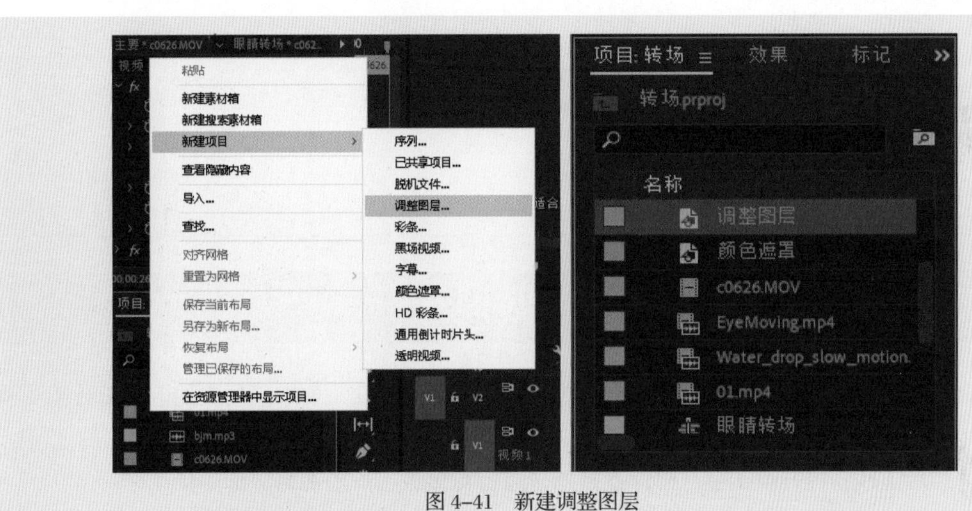

图 4-41　新建调整图层

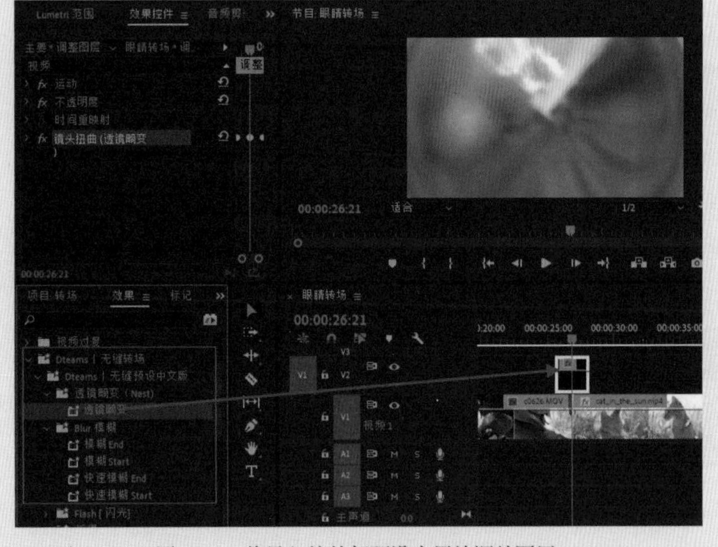

图 4-42　将导入的外部预设应用给调整图层

其实所有的预设都是基于视频特效制作的，其应用方法就是视频特效的应用方法，在第三单元我们会详细讲解视频特效的应用方法。

要点总结

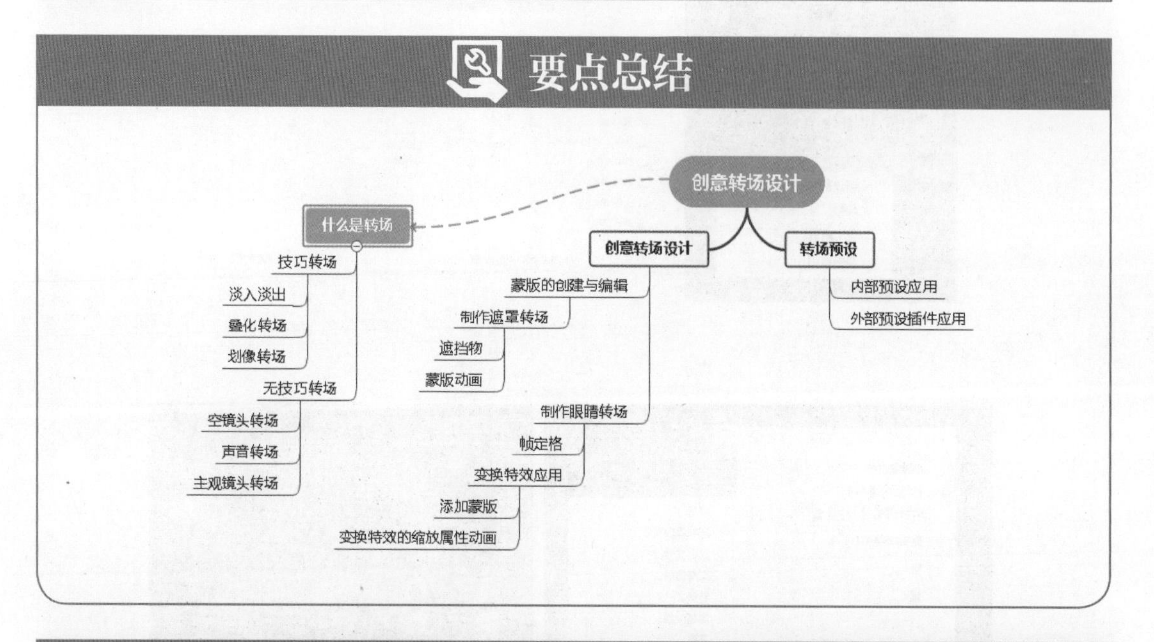

实践训练

- 无技巧转场设计实战。制作一个小短片，至少 6 个镜头（要求原创实拍），设计镜头间的无技巧转场，实现自然过渡效果。
- 拉片实践，提升镜头感。拉片就是指一边反复慢放，一边观察总结的精读影片方式，即逐帧逐段地分析影片，其意义就在于通过细致深入地观摩、解剖一部片子，摸清影片的套路，学习其中的制作思路。在拉片过程中，通过对每个镜头的内容、场面调度、运镜方式、景别、剪辑、声音、画面、节奏、表演、机位等的记录和分析，可以快速提升自己的镜头感，理解镜头组接规律，学会更多的剪辑思路和技巧。

请选择一部经典的影片片段，主要从镜头组接和转场设计角度进行拉片分析，并参照如下表格做好相关内容的记录。

示例：《海上钢琴师》拉片记录（00:05:02:13—00:06:44:08）

镜号	画面内容	景别	镜头运动（摄法）	转场	声音	长度
1	directed by GIUSEPPE TORNATORE	远景	固定镜头	硬切	背景音乐	4’20

续表

镜号	画面内容	景别	镜头运动（摄法）	转场	声音	长度
2	当他们是孩子的时候你看他们眼睛 And when they were kids you could look into their eyes	近景到特写	推镜头	硬切	背景音乐+旁白	40’09
3	呆在那船上六年 Six years on that ship five crossings a year 需要点什么? What can I do for you?	近景到全景	固定镜头、移镜头、拉镜头、摇镜头	（眼睛）叠化转场	背景音乐+旁白	56’09
…						

课后习题

（一）单项选择题

1. 转场也称作视频场景（　　）。

A. 空镜　　B. 调度　　C. 运动　　D. 过渡

2. 转场分为技巧转场和（　　）。

A. 过渡　　B. 无技巧转场　　C. 叠化　　D. 黑场

3. Premiere 里的黑场过渡是（　　）。
   A. 扭曲　B. 划像　C. 淡入淡出　D. 硬切
4. 遮罩是一个（　　）。
   A. 片段　B. 帧　C. 镜头　D. 图层
5. 遮罩黑色是（　　）。
   A. 半透明区域　B. Alpha 通道　C. 透明区域　D. 不透明区域
6. 可围绕目标自由绘制复杂蒙版形状的工具是（　　）。
   A. 剪切工具　B. 钢笔工具　C. 颜色工具　D. 缩放工具
7. 给予观众视觉上“故事结束”信号的转场方式是（　　）。
   A. 叠化　B. 划像　C. 闪回　D. 淡入淡出

（二）判断题

1. Premiere 里的交叉溶解过渡是硬切。（　　）
2. 3 种常用的无技巧转场形式有空镜头转场、声音转场和主观镜头转场。（　　）
3. 扭曲变换属于视频过渡。（　　）
4. 预设分为两种类型，分别是内置预设和外部预设插件。（　　）
5. 改变曲线弧度的方法是按住 Ctrl 键的同时单击节点。（　　）

（三）简答题

1. 举例说明 3 种常用的技巧转场形式?
2. 举例说明 3 种常用的无技巧转场形式?

第三单元

不能说的秘密——视频特效

我们在观看影视作品的时候，经常会被一些扣人心弦、惊心动魄的镜头所吸引，也经常会惊叹于画面中炫酷的光效、唯美的色彩和奇幻缥缈的场景，这些镜头是如何拍摄的呢？这些画面又是如何编辑与制作的呢？这就是视频特效的魅力。无论是电影、电视剧、广告还是短视频，都需要特效来加强表现力，从而给观众带来与众不同的视觉体验。本单元我们就来揭开这个“不能说的秘密”，通过系统地讲解视频特效的应用方法和思路，让大家轻松掌握视频特效的应用技巧。

单元导学

项目层次	基础项目	提升项目
项目名称	项目 5：探索未知世界—— 制作特效短片《灵魂之舞》	项目 6：于无形处见有形—— 制作电子相册《古城之旅》
学习目标	1. 理解视频特效的概念 2. 学会视频特效的添加与编辑方法 3. 熟悉 Premiere 中几款常用的视频特效 4. 熟练掌握调整图层的应用 5. 学会第三方插件的安装与使用	1. 灵活应用素材包装画面效果 2. 能够进行画面叠加效果的制作 3. 掌握简单的色彩处理方法 4. 灵活应用“裁剪”特效设计画面效果 5. 培养创新意识 6. 提高镜头语言灵活应用的能力
预期效果	能够结合作品特点灵活应用视频特效，丰富画面效果	能够综合应用视频转场、关键帧动画、视频特效对视频作品进行包装设计
建议学时	4（理论 2 学时、实践 2 学时）	4（理论 2 学时、实践 2 学时）

05 项目 5

探索未知世界——制作特效短片《灵魂之舞》

项目描述

在影视节目的后期制作过程中，特效的应用既能够使影片在视觉表现上更为精彩，又能够帮助我们完成一些现实生活中无法完成的拍摄工作。在特效视频中，我们可以获取到现实生活中无法体验到的乐趣，惊险刺激的大战或是宏大奇幻的场景，都是特效所带给我们的神奇体验。同时，特效还可以为我们的视频增加氛围感，增强观众的参与感。接下来我们就通过本项目一起来探索这个充满惊奇的“未知世界”。

项目分析

1．项目所需素材

利用所给素材实践不同的特效效果，学会特效应用的基本方法，然后制作创意特效短片《灵魂之舞》。实践素材如图 5-1 所示。

图 5-1　实践素材

2．制作要求

- 短片时长：10 秒。
- 应用视频特效制作样片中展示的几组效果，可在此基础上自行设计其他效果。
- 依据画面动作，添加恰当的音乐和音效，增强画面的节奏感。
- 添加字幕并制作扫光特效，让画面灵动起来。
- 导出 MP4 格式的视频。

3．样片展示

《灵魂之舞》部分镜头画面效果如图 5-2 所示。

图 5-2　《灵魂之舞》部分镜头画面效果

项目制作

任务 1　无中生有——玩转视频特效

1．Premiere 中的特效

特效是一种人工制作的虚拟元素，用来弥补视频中无法通过拍摄获得的效果。在视频制作软件中，特效也称为滤镜，在对素材片段进行整理、裁切、删除、组接等编辑之后，可以通过特效的应用对画面做进一步的包装和美化，最终使影片拥有更加丰富多彩的视觉效果。

Premiere 包括各种各样的音频与视频特效，可将它们直接应用于时间轴轨道上的素材片段中，以增添特别的视频或音频特性，或提供与众不同的功能属性。例如，通过特效可以改变素材曝光度或颜色、操控声音、扭曲图像或增添艺术效果等，如图 5-3 所示。

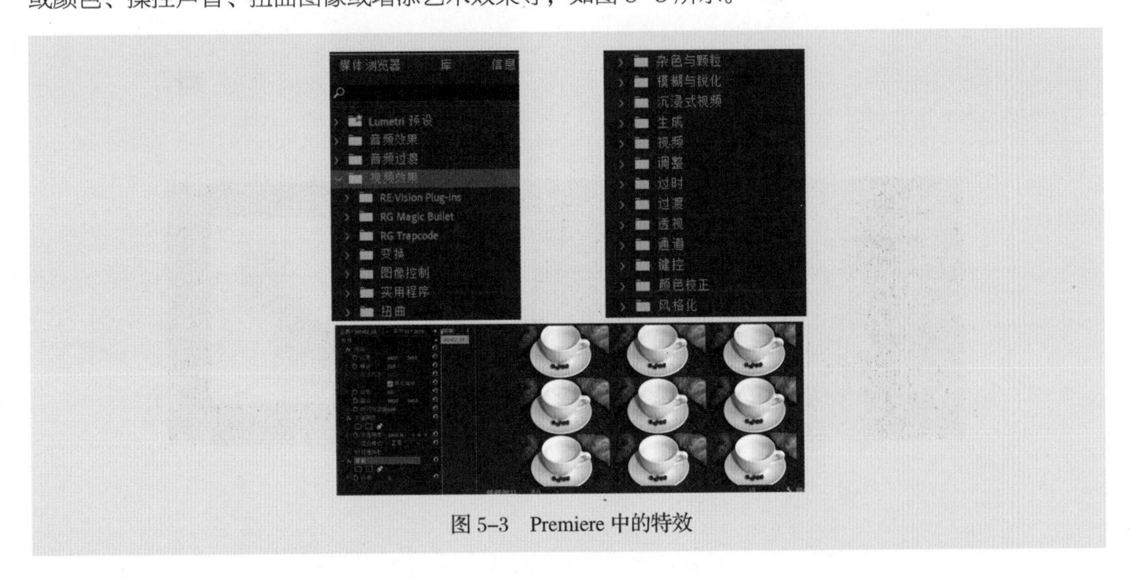

图 5-3　Premiere 中的特效

2．添加特效

在视频轨道上选中想要添加特效的素材片段，展开【效果】面板中的“视频效果”素材箱，找到想要添加的特效所在的效果组，单击展开按钮将其展开，然后选择所需的效果，直接拖曳到视频轨道的素材片段上或拖放到【效果控件】面板中，或者双击所需的效果，都可将该效果添加到选中的素材片段上，如图 5-4 所示。

也可以直接在【效果】面板的搜索框中输入特效名称，快速查找到想要添加的特效，如图 5-5 所示。

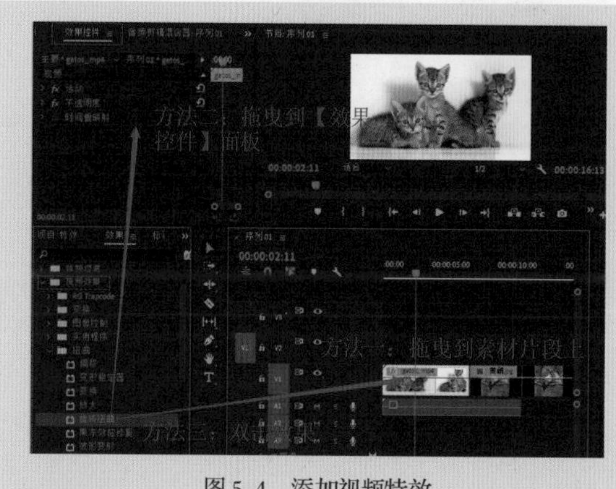

图 5-4　添加视频特效

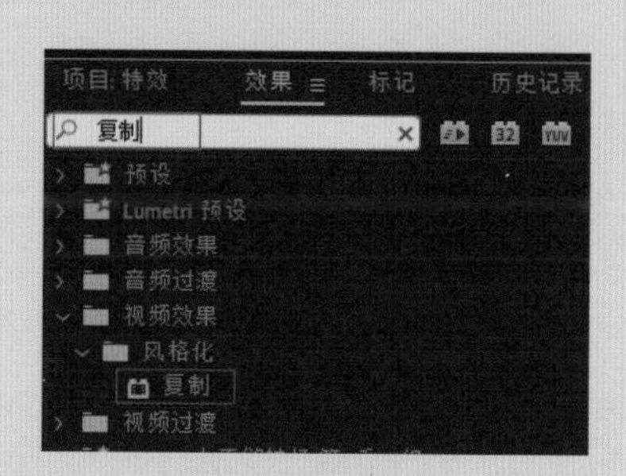

图 5-5　查找特效

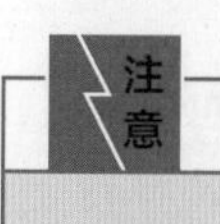

视频特效不同于转场（加在开头、结尾或两段素材中间），它是加在整个素材片段上，也就是这个特效所产生的效果是影响整个素材片段的。

问题：如果只想给一个素材的某个时间段应用特效，该如何处理呢?

3．编辑特效

（1）特效参数控制。每个特效都有自己的一套属性，改变其参数值，即可改变特效的效果，同时左侧带有“切换动画”按钮的属性是可以制作关键帧动画的，从而实现效果的动态变化过程。

为素材片段添加特效后，【效果控件】面板中会出现所添加的效果，将其展开可进行相关属性的设置，从而达到我们想要的效果，如图 5-6 所示。单击左侧的“切换效果开关” 可以开启或关闭该效果所产生的影响，如图 5-7 所示。

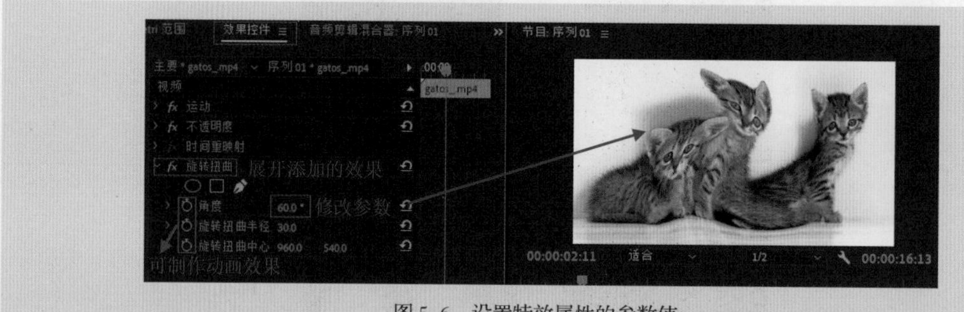

图 5-6　设置特效属性的参数值

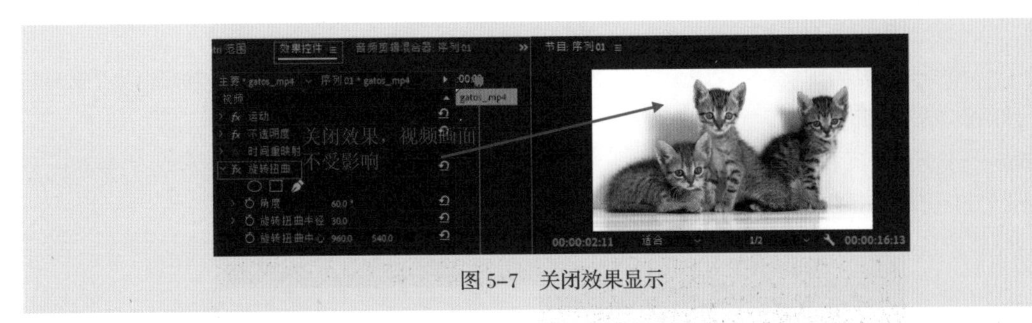

图 5-7　关闭效果显示

另外，特效都带有蒙版工具，可以在画面中添加椭圆蒙版、多边形蒙版和自由贝塞尔曲线蒙版，其作用就是这个特效可以通过蒙版作用于素材画面的局部区域（类似于 Photoshop 里的选区），如图 5-8 所示。

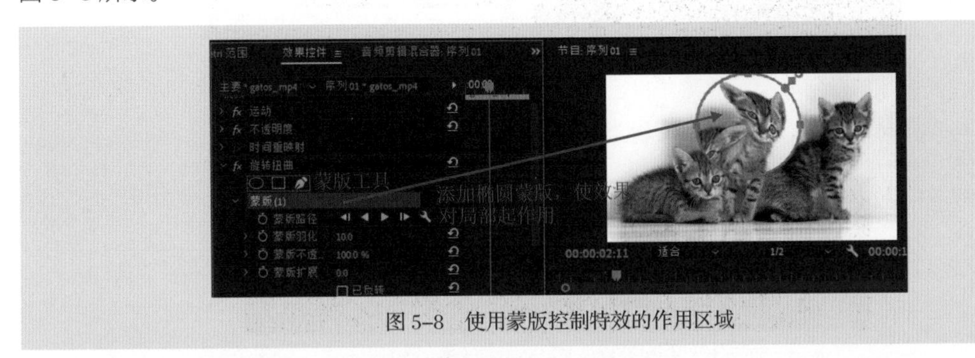

图 5-8　使用蒙版控制特效的作用区域

（2）特效的复制粘贴。如果想将设置好参数的特效再应用一次，或应用于其他素材片段，可以通过复制的方法快速实现。选中某个特效，按快捷键 Ctrl+C，或单击鼠标右键选择“复制”命令，再选中时间轴轨道上需要使用该特效的素材片段，然后按快捷键 Ctrl+V，即可将该特应用给当前素材。也可以按快捷键 Ctrl+Alt+V，或单击鼠标右键选择“粘贴属性”命令，弹出“粘贴属性”对话框，这时可以选择把哪些特效复制给目标素材，从而实现多个效果的复制应用，如图 5-9 所示。

当然，以上操作也可以通过“编辑”菜单来完成，如图 5-10 所示。

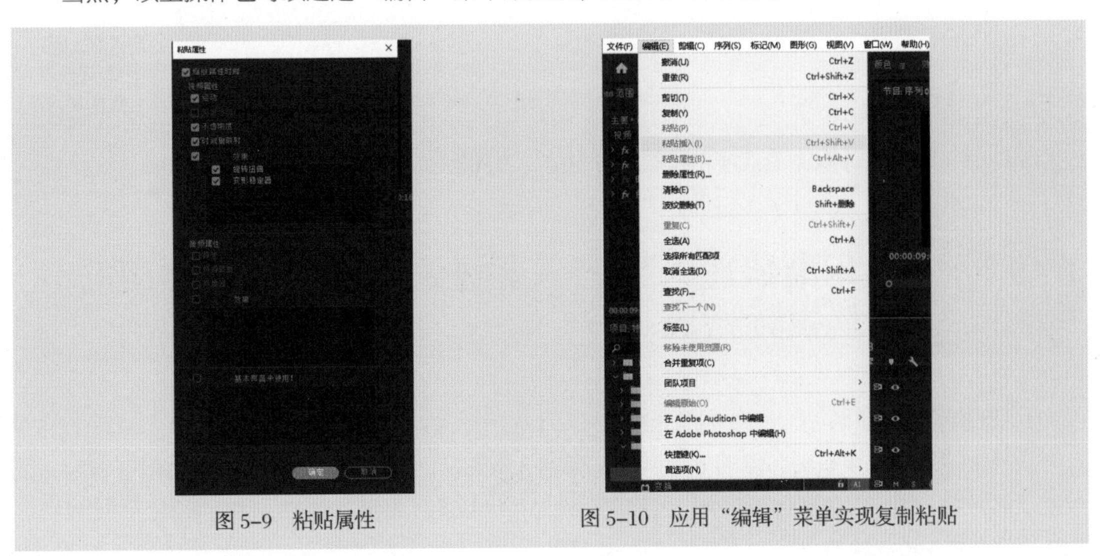

图 5-9　粘贴属性　　图 5-10　应用“编辑”菜单实现复制粘贴

（3）删除特效。如果要删除添加的特效，在【效果控件】面板中选中该特效后，直接按 Delete

键删除，或者通过剪切的方式将其删除。

（4）特效时间控制。为素材片段添加特效后，该特效会影响整个片段，如何控制特效的作用时长呢？常用的方法有以下 3 种。

方法一：对于可以用关键帧控制的属性，只需设置数值影响的时间段，当然这个方法是有一个动态变化的过程的，如图 5-11 所示。

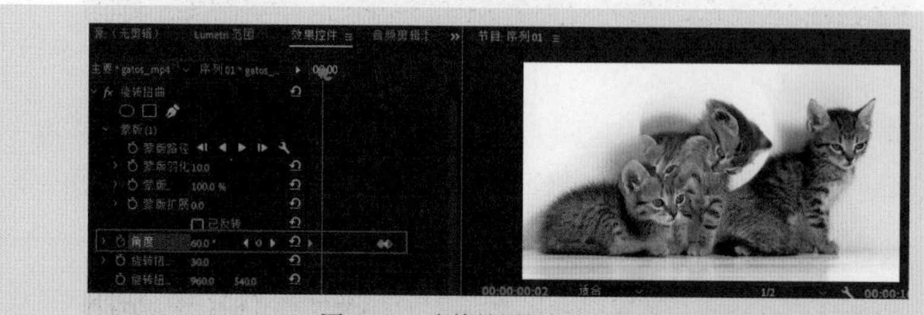

图 5-11　为特效属性添加关键帧

方法二：把素材裁剪开，只给需要的那个片段应用特效，如图 5-12 所示。

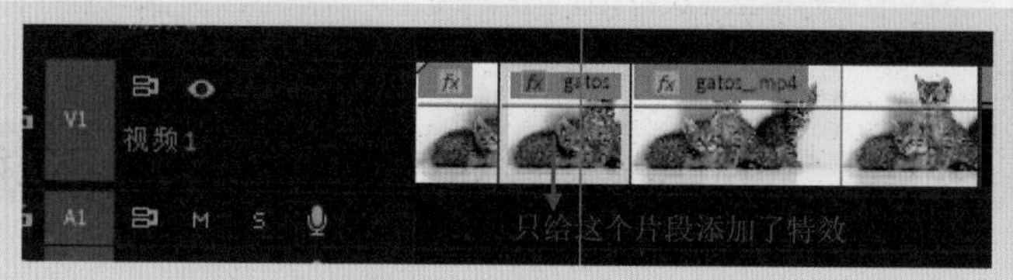

图 5-12　裁切素材，只给需要的片段应用特效

方法三：应用调整图层，详见本项目任务 3 中的相关讲解。

音频特效的添加及编辑操作与视频特效的操作相同，这里不赘述。

知识补充 8：什么是影视特效（扫描二维码学习）

任务 2　乱花渐欲迷人眼——了解 Premiere 中常用的几款视频特效

1. 变换类特效

变换类特效一般用来使图像的形状产生二维或三维的几何变化。常见的变换类特效有裁剪。裁剪就是根据指定的数值对素材的四周进行修剪，并可自动调整所修剪的素材，使其恢复到原始尺寸。如果感觉素材中的主体看上去太小，不够突出，可以利用“裁剪”特效把四周裁掉一部分，再勾选“缩放”复选框，目标主体就足够大了，如图 5-13 所示。

图 5-13　应用“裁剪”特效

2．图像控制类特效

图像控制类特效是通过各种方法对素材图像中的特定颜色像素进行处理，从而做出特殊的视觉效果。本书主要讲解以下 4 种图像控制类特效。

- 颜色平衡（RGB）：用于调整图片或视频素材中的红色、绿色和蓝色的量，如图 5-14 所示。

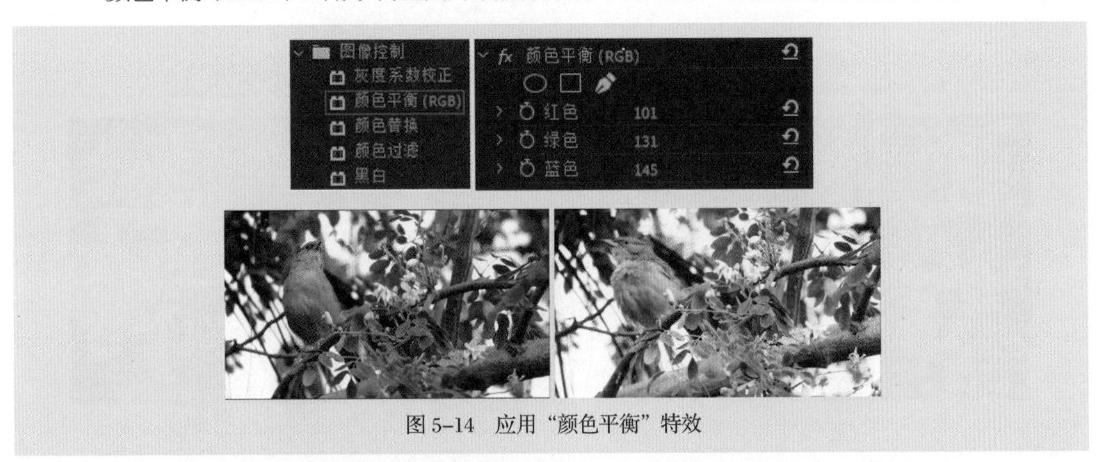

图 5-14　应用“颜色平衡”特效

- 颜色替换：用于将选中的颜色替换为指定颜色，同时保留灰色色阶。使用此效果可以更改图像中对象的颜色，其方法是选择对象的颜色，然后调整控件来创建不同的颜色，如图 5-15 所示。

图 5-15　应用“颜色替换”特效

- 颜色过滤：用于过滤图片或视频素材的颜色，可以去除图片或视频素材中除选中颜色以外的其他颜色。使用“颜色过滤”特效可强调剪辑的特定区域，如图 5-16 所示。

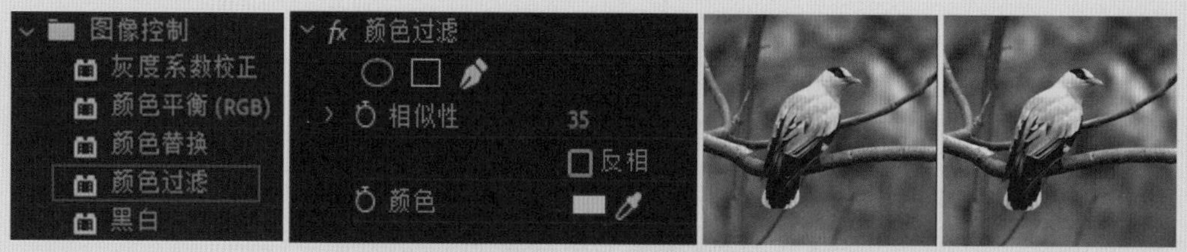

图 5-16　应用“颜色过滤”特效

● 黑白：使图片或视频片段的彩色画面转换成灰度级的黑白图像，如图 5-17 所示。

图 5-17　应用“黑白”特效

3．扭曲类特效

扭曲类特效主要通过对图像进行几何扭曲变形来制作出各种各样的画面变形效果。本书主要讲解以下 4 种扭曲类特效。

● 变换：用于对素材进行缩放、旋转、倾斜等二维变形，如图 5-18 所示。

图 5-18　应用“变换”特效

● 放大：能够对素材画面的局部进行放大显示。此效果的作用类似于在图像某区域放置放大镜，也可将其用于在保持分辨率的情况下使整个图像放大远远超出 100%，如图 5-19 所示。

图 5-19　应用“放大”特效

- 边角定位：通过调整图片或视频素材的 4 个顶点来改变素材的形状。运用该特效可以控制画面的透视变形，可拉伸、收缩、倾斜或扭曲图像，或用于模拟沿剪辑边缘旋转的透视或运动（如开门等）。拖动控制点可以得到任意形状的画面，但这不会裁切画面。也可以通过修改图像左上角、右上角、左下角、右下角 4 个点的参数值来改变画面形状，如图 5-20 所示。

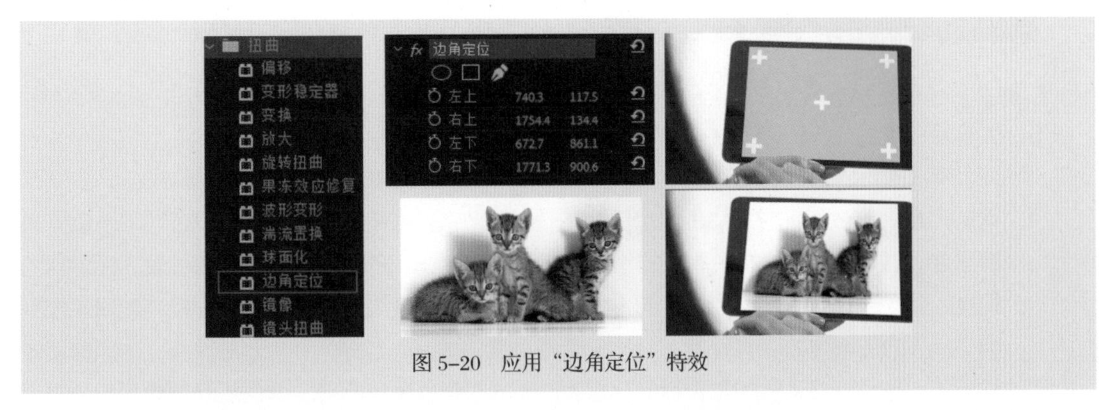

图 5-20 应用“边角定位”特效

- 镜像：能够使画面出现对称图像，它在水平方向或垂直方向取一个对称轴，使轴左上方的图像保持原样，右上方的图像按左边的图像对称地进行补充，如图 5-21 所示。

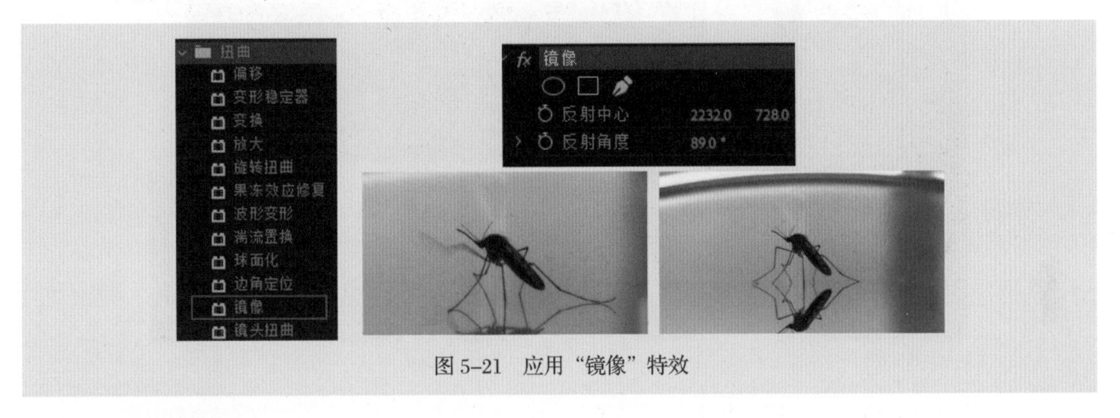

图 5-21 应用“镜像”特效

4．时间类特效

时间类特效是通过处理视频的相邻帧变化来制作特殊的视觉效果的，如改变速率、制作残影效果等。常见的时间类特效有残影等。

残影是将素材中不同时间的多个帧同时播放，产生条纹和反射的效果。残影效果有各种用途，包括从简单的视觉残影到条纹和污迹效果。只有当剪辑内容包含运动的物体时，该效果才有效。在默认情况下，应用残影效果时，任何事先应用的效果都会被忽略，如图 5-22 所示。残影时间（秒），残影之间的时间，以秒为单位，负值表示基于前面的帧创建残影，正值表示基于即将到来的帧创建残影；残影数量，残影组合的数量，如果值为 2，则结果为 3 个帧的组合；起始强度，残影连续画面中第一个画面的不透明度；衰减，残影的不透明度逐渐衰减的不透明度比率，如衰减为 0.5 时，第一个残影的不透明度为起始强度的一半，第二个则为起始强度的四分之一，以此类推；残影运算符，用于合并残影的混合运算。

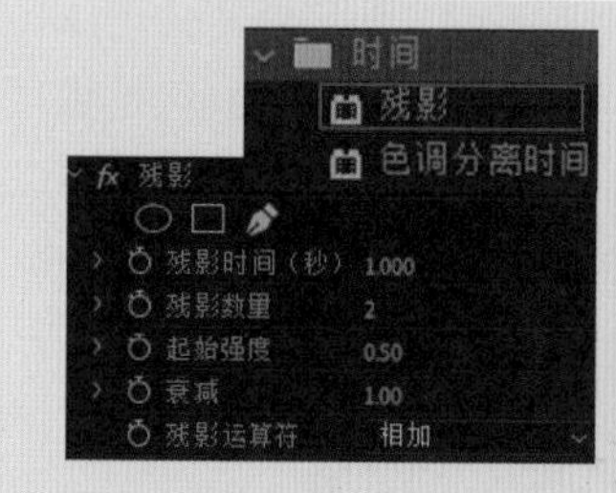

图 5-22　应用“残影”特效

5．生成类特效

生成类特效主要用于画面的处理或生成某种效果。本书主要讲解以下 2 种生成类特效。

- 镜头光晕：该效果能够以 3 种透镜过滤出光环，并选用不同强度的光从画面的某个位置放射出来。它是随时间变化的视频滤镜效果，可以设定光照的起始位置和结束位置，以展现透镜光源移动过程，如图 5-23 所示。光晕中心用于调整镜头光晕的位置；光晕亮度用来控制中心最亮的那个点的明亮程度，值越大越亮；镜头类型，选择何种焦距的镜头；与原始图像混合，指光晕下层素材的融合程度，值为 0% 的时候光晕最明显，数值逐渐增大后，光晕逐渐变透明，值为 100% 时与图像完全融合，也就看不到光晕了。

图 5-23　应用“镜头光晕”特效

- 闪电：模拟自然界中的闪电效果，参数较多，通过如下设置可以得到图 5-24 所示的闪电效果。细节级别和细节振幅代表闪电的复杂程度和强度；分支就是主干闪电的分支；宽度是闪电的粗细程度；宽度变化是指宽度的变化范围，宽度变化是随机的，值为 0 时没有宽度变化，值为 1 时宽度变化最明显；闪电分里层和外层，所以会有外部颜色和内部颜色，默认为蓝色和白色，也就是模拟自然界真实闪电的颜色，这里我们对内外的颜色都做了改变，闪电更加明显。随机植入用于设置闪电效果随机化的起始点。闪电的动画效果是自动的，如果想要实现更复杂的动态效果，可以通过为相关属性添加关键帧来实现。比如通过为结束点添加关键帧动画来制作闪电从起点劈下来的效果，大家可以自行尝试。

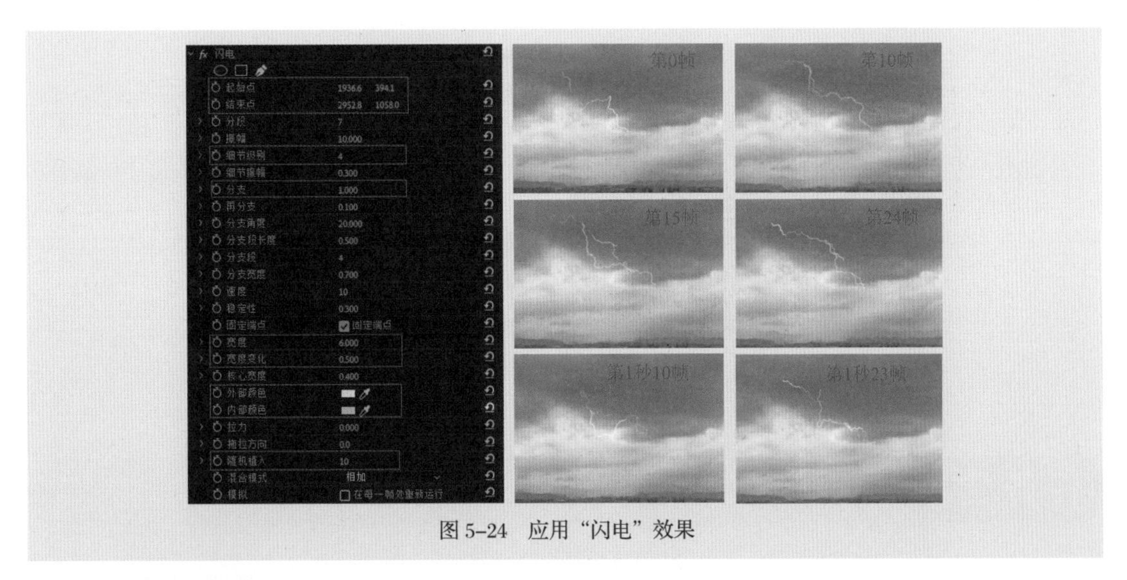

图 5-24　应用“闪电”效果

6．风格化类特效

风格化类特效用于模仿各种画风，使图像产生丰富的视觉效果。本书主要讲解以下 3 类风格化类特效。

● 复制：可以在画面中创建多个图像副本，如图 5-25 所示。

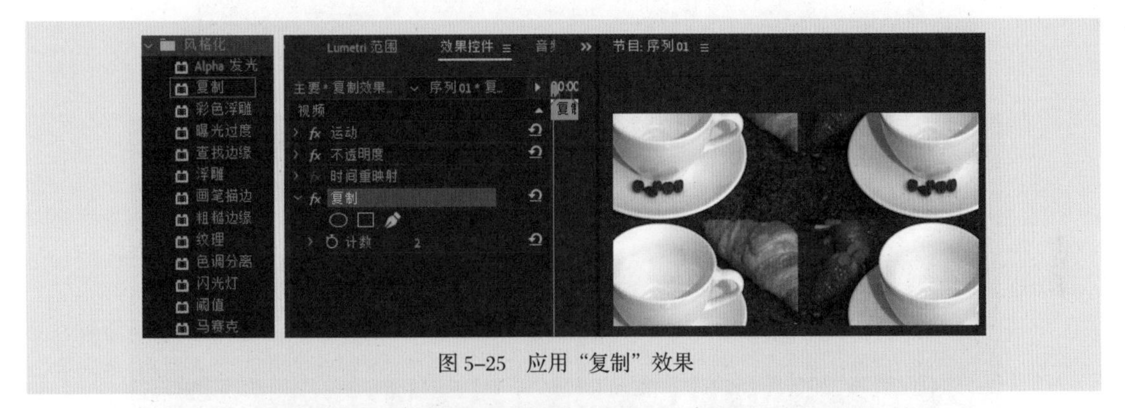

图 5-25　应用“复制”效果

● 查找边缘：利用线条将素材对比度高的区域勾勒出来，如图 5-26 所示。

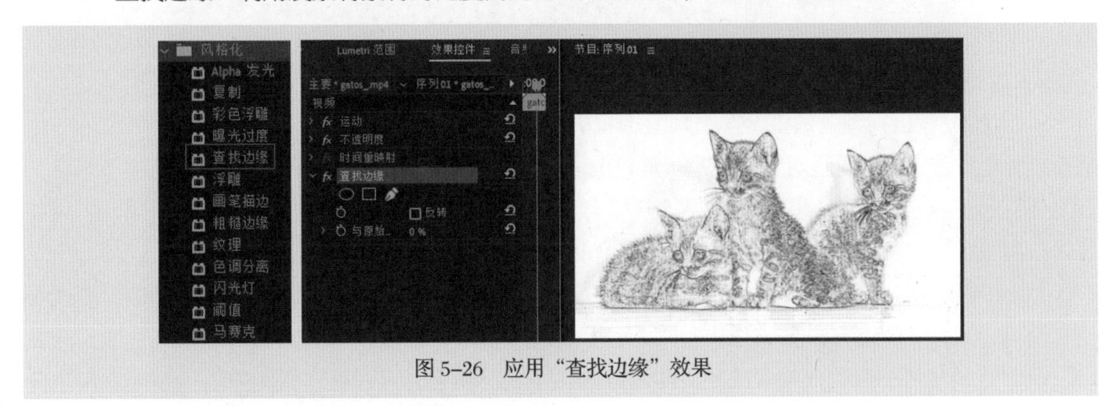

图 5-26　应用“查找边缘”效果

● 马赛克：可以调整素材为“马赛克”效果，如图 5-27 所示。

抠像与调色类特效在后面的章节会专门讲解，此处不赘述。

图 5-27　应用局部“马赛克”效果

任务 3　不可缺少的百变图层——调整图层

1. 认识调整图层

调整图层作为图层的一种，本身没有什么意义，但它可以承载一些效果，而这些效果会影响其下面的所有图层。Premiere 支持使用调整图层将同一效果应用到时间轴的多个素材片段上，可在单个调整图层上使用效果组合，也可使用多个调整图层控制更多效果。调整图层也可以理解为控制层——可以调控它下面的视频，既可以控制整个视频，也可以只控制视频的某一部分，如图 5-28 所示。

调整图层

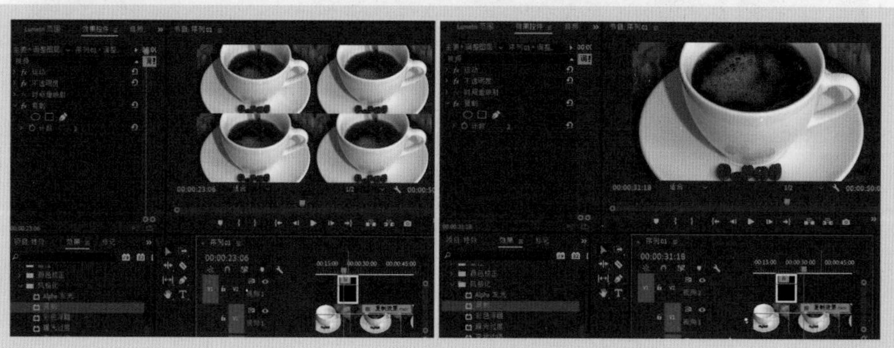

图 5-28　应用调整图层控制效果的作用时长

2. 调整图层的作用

（1）提高剪辑视频的效率。在视频组接完毕之后，一般都需要对视频进行调色或特效制作，提高视频的观赏性，这个时候如果直接在原素材上进行调色或添加特效，当调整完成之后觉得不满意，就需要将添加到每个视频片段的效果逐个删除或修改，费时费力，而如果应用了调整图层，则只需要修改添加在调整图层上的效果就可以了，工作效率将大大提高。

（2）便于查看与修改。当一个视频做了多个效果之后，如果是直接在原视频上添加的，要查看或修改某个效果，就要在众多的效果里来回查找，比较麻烦。而使用调整图层给视频添加效果，就可以很方便地在各个图层查看或修改，还可以给每个图层命名，这样就更方便查看这个图层用了什么效果，一目了然。

3. 创建调整图层

在【项目】面板空白处右击，选择“新建项目→调整图层”命令，如图 5-29 所示。或单击“文件”

菜单，选择“新建→调整图层”命令，如图 5-30 所示。打开“调整图层”对话框，如图 5-31 所示，进行视频设置后，单击“确定”按钮。【项目】面板中会出现新创建的调整图层，如图 5-32 所示。如果要修改调整图层的名称，可以在【项目面板】中将其选中，单击以输入名称，或右击，选择“重命名”命令，在激活的输入框进行输入，如图 5-33 所示。

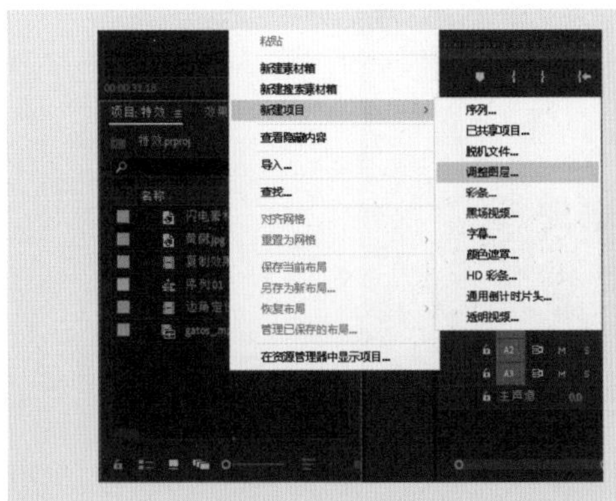

图 5-29 右击创建调整图层

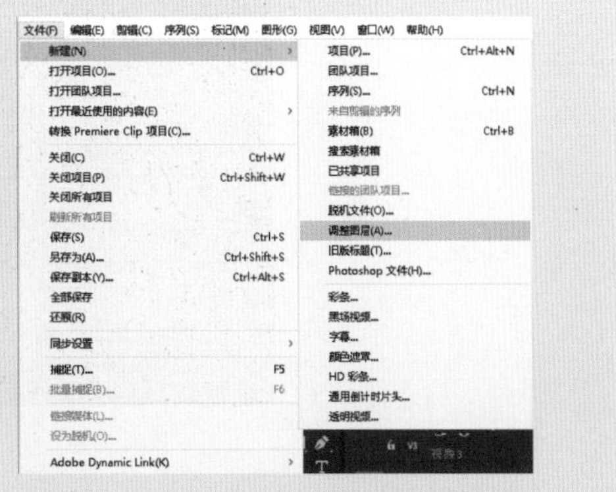

图 5-30 利用“文件”菜单创建调整图层

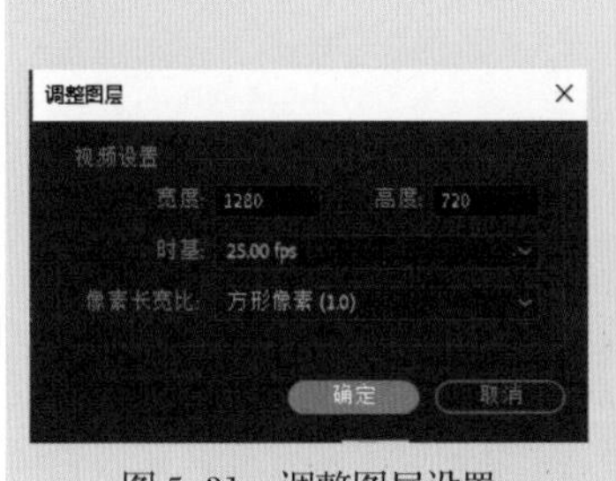

图 5-31 调整图层设置

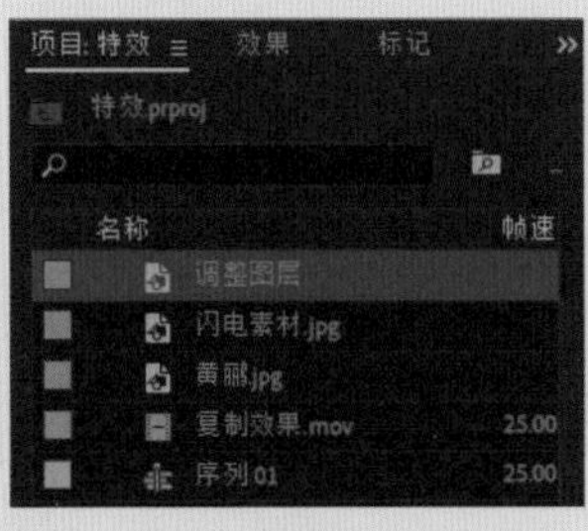

图 5-32 完成调整图层的创建

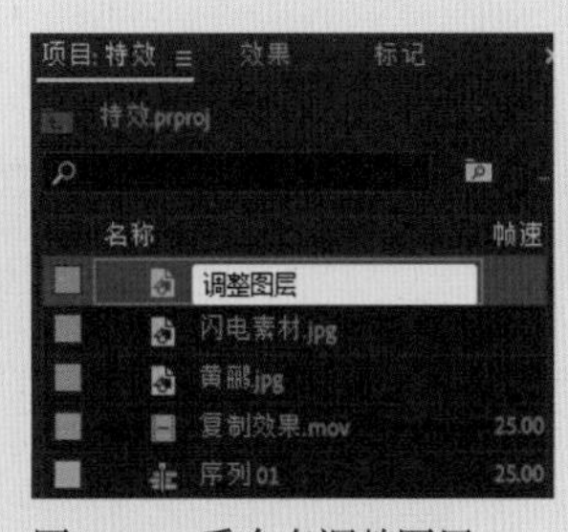

图 5-33 重命名调整图层

4．应用调整图层制作特效

（1）导入舞蹈视频，放置到时间轴 V1 轨道上，将刚创建的调整图层拖曳到舞蹈视频上方的 V2 轨道大约 2 秒的位置处，然后把调整图层裁切为 10 帧的长度，如图 5-34 所示。

（2）为调整图层添加“扭曲→变换”特效，为“变换”特效的“缩放”属性制作关键帧动画，在调整图层的入点和出点处分别将参数值设置为 100 和 200，并将调整图层的不透明度设置为 35%，如图 5-35 所示。

图 5-34 应用调整图层

图 5-35 为调整图层添加“变换”特效并制作关键帧动画

（3）为调整图层的“不透明度”属性添加关键帧，大约在调整图层的中后方位置添加一个关键帧（前面已将值设置为35%，这里保持不变），到结束时再添加一个关键帧，将值设置为0，如图5-36所示。

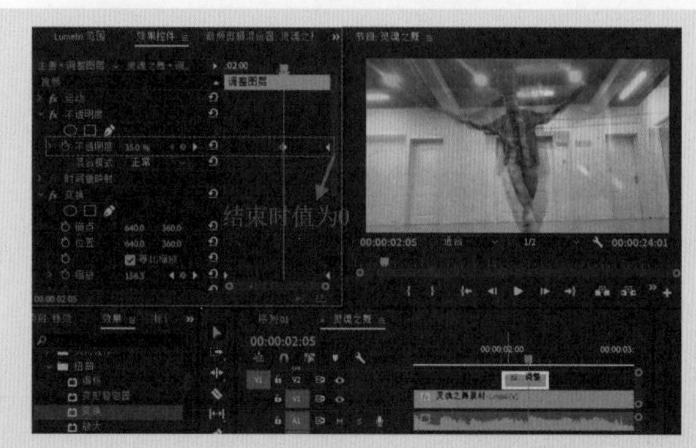

图5-36　为“不透明度”属性添加关键帧

（4）选中所有关键帧，右击并设置为“自动贝塞尔曲线”，如图5-37所示。然后右击开始的关键帧设置为“缓出”，右击结束的关键帧设置为“缓入”，如图5-38所示，这样可以有加速和减速的感觉，能增强视觉冲击力。

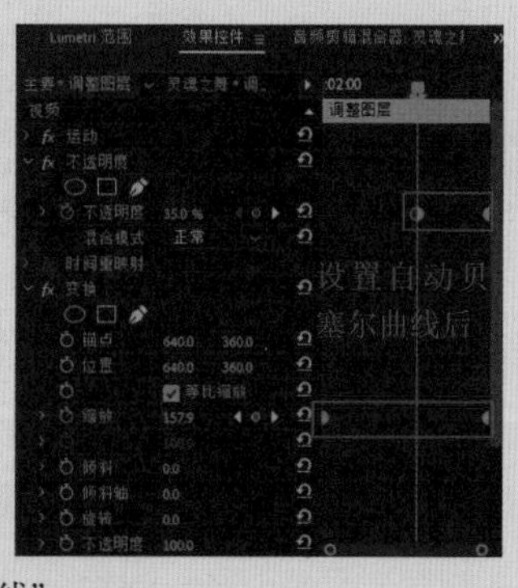

图5-37　设置“自动贝塞尔曲线”

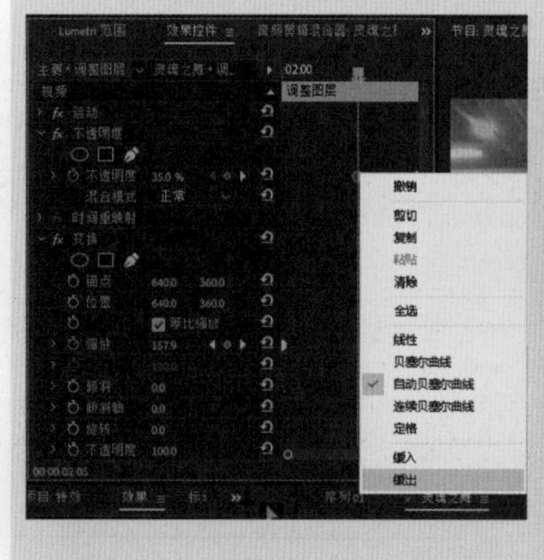

图5-38　设置关键帧缓入缓出

（5）按住 Alt 键并拖曳调整图层，复制出两个，顺序排列在轨道上，使该动画效果重复播放 3 次，如图 5-39 所示。

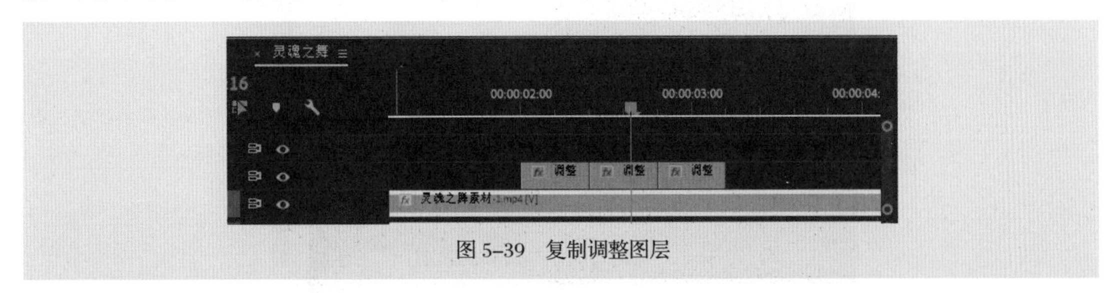

图 5-39　复制调整图层

任务 4　百般红紫斗芳菲——调色特效初步应用

1．制作颜色分离特效

（1）在完成任务 3 的基础之上，将播放指示器向后拖动，在大约 4 秒的位置再次拖入调整图层，将其裁切为 10 帧的长度，然后复制两份，分别放在上方不同的轨道上，如图 5-40 所示。

图 5-40　拖入并复制调整图层

（2）为 3 个调整图层添加“图像控制→颜色平衡（RGB）”特效，分别将 3 个轨道上的“颜色平衡（RGB）”保留红、绿、蓝 3 色，并将“不透明度”属性的“混合模式”改为“滤色”，如图 5-41 所示，设置好以后，画面整体没有变化。

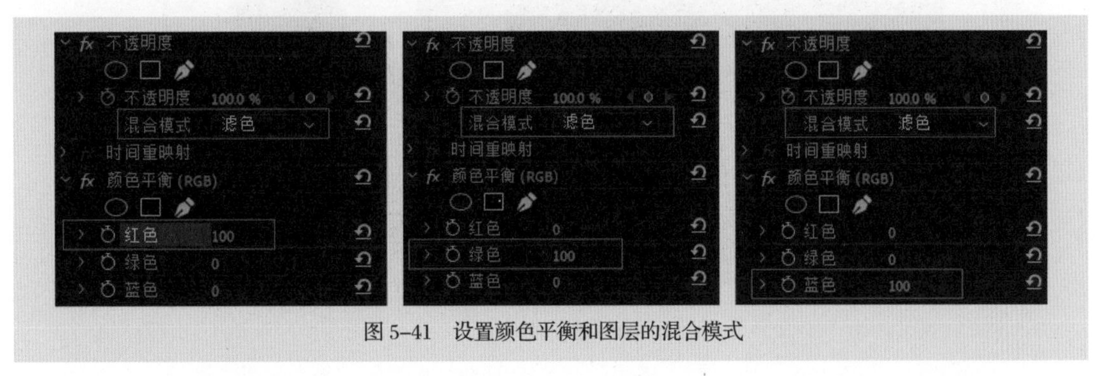

图 5-41　设置颜色平衡和图层的混合模式

（3）为 3 个调整图层添加“扭曲→变换”特效，分别调整大小和位置，使 3 个图层错开，从而产生颜色分离的效果，如图 5-42 所示。

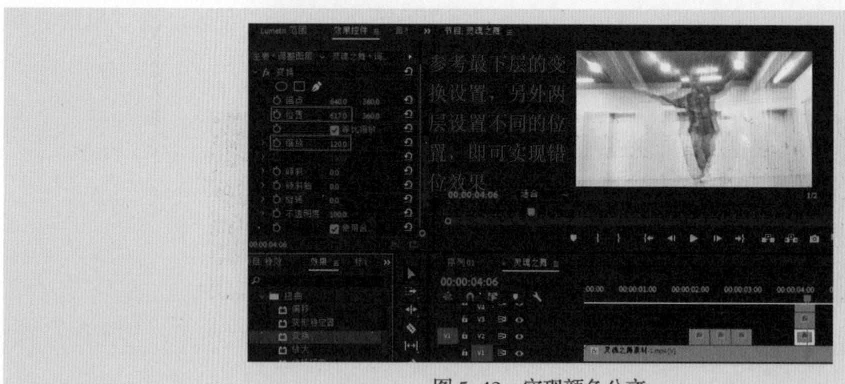

图 5-42　实现颜色分离

2．制作冲击波效果

（1）在视频轨道 V2 上继续拖入调整图层，放置在大约 4 秒 20 帧的位置，然后裁切为 5 帧的长度，如图 5-43 所示。

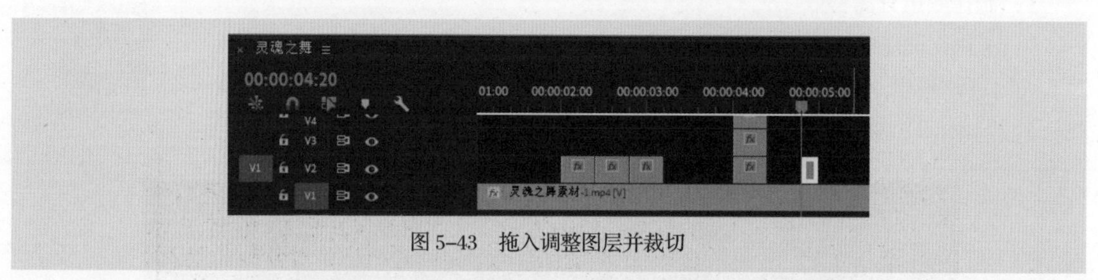

图 5-43　拖入调整图层并裁切

（2）添加“变换”特效，并为“变换”特效的“缩放”属性制作关键帧动画。在调整图层的入点处设置缩放值为 100%，大小不变，中间的位置设置为 300%，出点位置设置为 100%，实现快速放大再快速还原的效果，如图 5-44 所示。

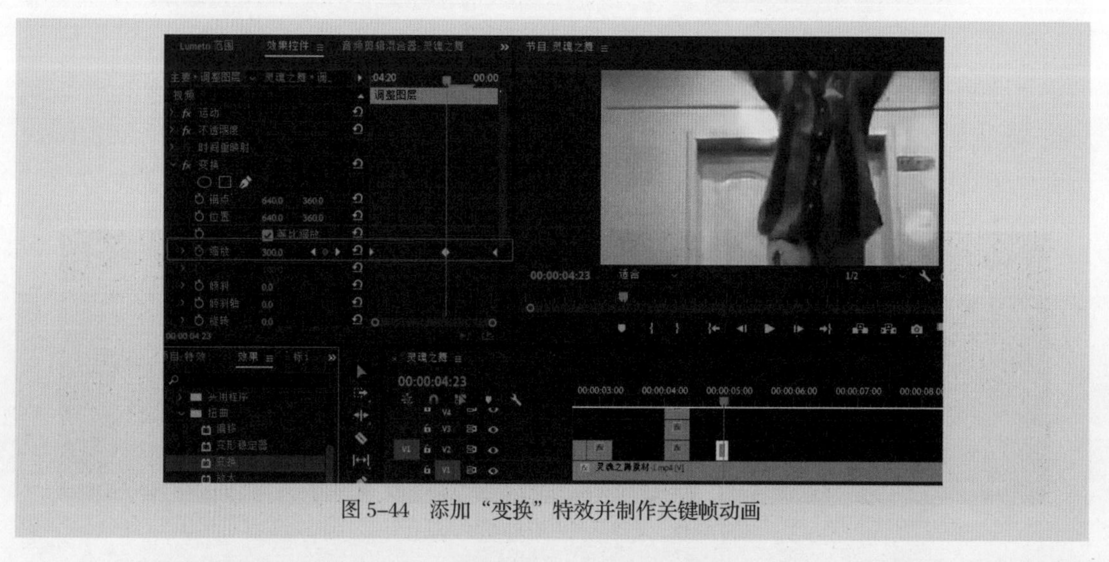

图 5-44　添加“变换”特效并制作关键帧动画

（3）为了使动画更具视觉冲击力，需要设置关键帧的速度变化，选中 3 个关键帧，右击并选择“自动贝塞尔曲线”命令，如图 5-45 所示。然后右击开始关键帧，选择“缓出”，右击结束关键帧，选择“缓入”，如图 5-46 所示，冲击波效果制作完成。

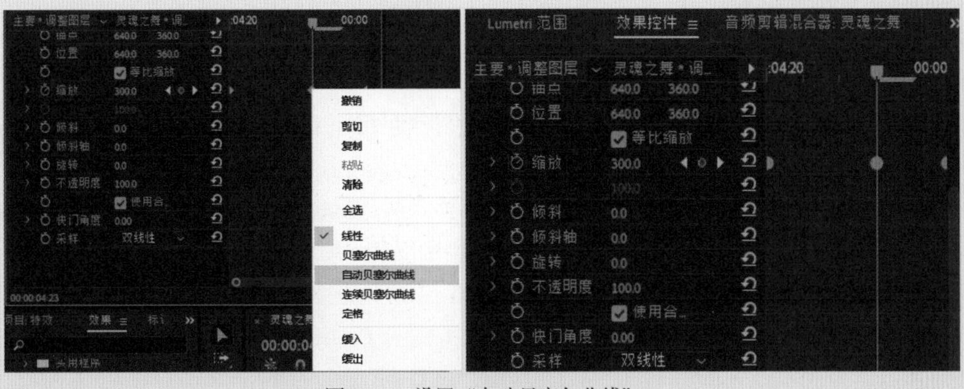

图 5-45　设置“自动贝塞尔曲线”

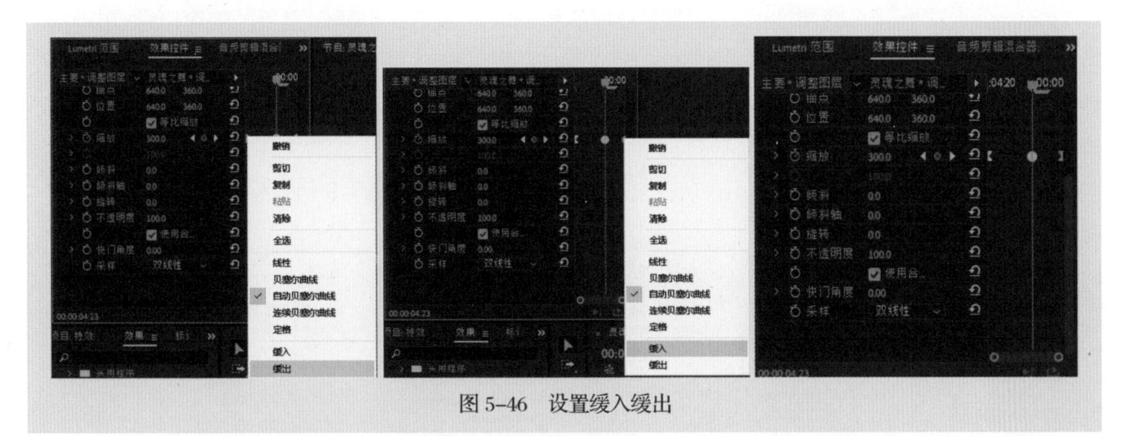

图 5-46　设置缓入缓出

（4）如果想让动画重复几次以增强动感，将该调整图层多复制几份即可，如图 5-47 所示。

图 5-47　复制调整图层

任务 5 拿来主义——插件初步应用

在众多的视频编辑工具中，Premiere 之所以能够脱颖而出，成为使用最广泛的非线性编辑软件之一，除了其自身拥有强大的功能外，能应用众多第三方插件也是重要的原因。在视频编辑过程中，如果想实现某种效果，而 Premiere 又没有提供这个功能或者用 Premiere 自身的功能来实现会特别复杂、烦琐，这时候就可以应用其他厂商开发的工具来帮助解决问题。这些第三方厂商开发的可用于增强 Premiere 特效功能的程序就称为插件。利用插件，可以弥补 Premiere 本身的不足和扩展创造空间。插件的作用是丰富视频的特效功能，使视频制作者通过简单的流程就能创作出富有特色的视频。

1．特效插件

Premiere 的插件，简单地说就是内置特效的扩展，安装了某个插件之后，就可以像使用内置特效一样来使用它。Premiere 的插件安装分为两种形式：一部分插件需要安装，双击这类插件的安装程序后进入安装流程，根据提示进行安装即可。另一部分插件不用安装，只需要复制插件文件到 Premiere 的插件目录中即可使用，这类插件主要是 AEX 或 PRM 格式的文件，直接将这些文件复制到 Premiere 安装目录下的“Plug-Ins”文件夹中就可以使用，如图 5-48 所示。

图 5-48　特效文件存放目录

安装好插件之后，重新启动 Premiere，在【效果】面板的视频、音频效果素材箱中就能找到所安装的插件。

2．制作字幕扫光特效

（1）应用 Shine 插件。将插件安装好以后，重启 Premiere，打开“灵魂之舞”工程文件，在前面制作的基础上，添加文字“灵魂之舞”，设置字体、字号等文字样式，然后在【效果】面板中展开“视频效果”素材箱，找到安装好的 Shine 插件，将其拖曳到视频轨道的文字素材上，如图 5-49 所示。

（2）设置光线效果。将 Boost Light（光线的高亮程度）设置为 16，展开 Colorize（光线颜色），可以选择预设颜色，也可以自定义设置，如图 5-50 所示。

图 5-49　为文字添加 Shine 插件

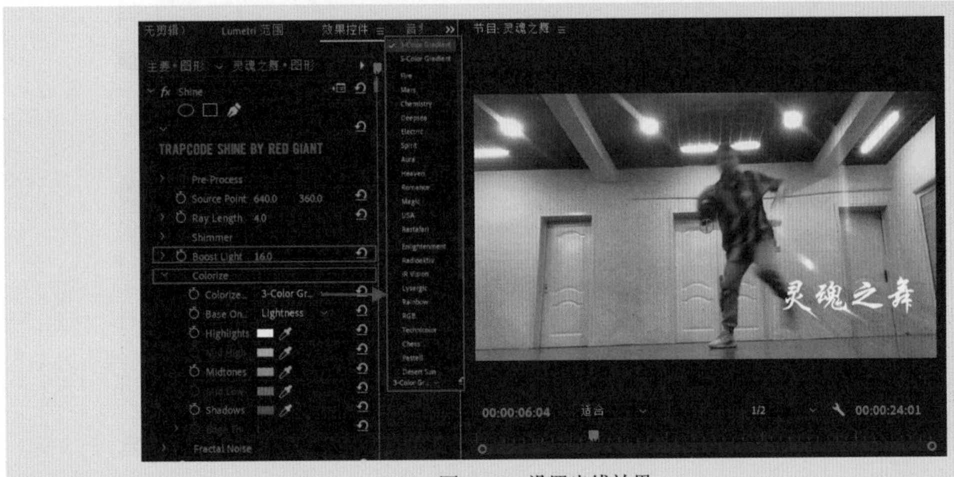

图 5-50　设置光线效果

（3）制作光线动画。为 Source Point（发光点）的水平位置添加关键帧，实现光线左右扫动的效果，为 Ray Length（光线长度）添加关键帧，制作光线长短变化的动画效果，如图 5-51、图 5-52、图 5-53、图 5-54、图 5-55 所示。

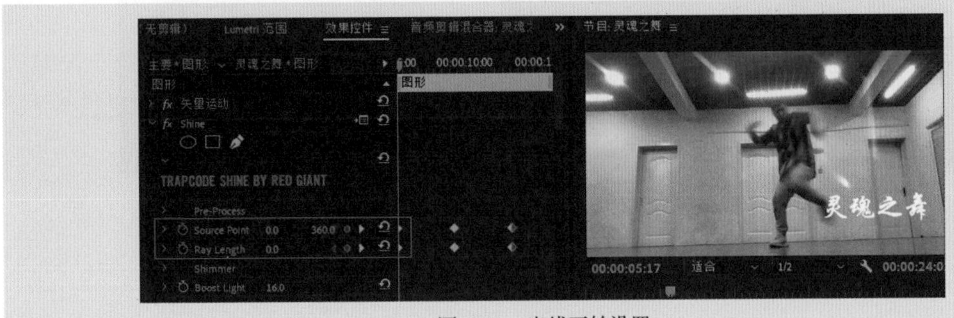

图 5-51　光线开始设置

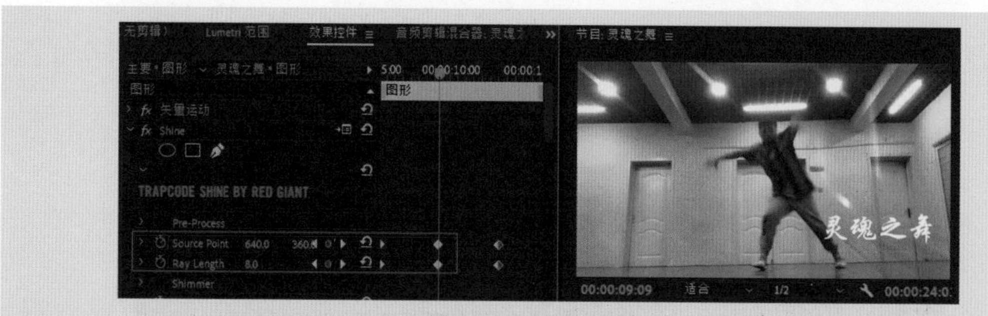

图 5-52　光线中间设置

图 5-53　光线结束设置

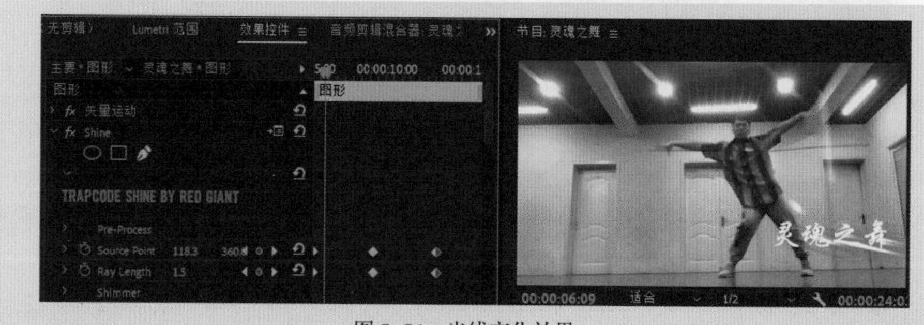

图 5-54　光线变化效果 1

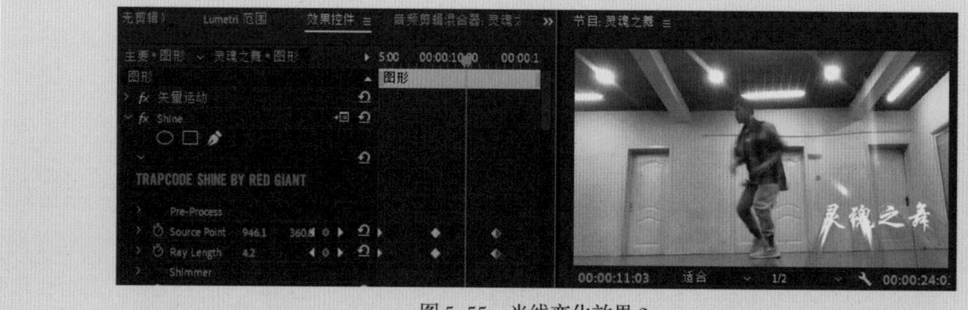

图 5-55　光线变化效果 2

特效短片《灵魂之舞》主要用到调整图层、“变换”特效、复制图层的快捷操作、颜色平衡（RGB）和混合模式，大家可以在此基础上继续探索，挖掘未知世界中更多的秘密。

要点总结

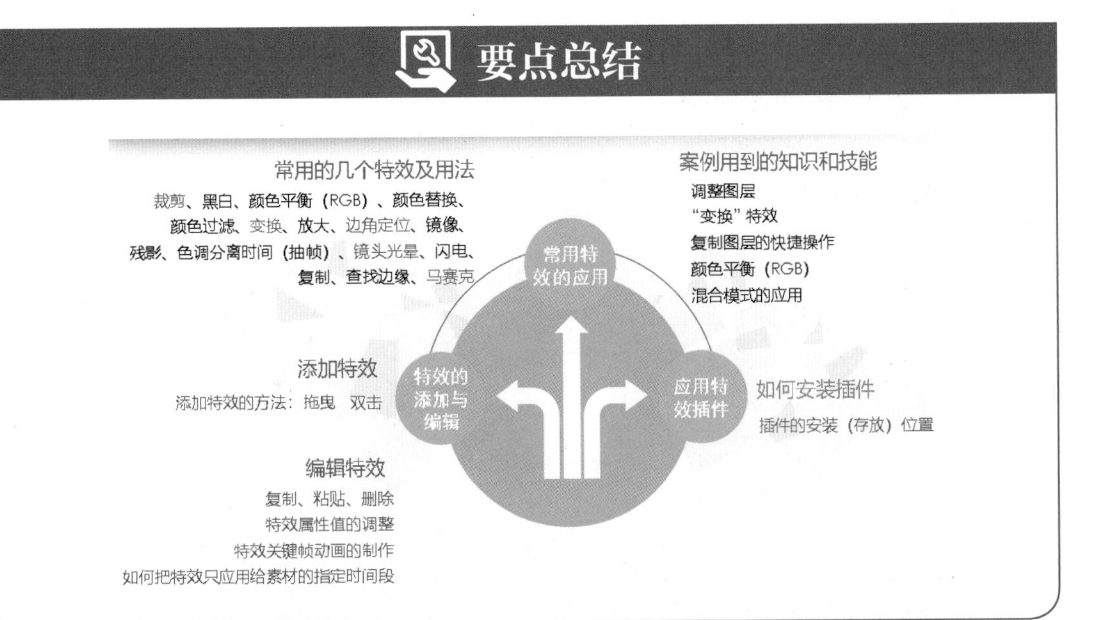

实践训练

- 制作创意特效短片。模仿特效短片《灵魂之舞》，从体现"激昂青春、演绎精彩"主题出发进行创意构思，搜集或拍摄素材，根据项目制作要求完成特效短片的创意制作。
- 作品赏析。选择优秀影视作品——（微）电影、宣传片、广告片、短视频等，从视频特效的角度进行赏析，学习其中的设计思路和技巧，培养自己的创意思维。

课后习题

（一）单项选择题

1. Premiere 中的视频特效也称为（　　）。

   A. 片段　　B. 帧　　C. 滤镜　　D. 镜头

2. 调整图层就是起到调整作用的（　　）。

   A. 镜头　　B. 过渡　　C. 特效　　D. 图层

3. 残影属于的特效类别是（　　）。

   A. 生成　　B. 颜色校正　　C. 键控　　D. 时间

4. 以下不是视频特效的是（　　）。

   A. 放大　　B. 镜头光晕　　C. 溶解　　D. 闪电

5. 如果素材中的主体看上去太小，不够突出，可以使用（　　）特效进行处理。

   A. 裁剪　　B. 模糊和锐化　　C. 变换　　D. 复制

（二）判断题

1. 视频特效和转场一样，加在素材的开头、结尾或两段素材中间。（　　）
2. 一个素材可以同时添加多个视频特效。（　　）
3. 残影属于的特效类别是键控。（　　）
4. 调整图层的任何操作都会影响到图像本身。（　　）
5. Premiere 的插件安装分为两种形式：一部分插件需要安装，另一部分是复制到 Premiere 的插件目录，插件目录名为 Plug-Ins。（　　）
6. 对视频特效可以进行删除、复制、粘贴等编辑操作。（　　）

06 项目 6

于无形处见有形——制作电子相册《古城之旅》

项目描述

平遥古城是我国保存最为完整的一座古代县城，作为中华灿烂文明的实物载体，建筑文化、宗教文化、吏治文化、漆器文化、饮食民俗等文化繁荣昌盛，是明清古城的活样板、古建筑的博览地、匾额书法篆刻艺术的展示区。本项目以“古城之旅”为主题，主要应用去平遥采风所拍摄的素材制作一个电子相册，用新技术手段突出古城文化，丰富旅程，留住美好回忆。通过本项目，我们可以掌握更多的特效应用技巧和视频设计思路，培养创新意识，提高镜头语言的灵活应用能力，于无形处见有形。

项目分析

1．项目素材

本项目读者可以自行拍摄一些照片，根据一定的主题，将这些照片组接起来，再利用一些技术手段对静态的照片进行设计处理，配上恰当的背景音乐、音效和字幕，制作出一部生动、唯美、主题鲜明的电子相册。

2．制作要求

本项目将进一步学习轨道遮罩的应用技巧，并灵活应用简单的调色方法、视频转场、关键帧动画和视频特效进行画面的包装设计。

3．合成效果展示

主要画面合成效果如图 6-1 所示。

图 6-1　主要画面合成效果

项目制作

任务 1　混合的奥秘——制作光效转场效果

制作光效转场效果

1．混合模式

有时候借助一些漂亮的光效素材，应用“不透明度”属性的“混合模式”，可以合成比较炫酷的画面效果。图 6-2 中，上层为光效素材，下层为背景图片，为光效素材设置了“叠加”混合模式。

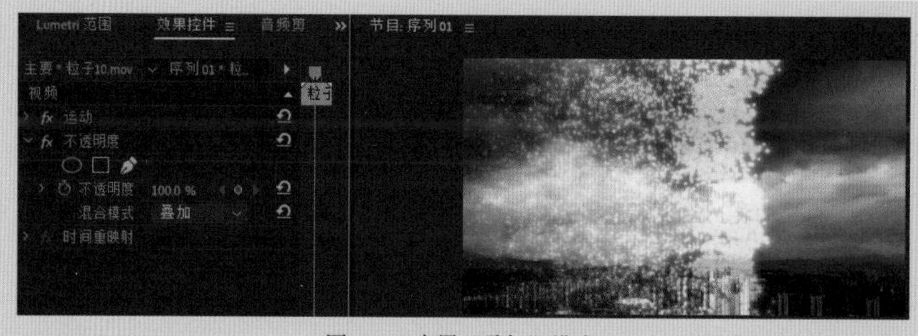

图 6-2　应用“叠加”模式

“混合模式”下拉列表根据混合效果之间的相似度进一步分为 6 个类别，这些类别以分隔线隔开，如图 6-3 所示。下面我们通过如图 6-4 所示的素材来了解不同混合模式的混合效果。

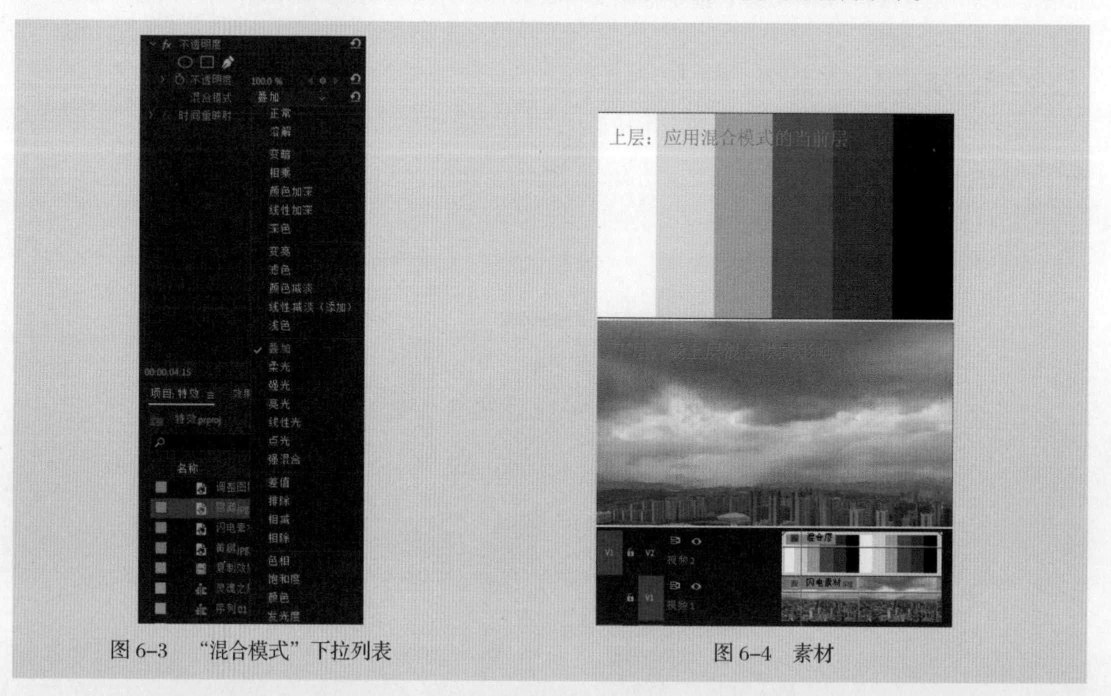

图 6-3　“混合模式”下拉列表　　图 6-4　素材

（1）正常类别有正常、溶解两种。当不透明度为 100% 时，合成颜色显示当前图层颜色，也就是显示的是上层素材。当不透明度小于 100% 时，选择“正常”模式后，素材会产生叠化的效果，如图 6–5 所示。选择“溶解”模式时，会让上层的一些像素不透明度小于 100%，从而在叠化的过程中会产生一些噪点，如图 6–6 所示。

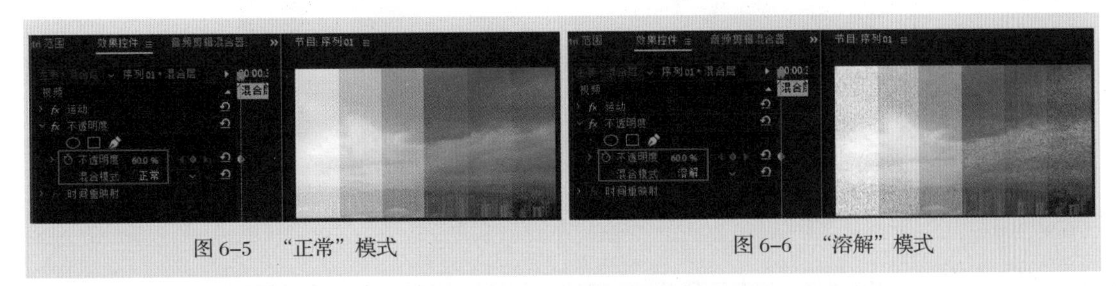

图 6–5　“正常”模式　　图 6–6　“溶解”模式

（2）减色类别有变暗、相乘、颜色加深、线性加深、深色。这些混合模式往往会使颜色变暗，一些模式采用的颜色混合方式与在绘画中混合彩色颜料的方式大致相同。

- 变暗：每个混合效果的颜色通道值是当前层颜色通道值和下层颜色通道值之间的较小者（较暗的一个），如图 6–7 所示。

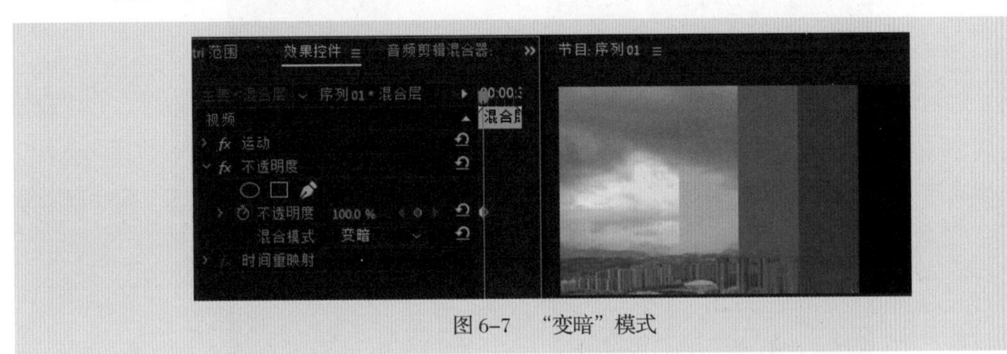

图 6–7　“变暗”模式

- 相乘：对于每个颜色通道，将当前层颜色通道值与其下层颜色通道值相乘，并根据项目的颜色深度除以 8 bpc（每通道位数，bits per channel）、16 bpc 或 32 bpc 的最大值。混合效果的颜色不会比原始颜色亮。如果任一输入颜色为黑色，则混合效果的颜色为黑色。如果任一输入颜色为白色，则混合效果的颜色为其他输入颜色。此混合模式与使用多个标记笔在纸上绘图或在光前放置多个滤光板的效果相似。当与黑色或白色以外的其他某种颜色混合时，带有此混合模式的每个图层或绘画描边会产生更暗的颜色，如图 6–8 所示。

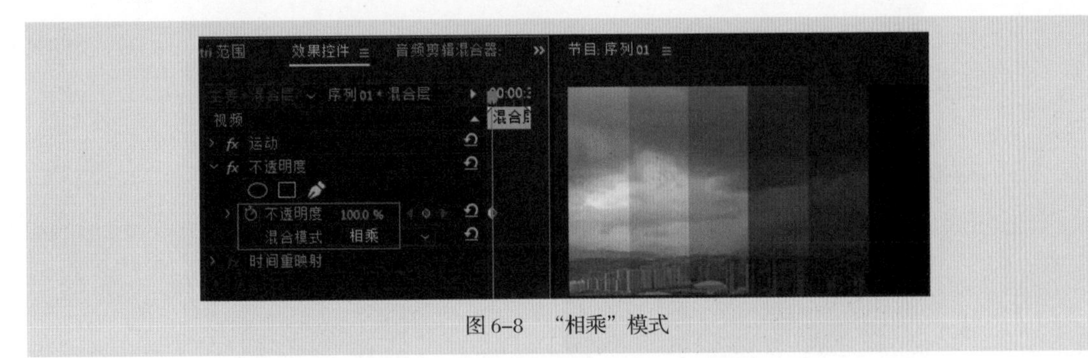

图 6–8　“相乘”模式

- 颜色加深：混合效果的颜色比当前层颜色暗，通过提高对比度反映出下层颜色。原始图层中的纯白色不会改变下层颜色，如图 6–9 所示。
- 线性加深：混合效果的颜色比当前层颜色暗，以反映出下层颜色，如图 6–10 所示。

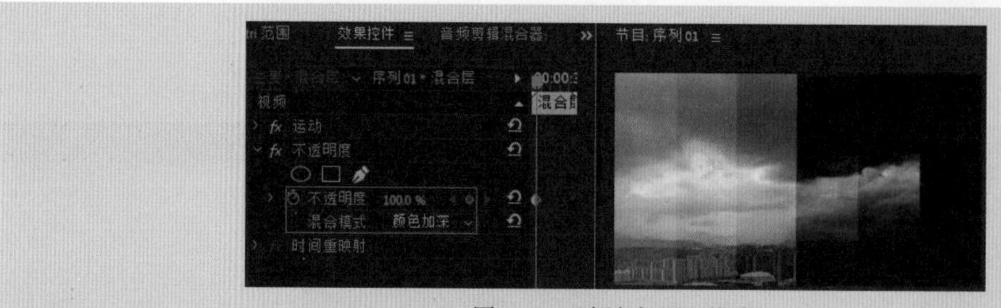

图 6-9　“颜色加深”模式

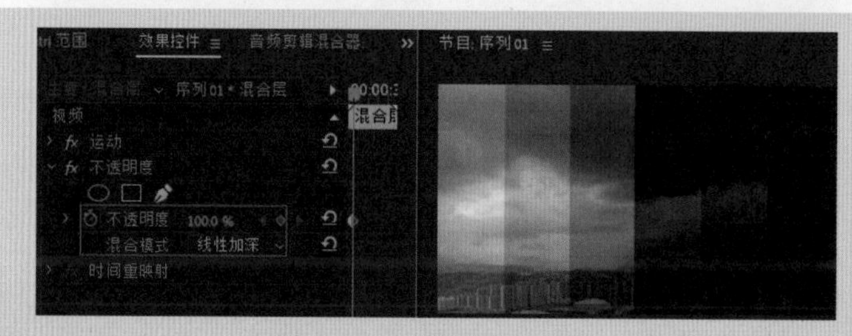

图 6-10　“线性加深”模式

● 深色：每个混合效果像素的颜色为当前层颜色值与其下层颜色值之间的较小者。“深色”模式与“变暗”模式的作用相似，但“深色”模式对单个颜色通道不起作用，如图 6-11 所示。

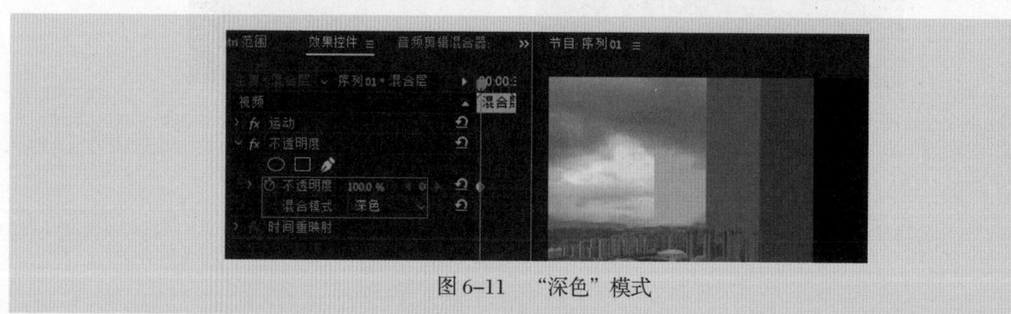

图 6-11　“深色”模式

（3）加色类别有变亮、滤色、颜色减淡、线性减淡（添加）、浅色。这些混合模式往往会使颜色变亮，一些模式采用的颜色混合方式与混合投影光的方式大致相同。

● 变亮：每个混合效果的颜色通道值为当前层颜色通道值与其下层颜色通道值之间的较大者（较亮者），如图 6-12 所示。

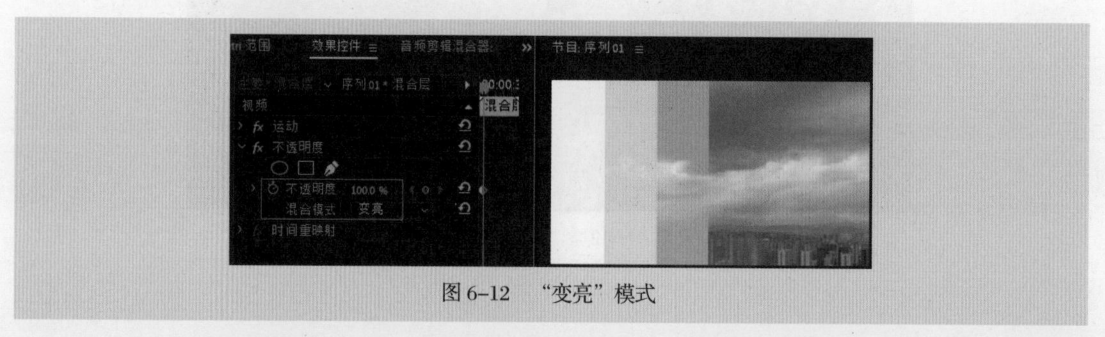

图 6-12　“变亮”模式

● 滤色：将通道值的补色相乘，然后获取结果的补色。混合效果的颜色不会比任一输入颜色暗。“滤色”模式的效果类似于将多个摄影幻灯片同时投影到单个屏幕之上，如图 6-13 所示。

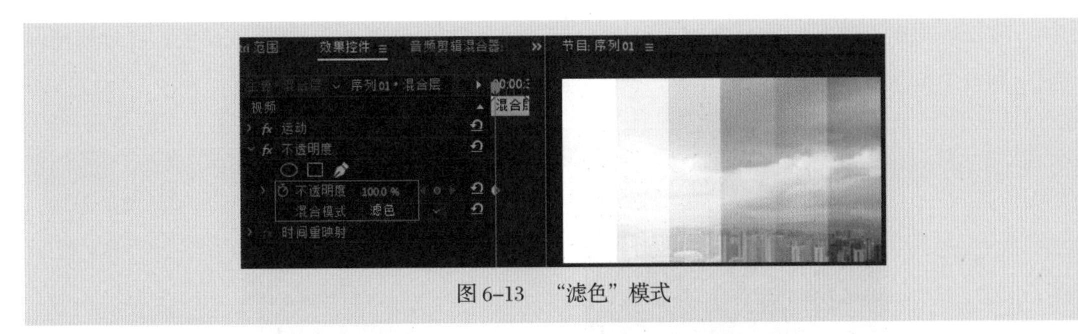

图 6-13　“滤色”模式

- 颜色减淡：混合效果的颜色比当前层颜色亮，通过降低对比度反映出其下层颜色。如果当前层颜色为纯黑色，则结果颜色为其下层颜色，如图 6-14 所示。

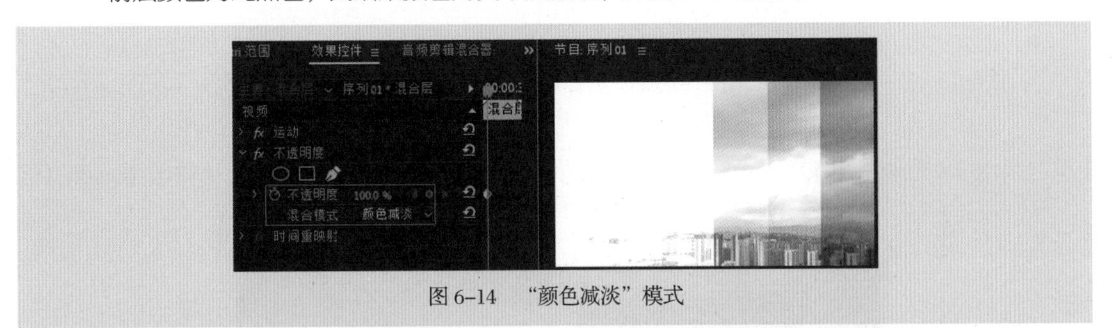

图 6-14　“颜色减淡”模式

- 线性减淡（添加）：混合效果的颜色比当前层颜色亮，通过增加亮度反映出其下层颜色。如果源颜色为纯黑色，则混合效果的颜色为其下层颜色，如图 6-15 所示。

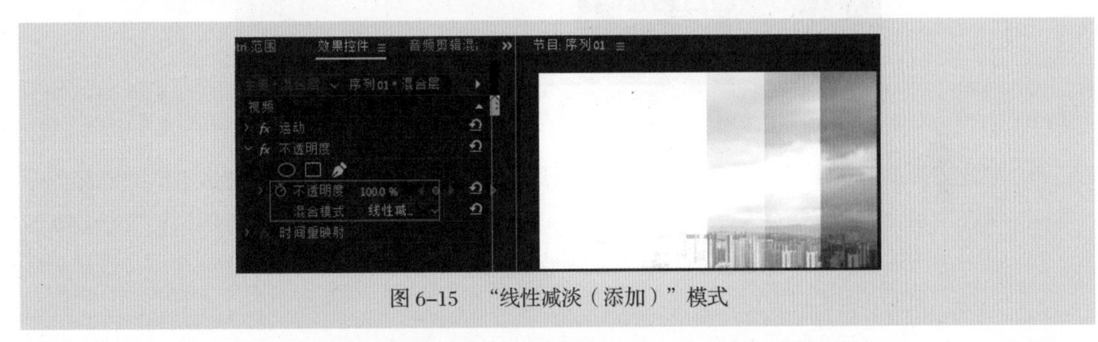

图 6-15　“线性减淡（添加）”模式

- 浅色：每个混合效果的像素的颜色为当前层颜色值与其下层颜色值之间的较大者。“浅色”模式类似于“变亮”模式，但“浅色”模式对单个颜色通道不起作用，如图 6-16 所示。

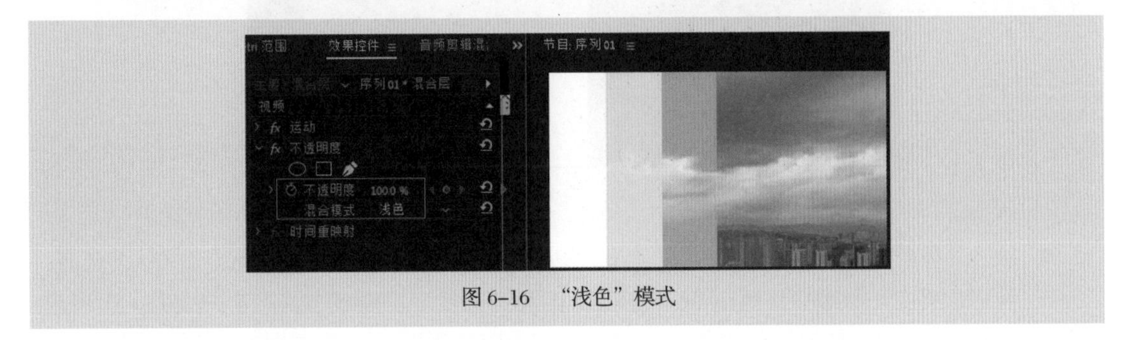

图 6-16　“浅色”模式

（4）复杂类别有叠加、柔光、强光、亮光、线性光、点光等。这些混合模式会根据某种颜色是否比 50% 灰色亮，对当前层颜色和其下层颜色执行不同的操作。

- 叠加：根据下层颜色是否比 50% 灰色亮，对输入颜色通道值进行相乘或滤色。混合效果保留其下层的高光和阴影，如图 6–17 所示。

图 6–17　“叠加”模式

- 柔光：根据当前层颜色，使其下层的颜色通道值变暗或变亮。混合效果类似于漫射聚光灯照在图层上。对于每个颜色通道值，如果当前层颜色比 50% 灰色亮，则混合效果颜色比下层颜色亮，就像被减淡了一样。如果当前层颜色比 50% 灰色暗，则混合效果颜色比下层颜色暗，就像被加深了一样。带纯黑色或纯白色的图层会明显变暗或变亮，但不会变成纯黑色或纯白色，如图 6–18 所示。

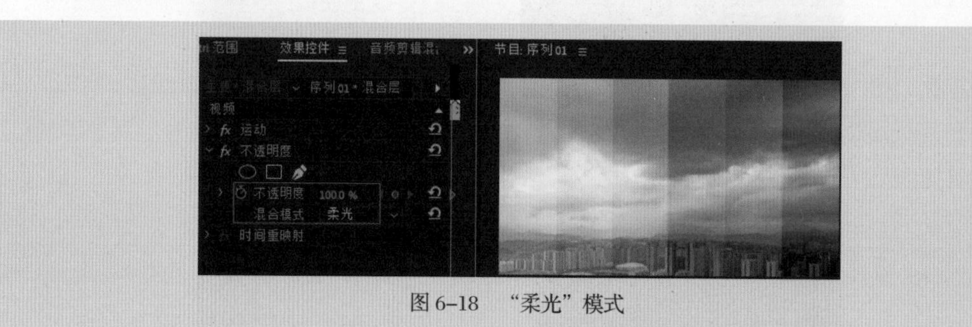

图 6–18　“柔光”模式

- 强光：根据当前层颜色对输入颜色通道值进行相乘或滤色。混合效果类似于耀眼的聚光灯照在图层上。对于每个颜色通道值，如果其下层颜色比 50% 灰色亮，则图层将变亮，就像滤色后的效果。反之，图层将变暗，就像被相乘后的效果。此模式适用于在图层上创建阴影外观，如图 6–19 所示。

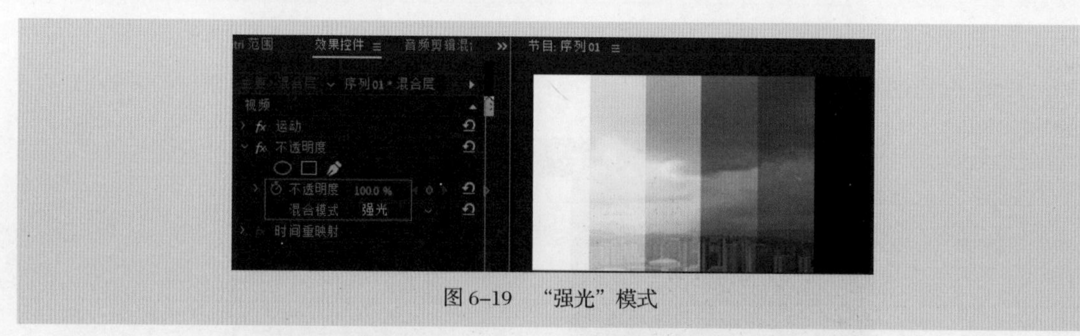

图 6–19　“强光”模式

- 亮光：根据下层颜色提高或降低对比度，使颜色加深或减淡。如果下层颜色比 50% 灰色亮，则图层将变亮，因为对比度降低了。反之，图层将变暗，因为对比度提高了，如图 6–20 所示。
- 线性光：根据下层颜色降低或提高亮度，使颜色加深或减淡。如果下层颜色比 50% 灰色亮，则图层将变亮，因为亮度提高了。反之，图层将变暗，因为亮度降低了，如图 6–21 所示。

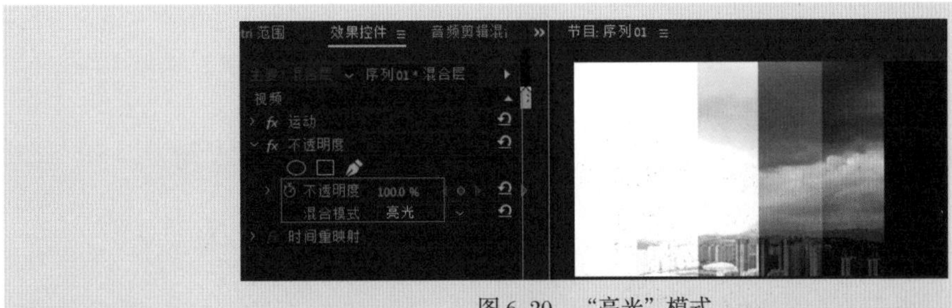

图 6-20　“亮光”模式

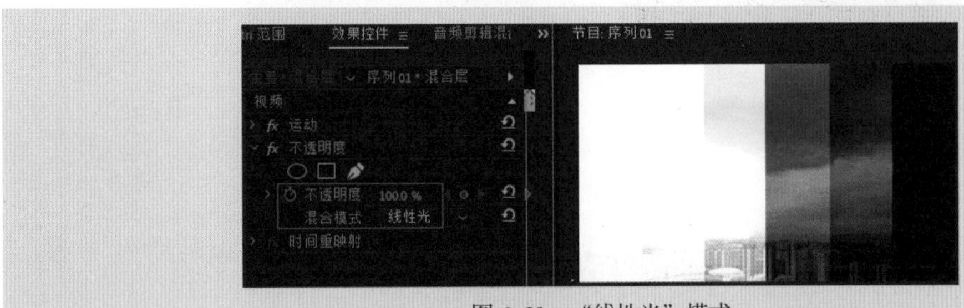

图 6-21　“线性光”模式

- 点光：根据下层颜色替换颜色。如果下层颜色比 50% 灰色亮，则比下层颜色暗的像素将被替换，而比下层颜色亮的像素保持不变。反之，比下层颜色亮的像素将被替换，而比下层颜色暗的像素保持不变，如图 6-22 所示。

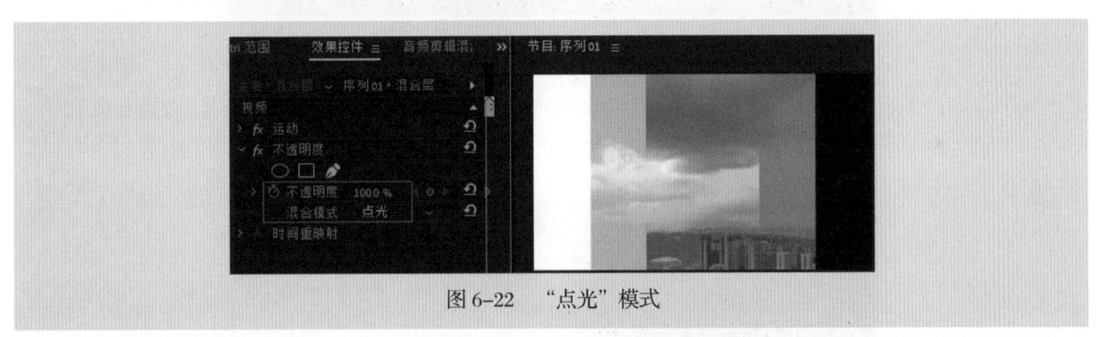

图 6-22　“点光”模式

（5）差值类别有差值、排除、相减、相除。这些混合模式会根据当前层颜色和其下层颜色值之间的差值创建颜色。

- 差值：对于每条颜色通道，将颜色较亮的输入值减去颜色较暗的输入值。上层白色区域会让下层图像颜色产生反向效果，上层黑色区域会接近下层图像的颜色，如图 6-23 所示。

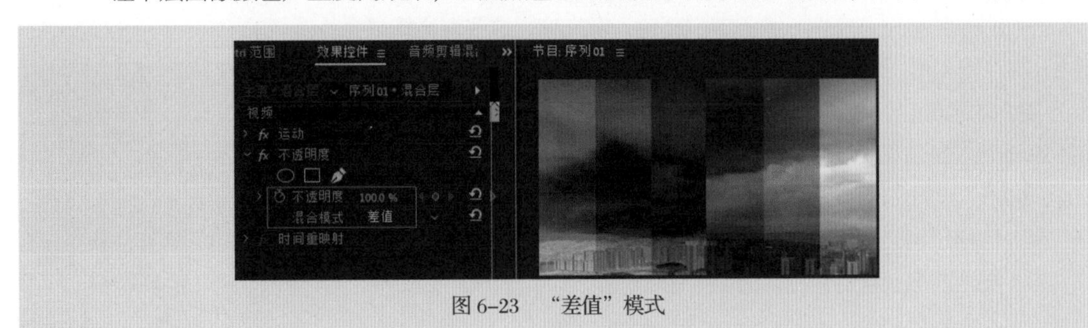

图 6-23　“差值”模式

- 排除：混合效果类似于“差值”模式，但对比度比“差值”模式低。如果当前层颜色为白色，则结果颜色为其下层颜色的补色。如果当前层颜色为黑色，则混合效果颜色为其下层颜色，如图 6-24 所示。

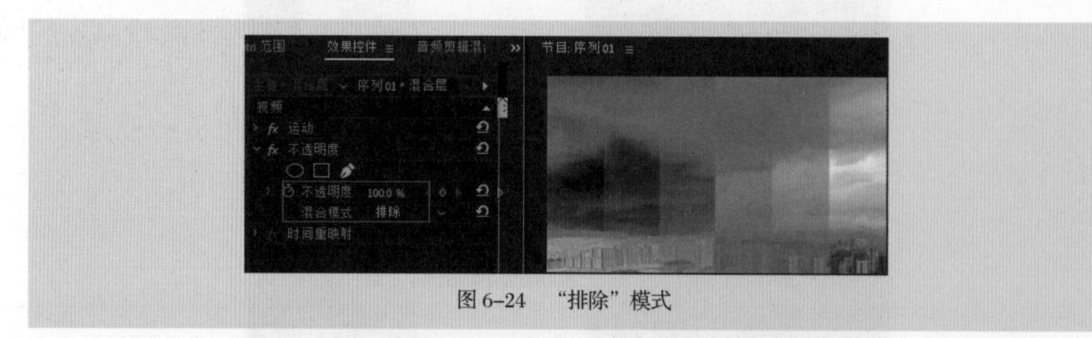

图 6-24 “排除”模式

- 相减：从底色中减去源文件。如果当前层颜色为黑色，则混合效果颜色为其下层颜色，如图 6-25 所示。

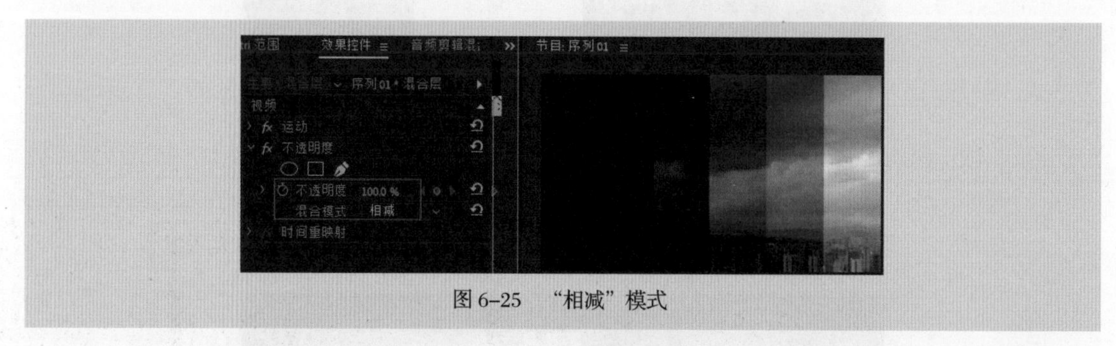

图 6-25 “相减”模式

- 相除：下层颜色除以当前层颜色。如果当前层颜色为白色，则混合效果颜色为其下层颜色，如图 6-26 所示。

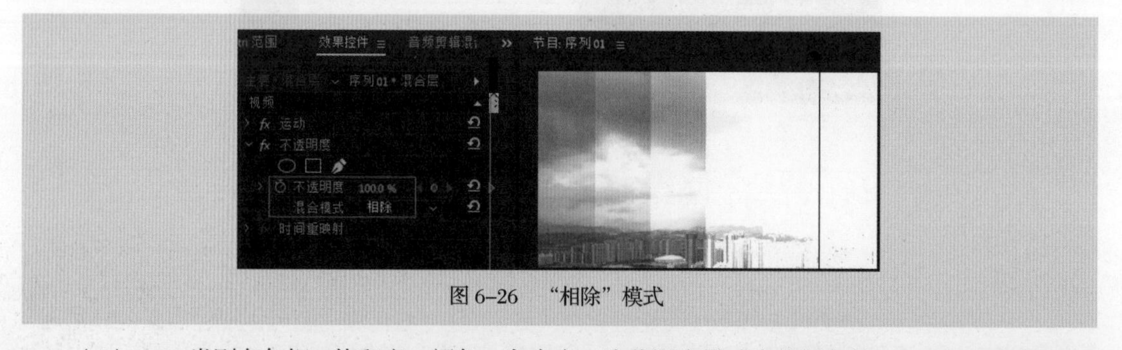

图 6-26 “相除”模式

（6）HSL 类别有色相、饱和度、颜色、发光度。这些混合模式会将颜色的 HSL 表示形式（H：色相，S：饱和度，L：发光度）中的一个或多个分量从下层颜色转换为混合效果颜色。将上层素材替换为如图 6-27 所示的红绿蓝素材，彩条从左到右的 H、S、L 信息分别为（0，100，50）、（120，100，50）、（239，100，50）。

图 6-27 红绿蓝素材

- 色相：混合效果颜色具有下层颜色的发光度和饱和度，以及当前层颜色的色相，如图 6-28 所示。

图 6-28　“色相”模式

- 饱和度：混合效果颜色具有下层颜色的发光度和色相，以及当前层颜色的饱和度，如图 6-29 所示。

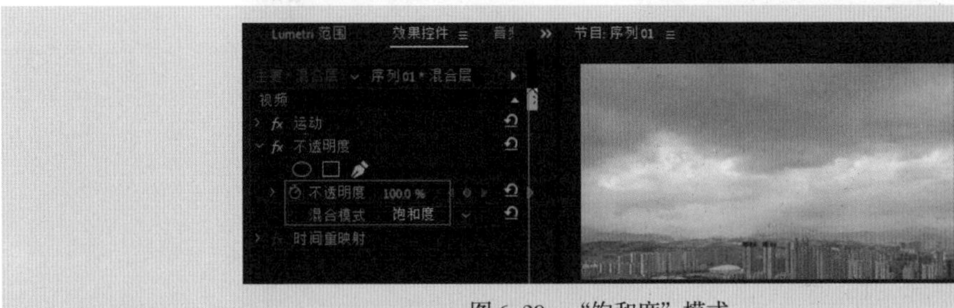

图 6-29　“饱和度”模式

- 颜色：混合效果颜色具有下层颜色的发光度，以及当前层颜色的色相和饱和度。此混合模式会保留其下层颜色的灰色阶，适用于给灰度图像上色以及给彩色图像着色，如图 6-30 所示。

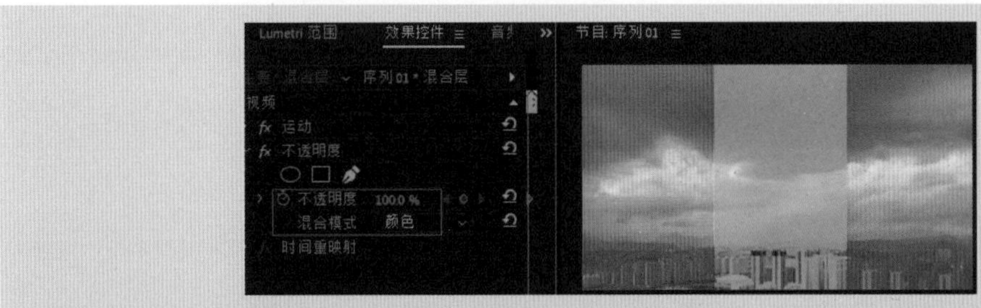

图 6-30　“颜色”模式

- 发光度：结果颜色具有下层颜色的色相和饱和度，以及当前层颜色的发光度。此模式与“颜色”模式正好相反，如图 6-31 所示。

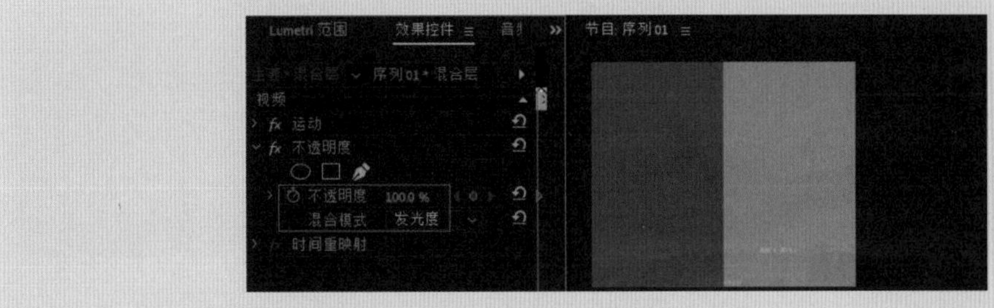

图 6-31　“发光度”模式

2．模拟制作电子相册《古城之旅》中的光效划过素材转场效果

（1）导入两张图片素材（视频也可以），分别放在两个轨道上，错开一点儿时间，再导入一个光效素材，放在第三个轨道上，然后将光效素材的混合模式设置为“滤色”，以去掉其黑色背景，使光效和下方素材的画面自然融合，如图 6-32 所示。（这里混合模式的选择取决于光效的颜色和其下方素材的颜色，所以大家根据自己所用素材的情况选择合适的混合模式，实现比较好的融合效果即可。）

图 6-32　导入素材，合成光效

（2）为光效下层的素材添加视频转场“擦除→划出”，然后分别调整光效素材的开始时间和转场持续时长，使光效扫入的动作和图片划出的动作同步，从而模拟光效将画面拉开的效果，如图 6-33 所示。

图 6-33　添加转场，调节动画同步

任务 2　虚实相生——制作画中画效果

在中国画的传统技法中，虚是指图画中笔画稀疏的部分或空白的部分，它给人以想象的空间，让人回味无穷；实是指图画中勾画出的实物、实景以及笔画细致丰富的地方。在视频编辑过程中，

学生要不断实践、不断思考，达到虚实相生的境界。这里我们来模拟制作电子相册《古城之旅》中的画中画效果。

在视频作品中，画中画是一种常见的表现手法，它在背景画面上叠加一幅或多幅比背景画面尺寸小的剪辑画面，这些剪辑画面可以进行缩放、旋转、运动等，从而进一步增强对背景画面的说明，提高视频作品的生动性和可视性。在 Premiere 中，可以通过转场、影片叠加（合成）、运动、视频特效等效果的灵活运用来实现画中画效果，也可以做出各种不同形式的画中画效果。画中画的主要形式有任意形状的画中画、运动的画中画和多素材的画中画。

（1）导入两张图片素材，分别放在两个轨道上，下方的图片作为背景，为其添加“模糊与锐化→复合模糊”特效，并为“最大模糊”属性制作关键帧动画，开始关键帧设置为 0，结束关键帧设置为 20，实现逐渐模糊的动画效果，如图 6-34 所示。为了便于观察，可以先关闭上方轨道的显示。

图 6-34　制作背景模糊动画

（2）打开上方轨道的显示，选中目标片段，调节“缩放”属性将画面缩小，并为其添加“透视→边缘斜面”特效，制作边框效果，参数设置及效果如图 6-35 所示。

图 6-35　为画中画制作边框效果

（3）为了让画中画更加生动，可以适当添加一些运动效果，如移动、旋转等，大家可自行尝试。

任务 3 打开新世界的大门——轨道遮罩键

1．认识轨道遮罩

轨道遮罩是直接将遮罩素材附加在目标素材上方的轨道，通过像素的不透明度或者亮度值来隐藏或显示目标素材的部分内容，进而实现层叠效果。由于使用时间轴轨道中的对象作为遮罩，所以可以使用动画遮罩或者为遮罩设置运动。

2．应用轨道遮罩键

使用轨道遮罩时至少需要两个轨道，下方轨道为素材层，上方轨道为遮罩层。为下方的素材层添加视频特效“键控→轨道遮罩键”，然后在【效果控件】面板中展开“轨道遮罩键”，在“遮罩”右侧的下拉列表中选择上方的一个轨道作为遮罩层，如图 6-36 所示。“合成方式”用于设置遮罩素材将以怎样的方式来影响目标素材。其中，Alpha 遮罩指以遮罩层的 Alpha 通道透明信息做遮罩，遮罩层不透明的地方，被遮罩层相应位置的内容会显示，遮罩层透明的地方，被遮罩层相应的位置不显示；亮度遮罩指以遮罩层的黑白亮度信息做遮罩，简单来说，遮罩层黑色部分下的被遮罩层不显示，遮罩层白色部分下的被遮罩层完全显示，而灰色部分则是半透明显示，如图 6-37 所示。“反向”就是反转遮罩选区。

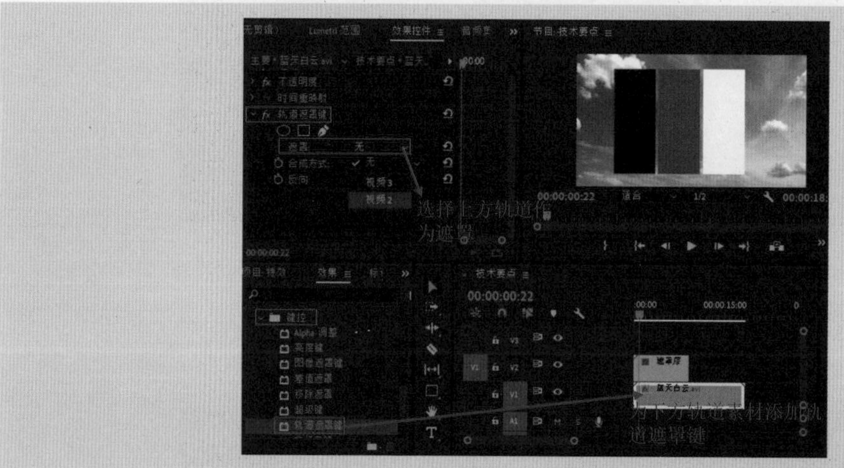

图 6-36 添加“轨道遮罩键”，选择遮罩层

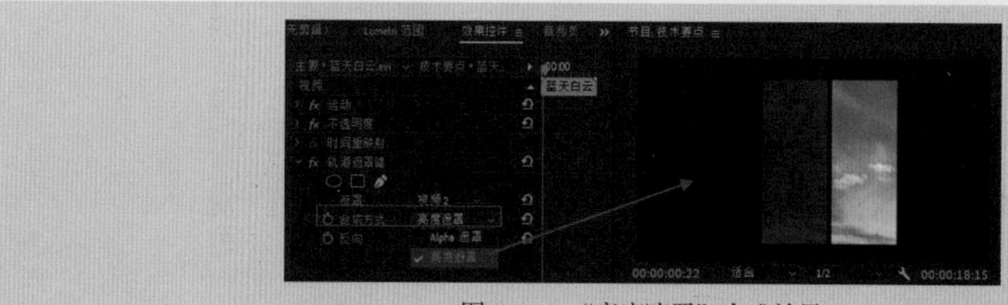

图 6-37 “亮度遮罩”合成效果

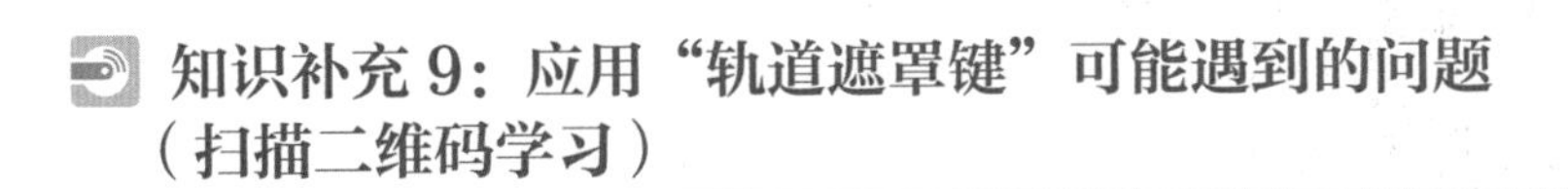

知识补充 9：应用“轨道遮罩键”可能遇到的问题（扫描二维码学习）

3．模拟制作电子相册《古城之旅》中的光盘运动效果

（1）应用“轨道遮罩键”合成光盘画面效果。导入光盘素材（素材可以在 Photoshop 中进行制作）和需要合成的视频或图片素材，将光盘素材放在上方轨道，画面素材放在下方轨道。然后为下方的画面素材添加“键控→轨道遮罩键”，在“遮罩”选项中选择光盘素材所在的轨道作为遮罩，“合成方式”选择“亮度遮罩”，如图 6–38 所示。

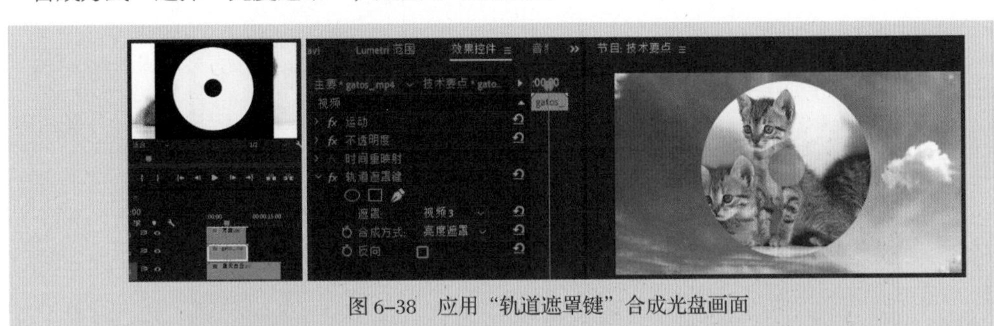

图 6–38　应用“轨道遮罩键”合成光盘画面

（2）制作光盘运动效果。为下方画面素材的“位置”和“旋转”属性制作关键帧动画，实现光盘运动效果，具体设置及效果如图 6–39、图 6–40、图 6–41 所示。

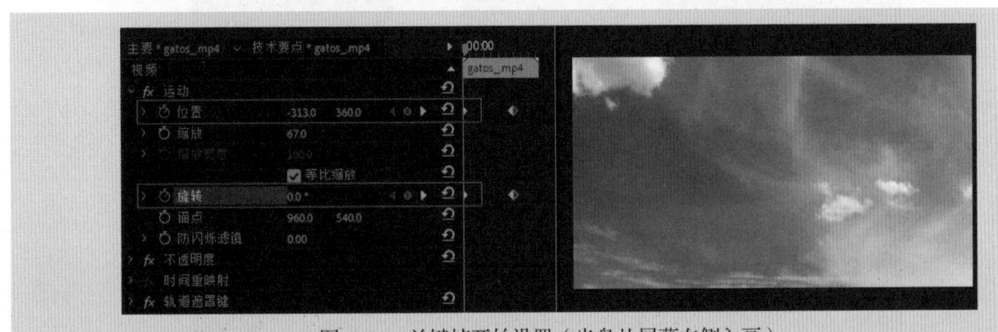

图 6–39　关键帧开始设置（光盘从屏幕左侧入画）

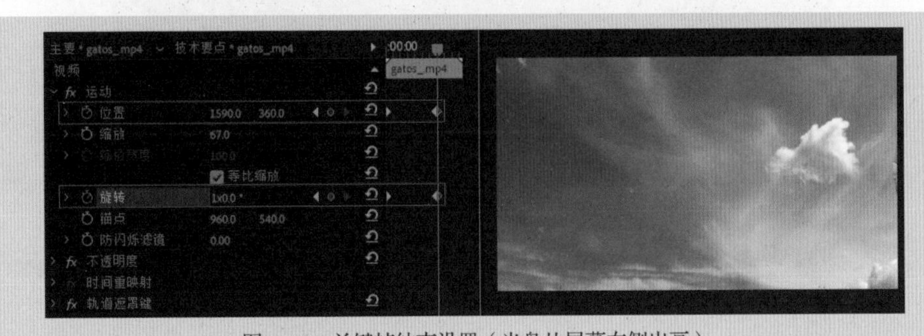

图 6–40　关键帧结束设置（光盘从屏幕右侧出画）

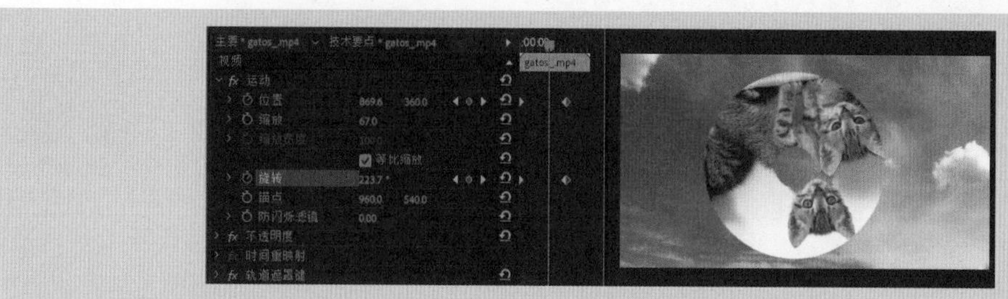

图 6-41　中间运动效果

4．拓展应用——制作文字遮罩的开场动画效果

（1）导入所需的背景素材，放入视频轨道，然后选择文字工具，在【节目监视器】面板中单击，输入文字内容，在【效果控件】面板中设置字体、大小、字形等文字样式，如图 6-42 所示。

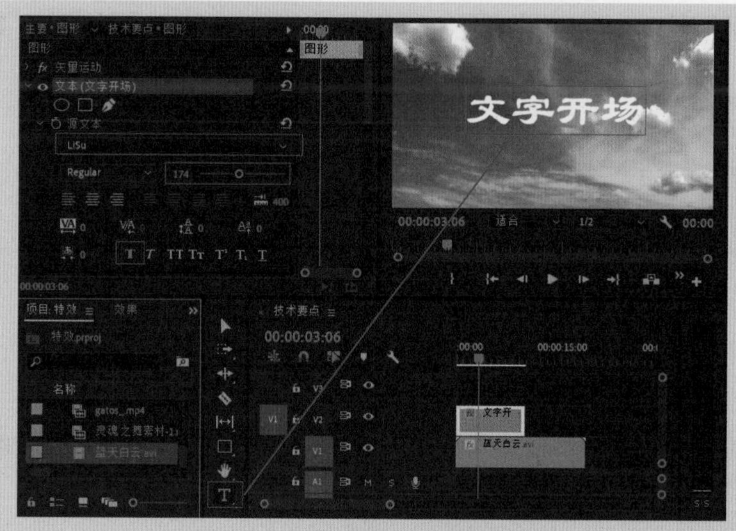

图 6-42　输入文本内容，设置文字样式

（2）为下方轨道的视频素材添加“轨道遮罩键”，将文字设置为遮罩层，如图 6-43 所示。

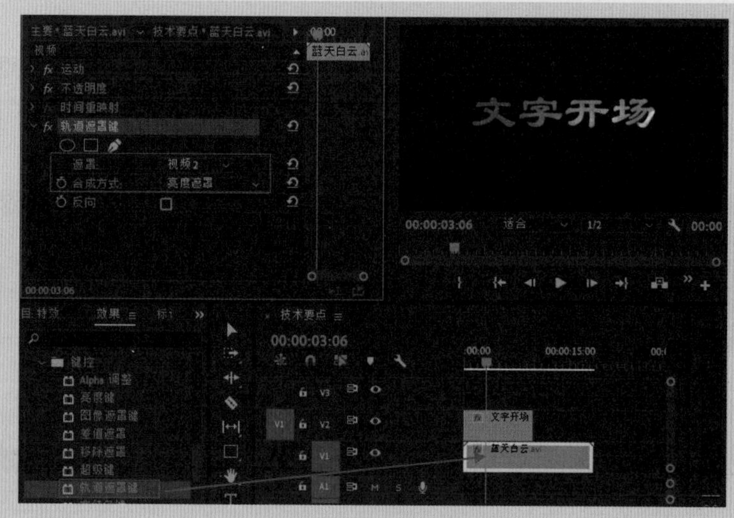

图 6-43　添加“轨道遮罩键”

（3）为文字层制作“缩放”与“锚点”属性的关键帧动画，文字逐渐放大，直到在某个笔画中完全显示背景视频，同时调节锚点的位置，确保背景画面能从某个笔画中完全展现出来，参考设置及效果如图 6-44、图 6-45、图 6-46、图 6-47 所示。如果不使用锚点，用“位置”变化配合缩放也是可以的。

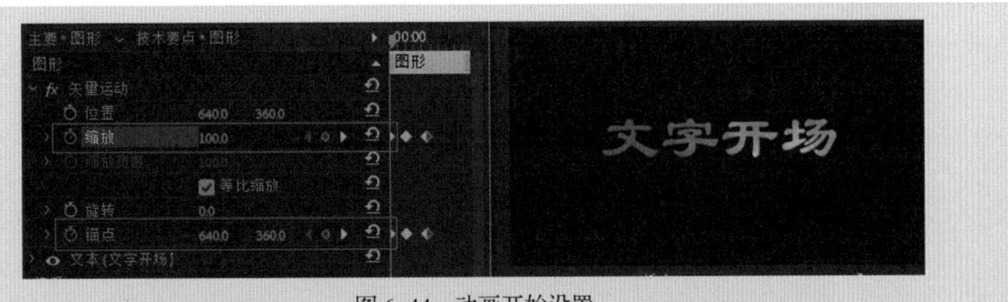

图 6-44　动画开始设置

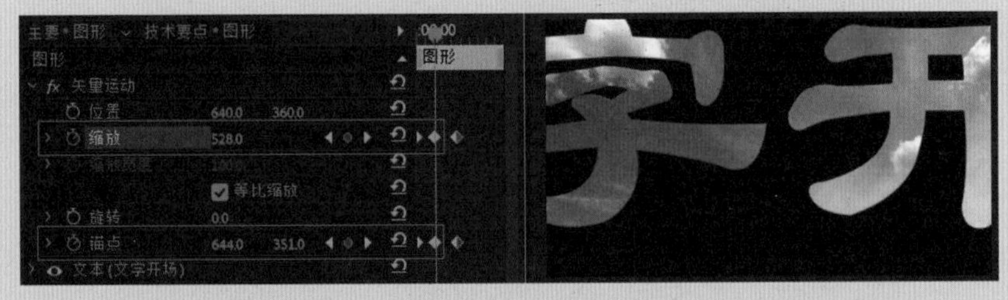

图 6-45　中间节点设置（也可有多个节点）

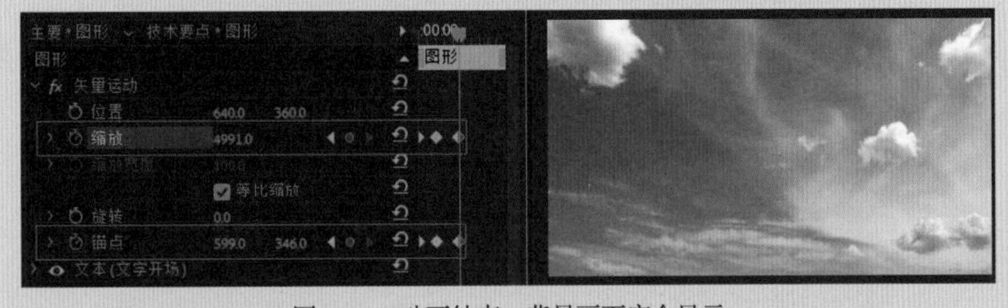

图 6-46　动画结束，背景画面完全显示

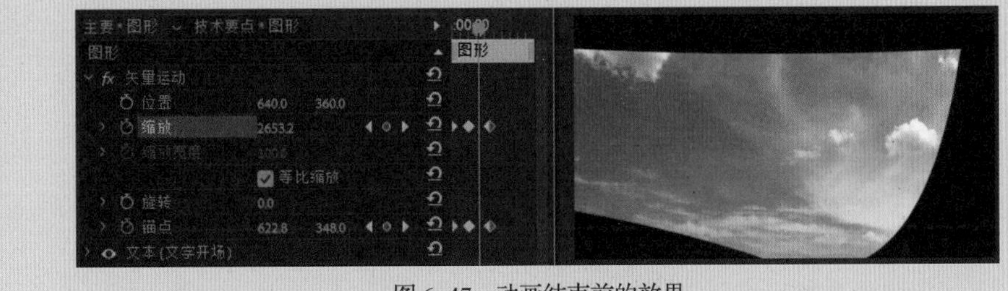

图 6-47　动画结束前的效果

任务 4　有舍才有得——调色与裁剪

1．应用填充颜色与混合模式调色

调色与裁剪

（1）将需要调色的素材片段复制一份，放置在上方轨道，并为其添加视频特效“生成→渐变”，设置为想要调节的颜色，如图 6-48 所示。

（2）设置该层“不透明度”属性的混合模式，以达到想要的色彩合成效果，图 6-49 所示为“叠加”模式效果，图 6-50 所示为“颜色”模式效果。

图 6-48　应用“渐变”特效

图 6-49　“叠加”模式效果

图 6-50　“颜色”模式效果

（3）应用“四色渐变”可以混合更多颜色，如图 6-51 所示。

图 6-51　应用“四色渐变”混合更多颜色

2. 模拟制作电子相册《古城之旅》中的颜色掀开效果

在上一步调色结果的基础上，为当前素材片段添加视频特效“变换→裁剪”，并为裁剪的底部制作关键帧动画，实现画面逐步掀开的效果，如图 6-52、图 6-53、图 6-54 所示。

图 6-52　裁剪动画开始

图 6-53　裁剪动画结束

图 6-54　画面掀开过程

3. 模拟制作电子相册《古城之旅》中的色彩过渡效果

为上层色彩层制作“不透明度”属性的关键帧动画，实现色彩逐渐过渡的效果，如图 6-55 和图 6-56 所示。

图 6-55　不透明度动画开始，调色效果全显示

图 6-56　不透明度动画结束，调色效果消失，过渡为素材原始色彩

要点总结

实践训练

- 创意构思，搜集或拍摄素材，完成电子相册的创意制作。
- 选题参考：强国主题、环保主题、青春主题、校园主题……
- 时长：2 分钟。
- 效果：有片头与片尾、恰当的字幕说明，音乐画面节奏匹配、素材质量较好，灵活设计各种效果和动画。

课后习题

（一）单项选择题

1. “轨道遮罩键”中的白色区域为（　　）。

A. 不透明　　B. 透明　　C. 关键帧　　D. 半透明

2. “轨道遮罩键”中的黑色区域为（　　）。

A. 不透明　　B. 半透明　　C. 隐藏　　D. 透明

3. Premiere 中“轨道遮罩键”所在的特效组是（　　）。

A. 透视　　B. 通道　　C. 键控　　D. 过渡

4. Premiere 中的混合模式类别包括正常、减色、加色、复杂、差值和（　　）。

A. RGB　　B. HSL　　C. PSD　　D. PPI

（二）判断题

1. Alpha 通道白色表示完全不透明，黑色表示完全透明，灰色阴影表示部分透明。（　　）
2. “混合模式”下拉列表根据混合模式结果之间的相似度进一步分为 7 个类别。（　　）
3. “四色渐变”填充属于生成类视频特效。（　　）
4. 制作轨道遮罩效果时，作为遮罩层的素材只能是静态的图片。（　　）
5. 当素材尺寸和时间轴序列不匹配时，使用轨道遮罩效果，轨道画面会变大或变小。（　　）

（三）简答题

1. 什么是轨道遮罩？
2. 如何应用轨道遮罩键？

第四单元

隶篆章草行墨去——字幕设计

字幕是在视频画面中以各种形式展示的文字、图形和符号，它不仅可以表达抽象的概念，也是一种视觉形象。文字的字体、字号、颜色、显现方式、运动等都会带来不同的审美感受。随着音响、色彩、计算机数字技术的介入，字幕造型变得更加丰富多彩，艺术性大大增强，给观众带来的视觉冲击力也越来越强。

本单元我们就将在字幕设计的学习和实践中，体会“隶篆章草行墨去”的雅韵，探索和发现字幕的艺术形式和艺术表现力。

单元导学

项目层次	基础项目	提升项目
项目名称	项目 7：铁画银钩藏雅韵—— 《中国·西沙》字幕制作	项目 8：粗微浓淡漫馨香—— 动态图形字幕设计
学习目标	1. 认识字幕编辑器 2. 熟练操作旧版标题文字工具、文字布局工具 3. 学会使用路径文字工具、修改路径工具 4. 能够绘制各种形状 5. 熟练设置字幕样式 6. 学会基于当前字幕新建字幕，了解安全框和显示背景视频的应用方法	1. 认识“图形”标签 2. 能添加文字和形状 3. 学会使用基本图形编辑器 4. 灵活应用遮罩和关键帧动画等功能设计动态图形字幕 5. 学会使用自带的动态图形模板 6. 能创建并应用自己的动态图形模板
预期效果	灵活应用旧版标题字幕制作方法为影片添加字幕	能创意设计动态图形字幕
建议学时	4（理论 2 学时、实践 2 学时）	4（理论 2 学时、实践 2 学时）

铁画银钩藏雅韵——《中国 · 西沙》字幕制作

项目描述

在影视后期制作中，字幕是非常重要的组成部分，它能够给观众带来更多的画面信息，字幕包括文字和图形两部分。字幕的用途非常广泛，可以为影片画面添加文字说明，还可以为影片中的歌曲、对白和解说等添加字幕，为影片添加片头片尾的标题或工作人员表等。在本项目中，我们一起走进祖国最南端的西沙群岛，听潮起潮落，看浪花轻拍，用字幕设计来表现这最清的海、最白的沙——铁画银钩藏雅韵，彰显《中国 · 西沙》美。

项目分析

1．项目素材

大海视频素材如图 7-1 所示。

图 7-1　素材

2．制作要求

- 以大海视频素材为背景，添加主题文字，并结合背景风格设计文字样式。
- 适当添加线条、圆形等装饰元素，使画面看起来更丰富、饱满。
- 添加宣传口号文字来表达更多的画面信息，并根据海浪设计波浪形状的文字布局效果。
- 制作字幕的动画效果，让画面生动起来。

3．样片展示

添加字幕后的部分画面效果如图 7-2 所示。

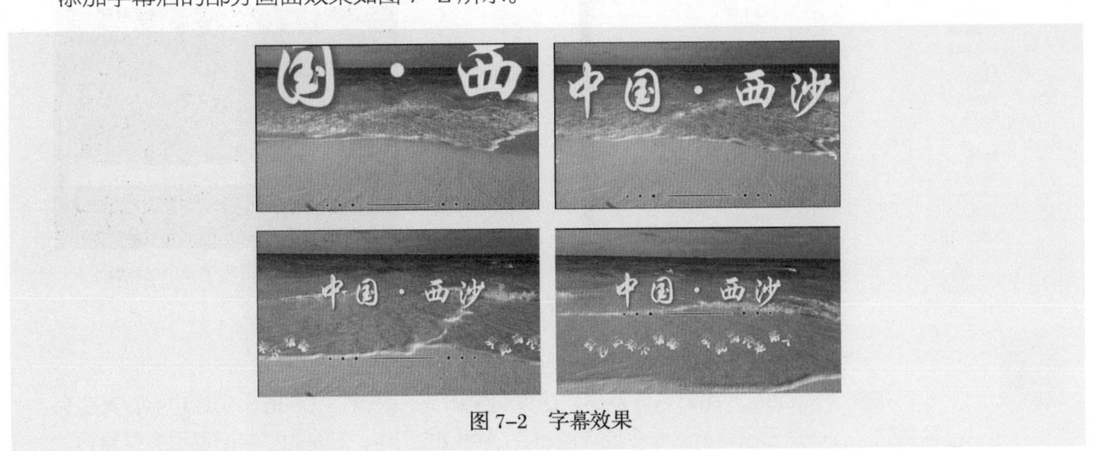

图 7-2　字幕效果

项目制作

任务 1 自言其中有至乐——认识旧版标题字幕编辑器

认识旧版标题字幕编辑器

打开旧版标题字幕编辑器的步骤如下。

（1）新建项目，导入视频素材“中国·西沙.mp4”，再新建一个名为“中国·西沙”的序列，将视频素材拖入时间轴轨道，如图 7-3 所示。

图 7-3　导入视频素材

（2）单击“文件”菜单，选择“新建→旧版标题”命令，如图 7-4 所示，弹出“新建字幕”对话框，默认情况下，字幕会依次按“字幕 01、字幕 02……”的顺序命名，如图 7-5 所示。也可以根据当前内容修改字幕名称，以便更好地识别，如图 7-6 所示。而对于宽度、高度、时基、像素长宽比的设置，最好与序列设置保持一致，否则在进行位置、动画等的调节时，可能会产生一些偏差。

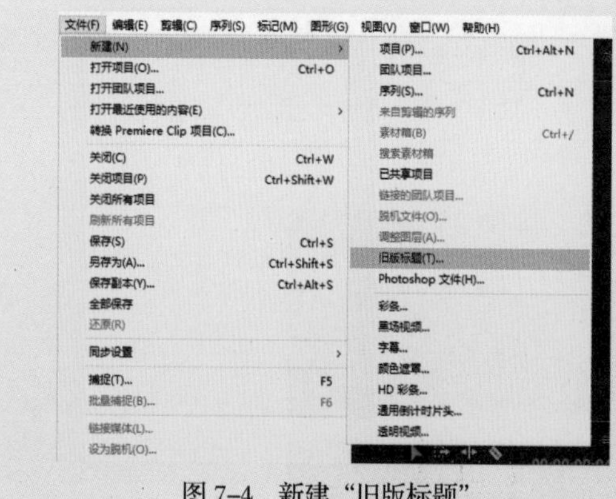

图 7-4　新建“旧版标题”

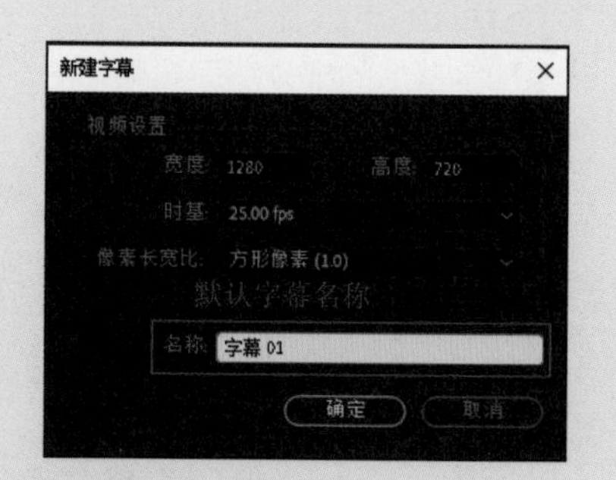

图 7-5　“新建字幕”对话框

在整个 Adobe 产品命名体系中，这种前面加了“旧版”二字的命令或功能，其实有两层含义，一是已经有新的命令或功能来完成类似的工作；二是为了与旧项目文件兼容。

图 7-6　修改字幕名称

（3）单击“确定”按钮后，弹出旧版标题字幕编辑器，主要包括文字与图形工具箱、对齐与分布选项区、样式预设区、属性设置区、字幕工作区等组成部分，如图 7-7 所示。

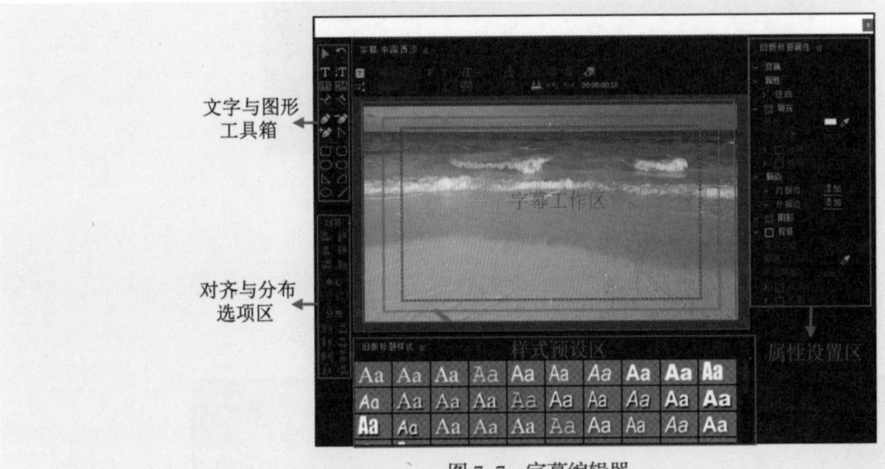

图 7-7　字幕编辑器

任务 2　短长肥瘦各有态——文字添加与样式设计

文字添加与样式设计的步骤如下。

（1）选择“文字”工具 T，在字幕工作区中单击，输入文字“中国 · 西沙”，如图 7-8 所示。

图 7-8　输入文字

（2）切换到“选择”工具，选中所输入的文字，在属性设置区中设置文字的字体、大小、颜色、阴影等样式，参考设置如图 7-9 所示。这里文字的颜色为纯白色，阴影的颜色可以用吸管工具吸取背景画面中大海的颜色，从而使文字和画面匹配得更和谐。

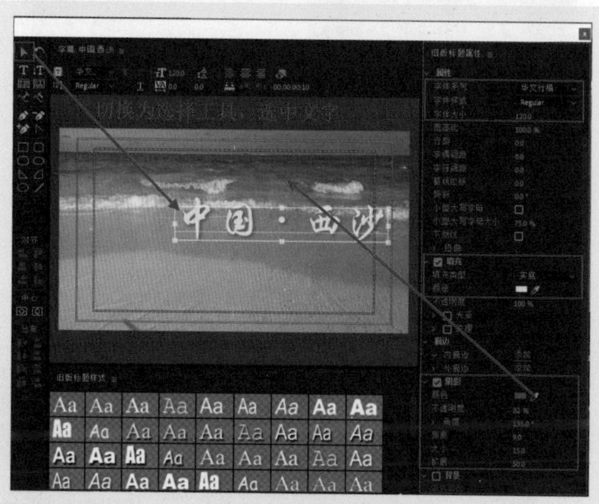

图 7-9　字幕样式设计

（3）调整文字在画面中的位置，水平方向居中对齐，垂直方向在中心偏上方一些。可以直接选中文字后，通过拖动文字来进行直观的调整，也可以使用中心对齐工具进行精准的居中对齐，再配合上、下方向键进行移动微调，如图 7-10 所示。

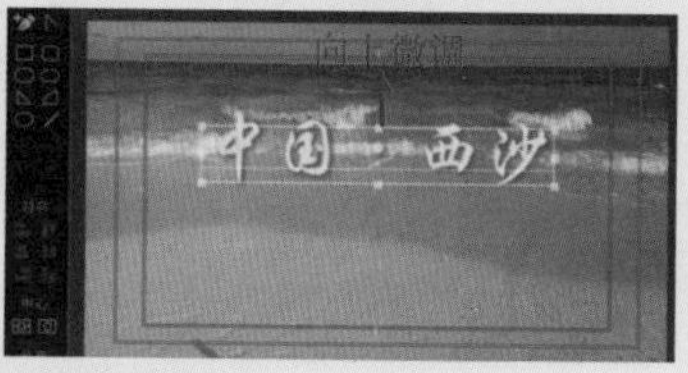

图 7-10　调整文字的位置

（4）字幕设计好以后，单击右上角的“关闭”按钮关闭当前的字幕编辑器，然后在【项目】面板中可以找到所创建的字幕素材“中国·西沙”，将其拖曳到【时间轴】面板中视频素材所在轨道的上方轨道，即可将该字幕添加到视频画面中，如图 7-11 所示。

图 7-11　应用字幕

（5）如果想再次对字幕进行修改，可以直接在【节目监视器】面板中双击字幕内容或在视频轨道上双击字幕素材，再次打开字幕编辑器，对当前字幕进行编辑修改。

知识补充 10

知识补充 10：文字工具应用与文字样式设置（扫描二维码学习）

任务 3　我书意造本无法——绘制各种形状

绘制各种形状

绘制形状的步骤如下。

（1）新建一个旧版标题字幕，命名为“线条”，如图 7-12 所示。

（2）在文字与图形工具箱中选择“直线”工具，然后在主题文字“中国 · 西沙”下面绘制一条直线，可以按住 Shift 键的同时在水平方向上拖动鼠标，确保直线在水平方向上不会产生上下偏移，如图 7-13 所示。

图 7-12　新建“线条”字幕

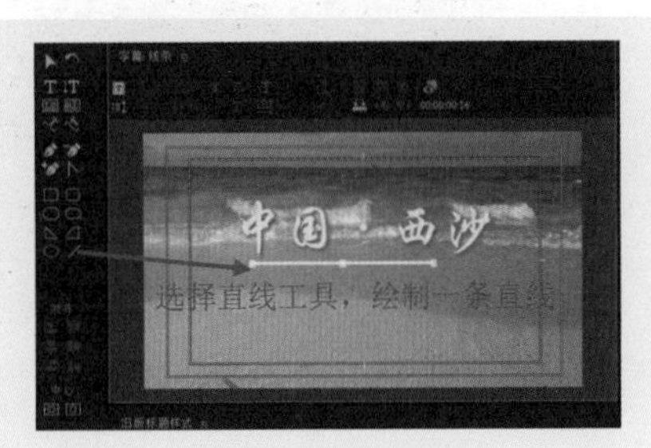

图 7-13　绘制直线

（3）设置线条的长度、粗细、颜色（填充颜色设置为与背景大海的蓝色相近，描边颜色为白色）等外观样式，调整位置为水平方向居中、主题文字下方，参考设置如图 7-14 所示。

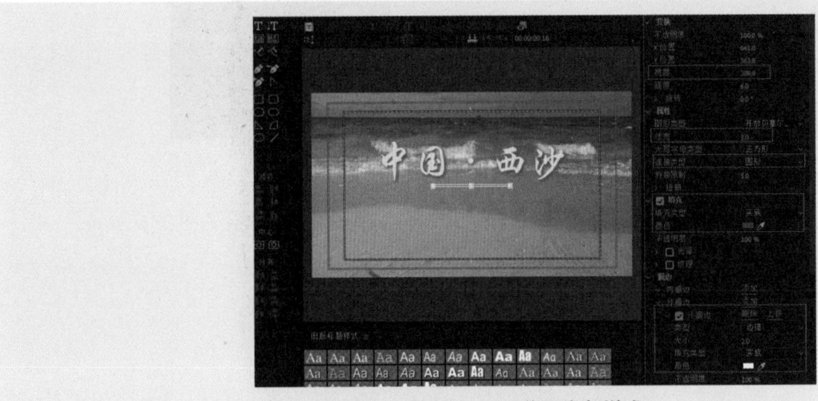

图 7-14　设置线条样式

（4）选择“椭圆”工具，按住 Shift 键的同时拖曳鼠标，绘制一个圆形，填充颜色和描边颜色与线条一致即可，然后调整大小和位置，如图 7-15 所示。

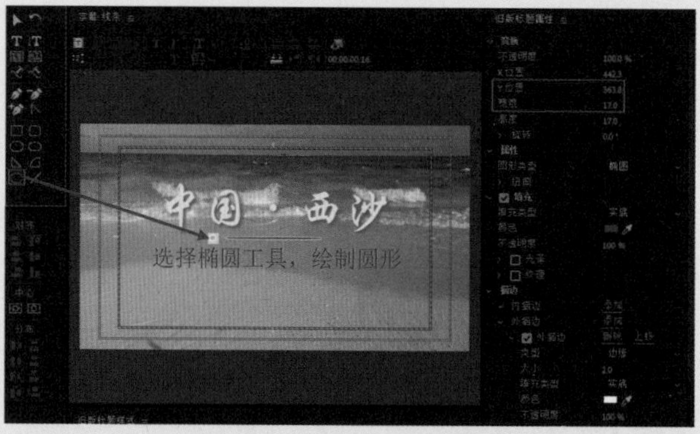

图 7-15　用椭圆工具绘制圆形

（5）切换到“选择”工具，选中绘制好的圆形，按住 Alt 键，鼠标指针变成一黑一白两个叠加的箭头形状，这时拖曳圆形可将其复制，拖曳两次后，复制出两个圆形，如图 7-16 所示。然后调整两个圆形的大小，从右到左依次变小，如图 7-17 所示。如果不使用复制的方法，也可以再次应用椭圆工具绘制两个圆形。

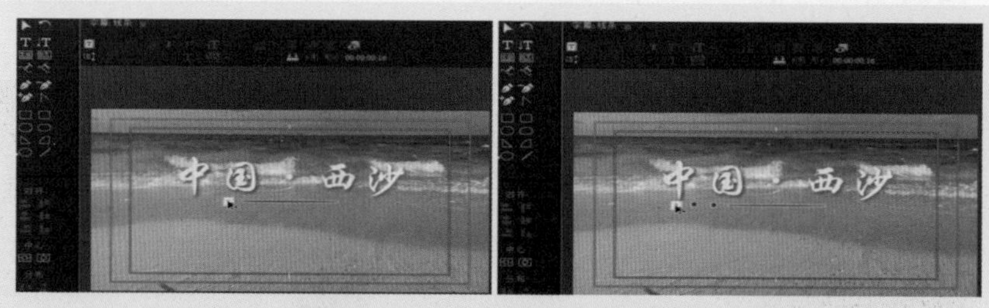

图 7-16　按住 Alt 键拖动复制圆形

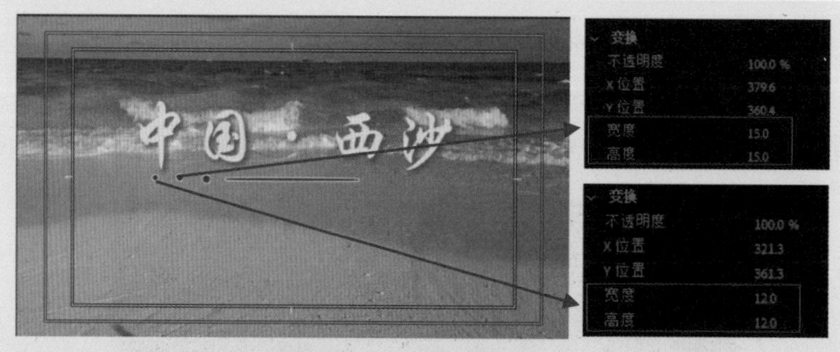

图 7-17　调整两个圆形的大小

（6）利用复制或直接绘制的方法，在线条右侧添加 3 个同样的圆形，如图 7-18 所示。

图 7-18　在右侧添加圆形

（7）拖动鼠标框选所有的图形（圆形和线条），如图 7–19 所示，单击“对齐与分布”选项区中的“垂直居中”按钮，使所选图形在同一条水平线上对齐，如图 7–20 所示；单击“水平居中”按钮，使选中的图形在屏幕水平方向上居中对齐，如图 7–21 所示；单击“水平等距间隔”按钮，使选中的图形基于屏幕的垂直中心线等距离分布，如图 7–22 所示。

图 7–19 选中所有图形

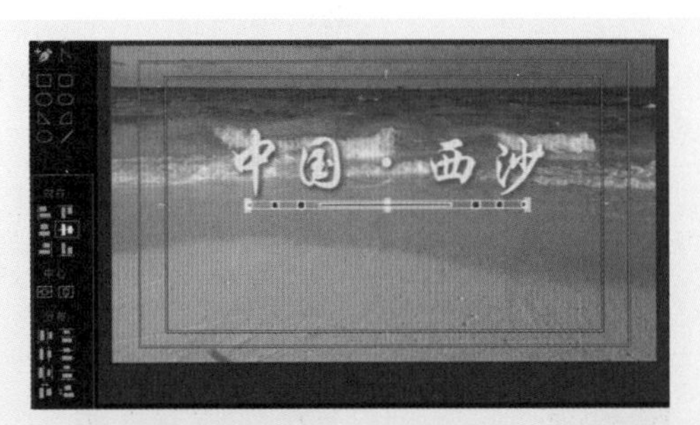

图 7–20 设置垂直居中

图 7–21 设置水平居中

图 7–22 设置等距离分布

（8）将创建好的“线条”字幕拖入视频轨道，效果如图 7–23 所示。

图 7–23 应用“线条”字幕

知识补充 11

知识补充 11：形状工具及对齐与分布（扫描二维码学习）

任务 4　时时只见龙蛇走——制作路径文字

制作路径文字

制作路径文字的步骤如下。

（1）新建一个“旧版标题”字幕，命名为“路径文字”，如图 7-24 所示。

（2）单击“路径文字”工具，将鼠标指针移动到字幕工作区中，鼠标指针变成黑色钢笔形状，如图 7-25 所示。

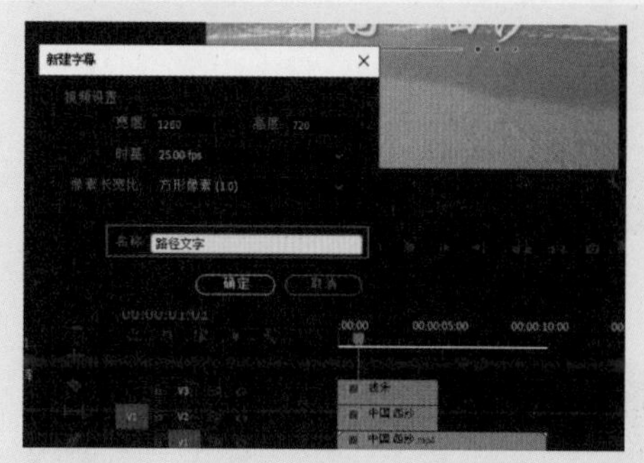

图 7-24　新建字幕“路径文字”

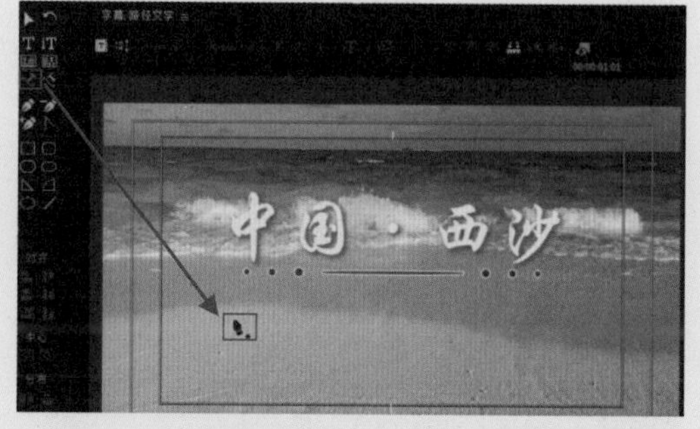

图 7-25　应用“路径文字工具”

（3）在屏幕上单击 6 次，绘制出图 7-26 所示的折线，然后选择“转换锚点”工具，分别在各顶点处单击并向外拖曳鼠标，此时会出现调节手柄，拖动手柄可以改变顶点的弯曲效果，从而将折线调节为波浪形曲线，如图 7-27 所示。

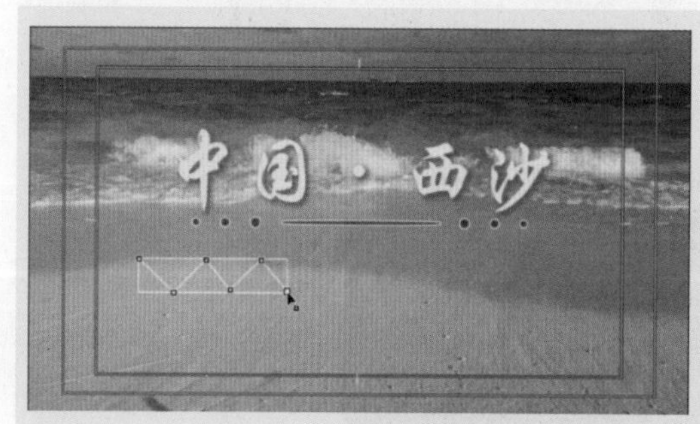

图 7-26　绘制折线路径

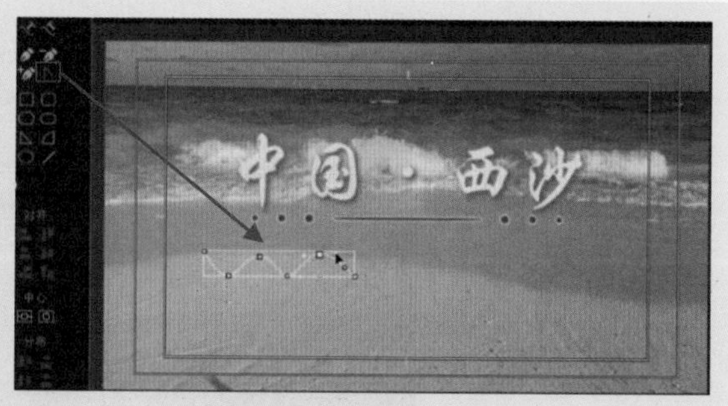

图 7-27　调节为曲线路径

（4）选择“钢笔”工具拖曳路径顶点，可以改变顶点的位置，配合“转换锚点”工具，将路径调整为自己满意的曲线效果。再次单击“路径文字”工具，在绘制好的曲线处单击，会出现文字输入光标，如图 7-28 所示，输入文字“西沙归来不看海”，实现文字按曲线形状分布的路径文字效果，由于软件默认的文字大小和字体的原因，会出现文字显示不完整的情况，如图 7-29 所示。

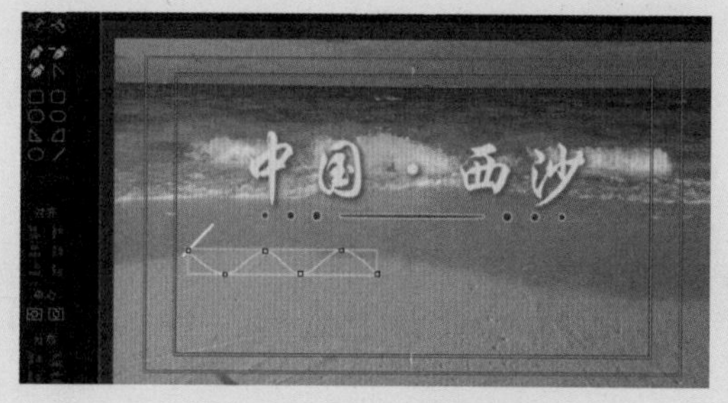

图 7-28　路径文字输入状态

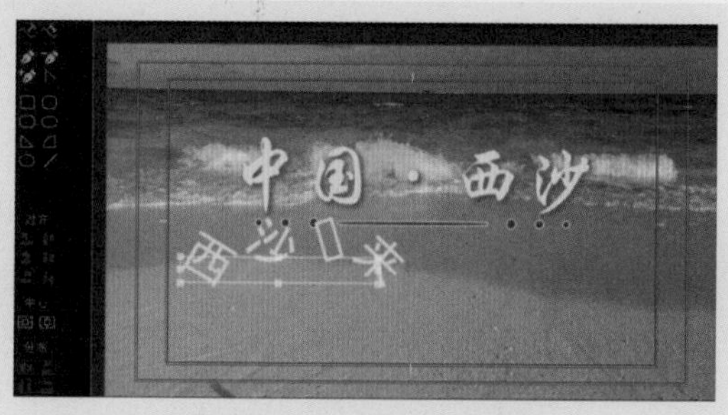

图 7-29　输入文字后的效果

（5）为路径文字设置字体、大小、颜色（渐变中的蓝色用吸管工具吸取大海的颜色即可）、阴影，参考效果如图 7–30 所示。各属性的具体参数要结合制作中的实际效果进行调节。

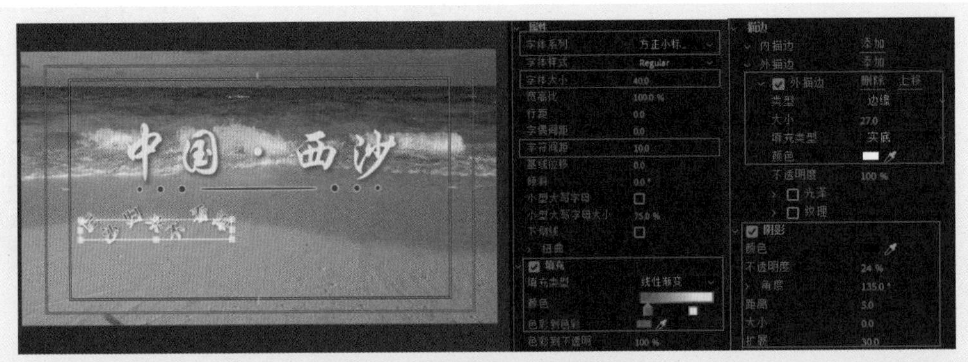

图 7–30　设置路径文字的外观样式

（6）单击“基于当前字幕新建字幕”按钮，弹出“新建字幕”对话框，设置“名称”为“路径文字 1”，如图 7–31 所示。单击“确定”按钮，进入“路径文字 1”的字幕编辑器，使用“文字”工具或“路径文字”工具，拖动框选当前已有的路径上的文字，如图 7–32 所示，然后直接输入新的文字内容“从此马代是路人”即可将选中的内容替换，而文字样式依然保留之前的设置，不会被重置，如图 7–33 所示。

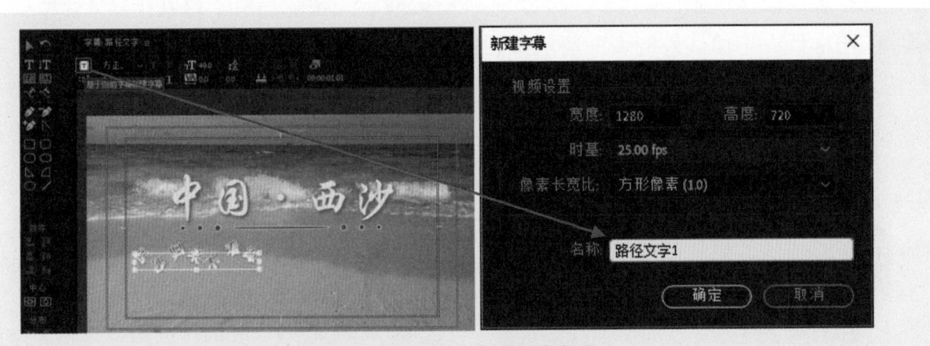

图 7–31　基于当前字幕新建字幕

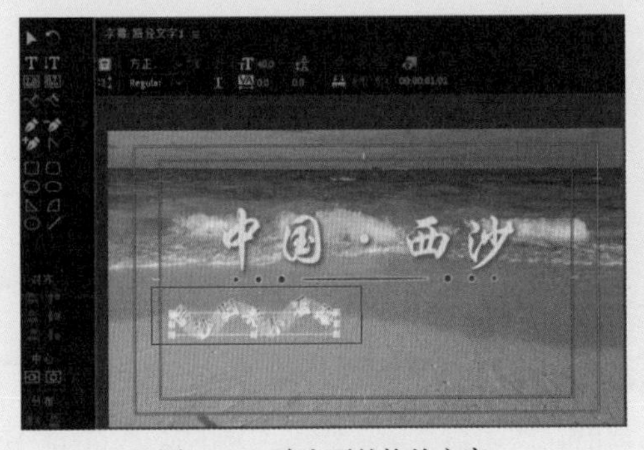

图 7–32　选中要替换的文字

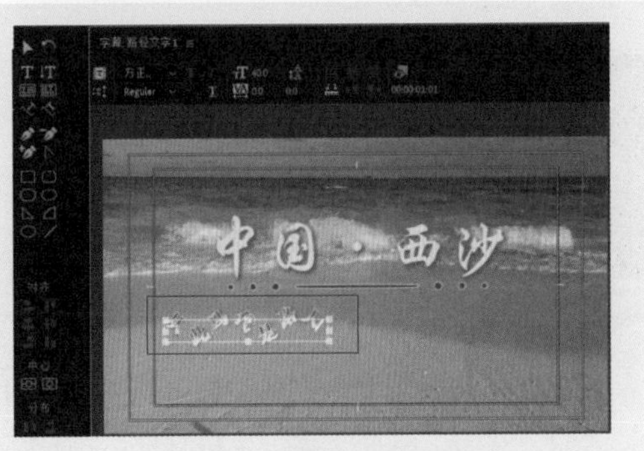

图 7–33　重新输入文字内容

说明

对于影片中需要添加多个同样效果的字幕，比如大量的对白、旁白，可以先将一个字幕设计好，然后应用“基于当前字幕新建字幕”按钮来创建字幕，其样式不用重新设置，只需修改文字内容。

知识补充 12

知识补充 12：路径文字工具（扫描二维码学习）

任务 5　青白雀武让九宫——安全框与字幕运动

安全框与字幕运动

1. 安全框

安全框是针对电视播出所使用的一种限制措施。由于数据传输中可能存在损耗，或由于线路带宽限制，画面分辨率不完全。这种情况下，播出机构或最终播出终端都会采取适当降低画面画幅的方式来保证播出的整体质量。所以，这样就必须设置安全框，以保证画面降低画幅后，还能有效显示完整的信息。这就相当于印刷中的出血线，出血线外的页面可能都会被裁切掉。当然，不用于电视播出的视频，一般不用考虑裁切太多的问题。但可以把这些线看成基准的构图参考线，从美学的角度来说，文字或图案太靠近边缘会影响美观。写中英文字幕时，将中文写在字幕安全框上方，英文写在下方，更符合整体审美。

安全框通常分为图像安全框和字幕安全框。图像安全框一般为画面外框。超过这个外框后，图像有可能在压制成其他格式后不能显示出来。内框是字幕安全框，当超过内框时，字幕就可能到了屏幕的边缘了，既不美观，也不便于观看。

将制作好的两个路径文字拖曳到视频轨道上，如图 7-34 所示。此时，两组文字是完全重合在一起的，分别双击视频轨道上的两个字幕文件，可再次打开字幕编辑器，分别调整两个字幕在屏幕中的位置，注意不要超出字幕安全框的范围，如图 7-35 所示。

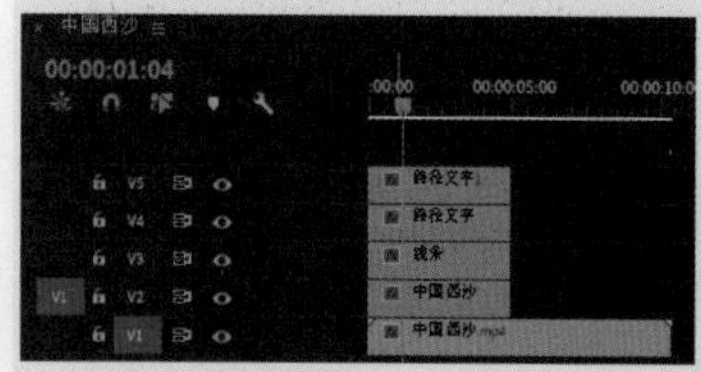

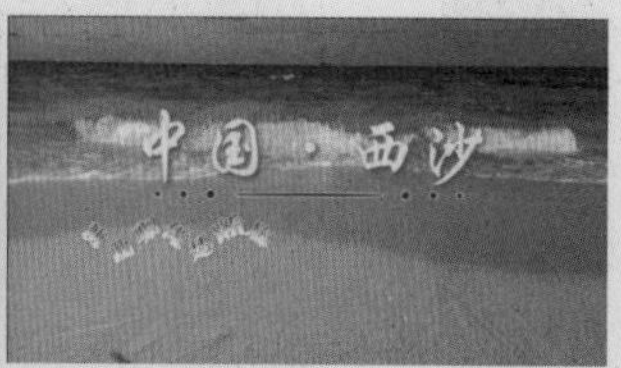

图 7-34　应用路径文字

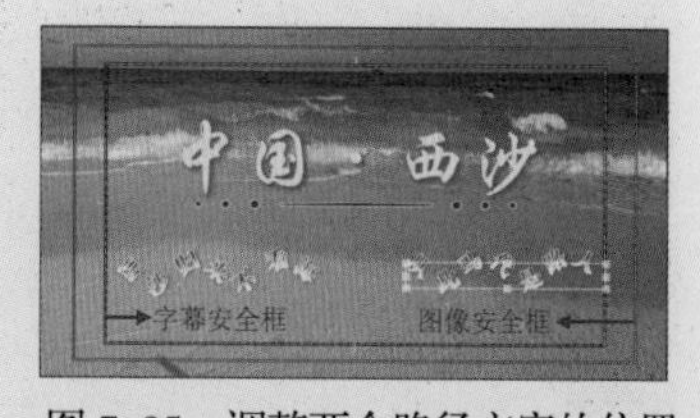

图 7-35　调整两个路径文字的位置

2. 制作路径文字分别从左右两侧进入画面的运动效果

（1）双击“路径文字”字幕文件，打开字幕编辑器，然后在字幕工作区上方的快捷工具栏中单击“创建滚动 / 游动字幕”按钮，打开“滚动 / 游动选项”对话框，选中“向右游动”单选按钮，勾选“开始于屏幕外”复选框，如图 7-36 所示。单击“确定”按钮，关闭字幕编辑器，可以预览字幕从左侧屏幕外运动到屏幕中的效果。

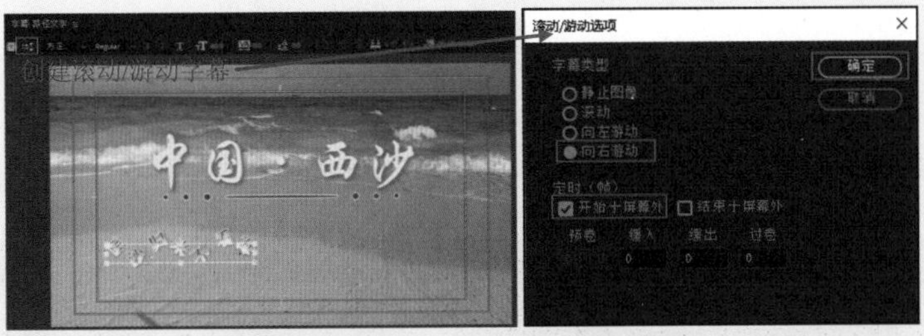

图 7-36　制作由左向右运动的动态字幕

（2）使用同样的方法制作“路径文字 1”从右侧屏幕外运动到屏幕中的效果，如图 7-37 所示，两个字幕的运动效果如图 7-38 所示。

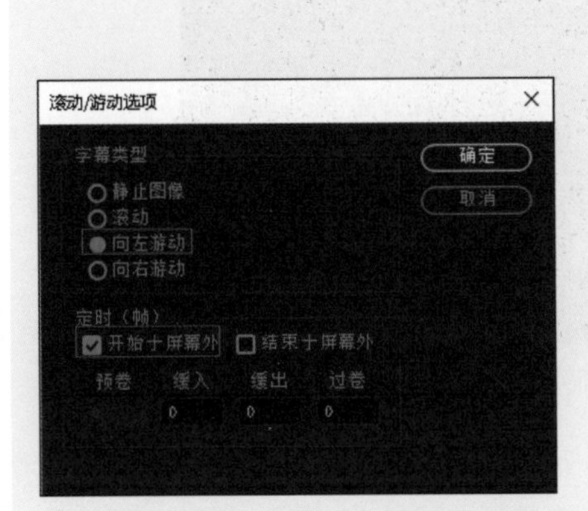

图 7-37　制作由右向左运动的动态字幕

图 7-38　游动字幕效果

3. 制作“线条”字幕由屏幕下方运动到屏幕中的效果

双击视频轨道上的“线条”字幕文件，打开字幕编辑器，单击“创建滚动 / 游动字幕”按钮 ，打开“滚动 / 游动选项”对话框，选中“滚动”单选按钮，勾选“开始于屏幕外”复选框，如图 7-39 所示，预览运动效果如图 7-40 所示。

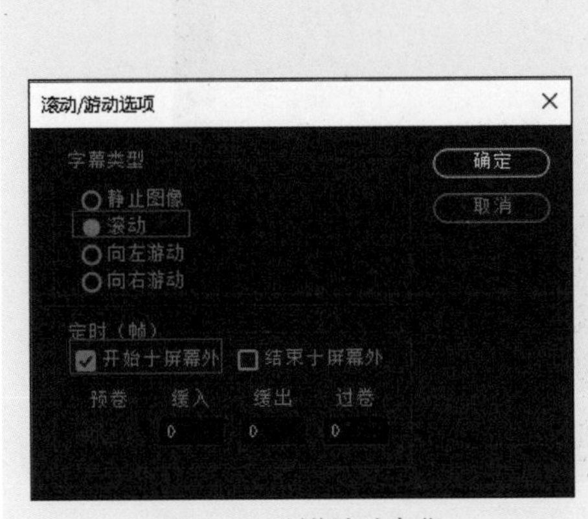

图 7-39　制作滚动字幕

图 7-40　滚动字幕效果

4．制作主题文字“中国·西沙”由大到小进入画面的运动效果

（1）将播放指示器移动到 3 秒处，作为动画的结束点，选中视频轨道上的“中国·西沙”字幕，在【效果控件】面板中展开“运动”控件，单击“缩放”属性左侧的“切换动画”按钮，在当前时间点添加一个关键帧，如图 7-41 所示。

图 7-41　在动画结束点添加关键帧

（2）将播放指示器移动到 2 秒处，作为动画的开始点，修改“缩放”属性的参数值，将其调大，观察画面效果，直到在屏幕中看不到文字内容为止，参考设置如图 7-42 所示，字幕运动效果如图 7-43 所示。

图 7-42　在动画开始点添加关键帧

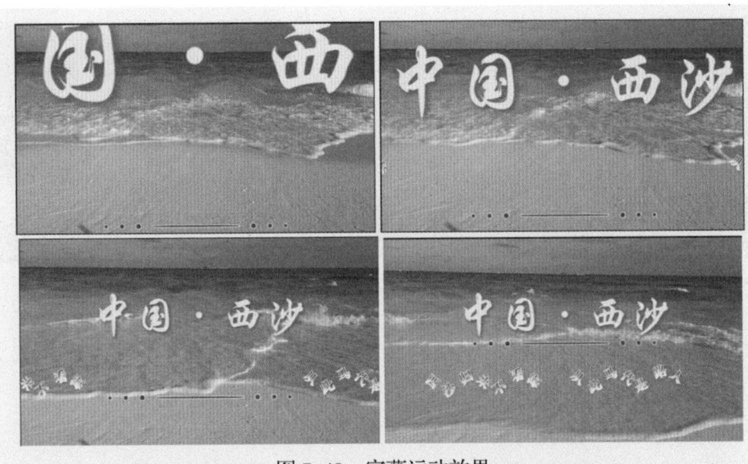

图 7-43 字幕运动效果

5．使运动结束后的完整字幕效果一直显示到背景视频的出点位置

（1）使用“选择”工具拖曳视频轨道上“中国 · 西沙”字幕的出点，将其持续时间延长到背景视频的出点位置，如图 7-44 所示。

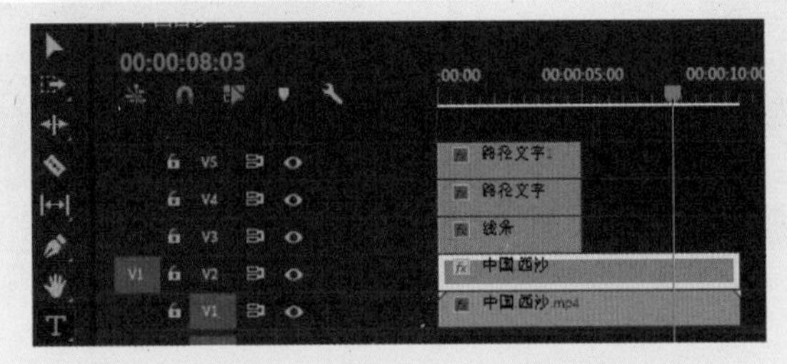

图 7-44 延长“中国 · 西沙”字幕的持续时间

（2）选中 3 个字幕，右击并选择“嵌套”命令，如图 7-45 所示，然后在弹出的对话框中将“名称”修改为“动态字幕合成”，如图 7-46 所示。

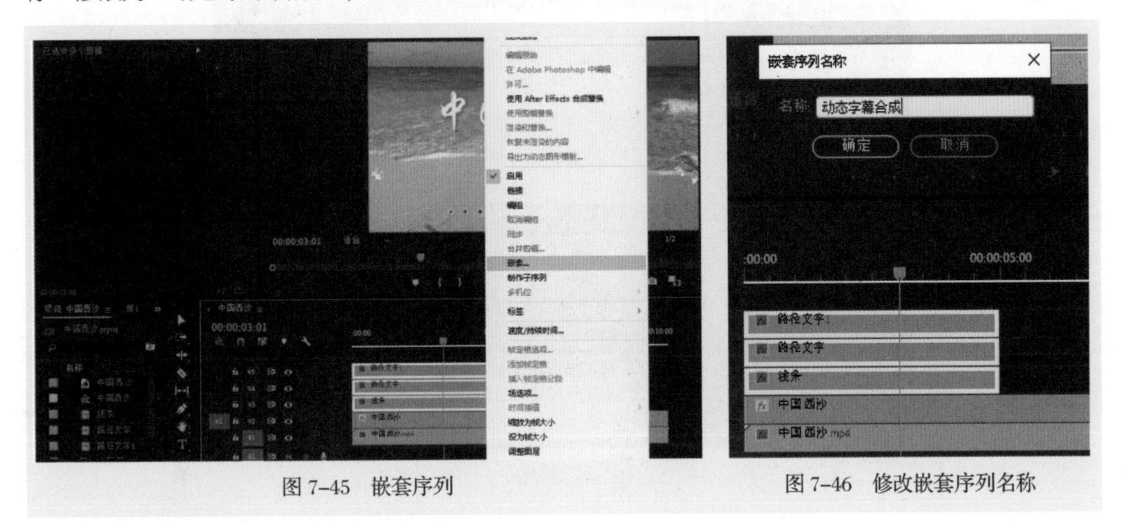

图 7-45 嵌套序列　　图 7-46 修改嵌套序列名称

（3）设置嵌套以后，3 个字幕轨道被合成到一个序列中，如图 7-47 所示。

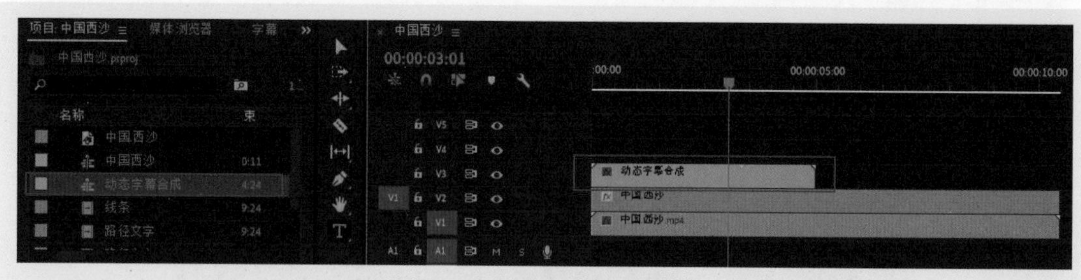
图 7-47 合成新的序列文件

（4）将播放指示器移动到“动态字幕合成”序列素材的最后一帧（4 秒 24 帧），选中该素材，右击并选择“添加帧定格”命令，如图 7-48 所示，然后水平放大时间轴的显示比例，会看到素材被裁切出来一帧的片段，如图 7-49 所示。

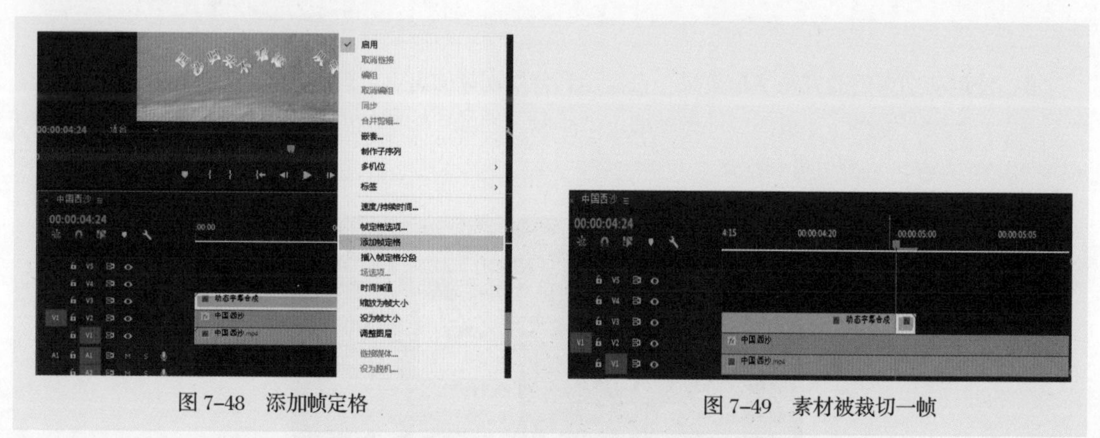
图 7-48 添加帧定格

图 7-49 素材被裁切一帧

（5）应用“选择”工具拖曳后面被裁出的片段的出点，延长持续时间到影片结束，最终效果如图 7-50 所示。

图 7-50 延长字幕持续时间后的最终效果

要点总结

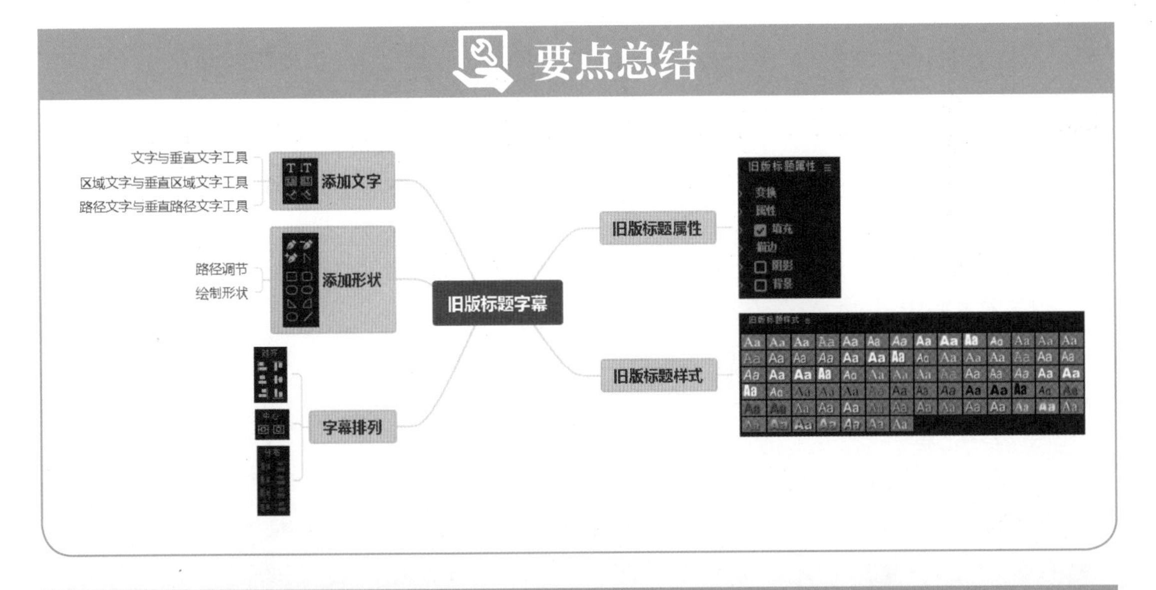

实践训练

- 滚动字幕制作——选择一首诗词，要求设计适合诗词内容的背景画面，并添加背景音乐增强节奏感。
- 影视作品对白字幕制作——选取 3 分钟的影视片段，按照片段中的对白字幕内容和效果进行模仿制作。

提示

字幕编辑器中的“背景视频时间码”用于查看字幕在影片不同时间画面背景上的显示效果，以便更好地设计字幕外观。比如，制作白色字幕时，要对比画面中有没有特别亮的地方，如果有，那么字幕就显示不出来了，需要进行处理，如图 7–51 所示。

图 7–51　设置背景视频时间码

课后习题

（一）单项选择题

1. 在字幕编辑器中，利用绘图工具绘制多个图形后，要让这些图形垂直底端对齐，需要使用的工具按钮是（　　）。

A. ▣　　B. ▣　　C. ▣　　D. ▣

2. 以下不属于旧版标题字幕编辑器组成部分的是（　　）。

A. 文字工具　　B. 文字布局工具　　C. 字幕属性　　D. 文字转场

3. 如果要制作一个固定区域的横排文字，可以使用的工具是（　　）。

A. 文字工具　　B. 垂直文字工具

C. 区域文字工具　　D. 垂直区域文字工具

4. 用于调整路径的形状，将平滑定位点转换为角定位点，或将角定位点转换为平滑定位点的工具是（　　）。

A. 路径文字工具　　B. 垂直路径文字工具

C. 钢笔工具　　D. 转换锚点工具

5. 不能在字幕中使用图形工具直接画出的形状是（　　）。

A. 矩形　　B. 圆形　　C. 星形　　D. 三角形

6. 在字幕编辑器中，绘制一个图形后，如果要将其复制多次，可按住（　　）键的同时拖动鼠标。

A. Alt　　B. Shift+Alt　　C. Enter　　D. Shift

7. 在用旧版标题字幕工具绘制图形时，要实现按45° 的规律进行旋转，需借助的按键是（　　）。

A. Ctrl　　B. Shift　　C. Alt　　D. Windows

8. 在 Premiere 中不能直接创建的字幕是（　　）。

A. 滚动字幕　　B. 静态字幕　　C. 三维字幕　　D. 图形字幕

9. 在字幕编辑器中，如果要在当前字幕的基础上创建新的字幕，需要使用的工具按钮是（　　）。

A. T　　B. ▣　　C. ▣　　D. ▣

（二）多项选择题

1. 以下形状可以使用字幕编辑器直接创建的有（　　）。

A. 直线　　B. 矩形　　C. 圆角矩形　　D. 菱形

2. 关于应用字幕编辑器创建图形，下列说法正确的有（　　）。

A. 可以为图形填充颜色或设置边框

B. 可以绘制各种形状

C. 可以对多个形状进行对齐和排列

D. 每个字幕只能包含一个形状

3. 以下可以在字幕编辑器的【属性】面板中进行设置的属性有（　　）。

A. 字体　　B. 行距　　C. 描边　　D. 背景

4. 为文字添加阴影后，可以设置阴影的（　　）。

A. 颜色　　B. 角度　　C. 不透明度　　D. 距离

5. 创建滚动 / 游动字幕时，可以选择的选项有（　　）。

A. 静止图像　　B. 滚动　　C. 滑动　　D. 向左游动

（三）判断题

1. 在影视创作中，点、线、面以及它们组合而成的抽象符号（如标志、图表等）不属于字幕的范畴。（　　）

2. 在 Premiere 的字幕编辑器中不能创建竖排文字。（　　）

3. “转换锚点”工具用于调整路径的形状，将平滑定位点转换为角定位点，或将角定位点转换为平滑定位点。（　　）

4. 在字幕编辑器中不能创建直线。（　　）

5. Premiere 里的字幕样式是针对英文设计的，在直接应用样式的时候，可能会出现有的中文汉字显示不出来，呈现为方块形状的情况，这时只需要设置一个中文字体就好了。（　　）

6. 可以为字幕添加内描边或外描边。（　　）

7. 在字幕编辑器中，不能为文字设置渐变填充样式。（　　）

08 项目 8

粗微浓淡漫馨香——动态图形字幕设计

项目描述

在闲暇时刷短视频的过程中，你有没有不经意间被一句文案所感动？如果这句文案还被包装了生动的动画效果，是不是又让你瞬间产生了共鸣？

Adobe 公司创意云（Creative Cloud）功能的推出，使其所有系列产品的功能也随之丰富、完善。其中 Premiere 的字幕功能较以往丰富了很多，在创意云强大的协作功能下，Adobe 各系列软件之间的无缝对接功能大大加强，Premiere 字幕工具也与 Photoshop 一样，开始引入图层概念。Premiere 字幕功能不论在面板位置还是操作方式上，都发生了或大或小的改变，为广大用户在字幕设计方面提供了更大的创意空间。本项目将从图形字幕的基本应用开始，带领大家逐步体会灵动字幕的创意设计。

项目分析

1．项目素材

在 Premiere 中，有两种制作字幕的方法，一种是旧版标题，另一种是图形字幕，相较于前者，图形字幕更容易被设计成各种灵动的动态效果。本项目将在图形字幕基本应用的基础上，结合关键帧动画和遮罩功能，设计制作一个线条文字动画，背景素材如图 8-1 所示。

图 8-1　背景素材

2．制作要求

- 绘制两个线条形状，线条 1 由中间向两端延长展开，线条 2 逐渐显现，并从线条 1 的位置开始向下方移动到合适的位置。
- 添加两组文字并设置不同的外观，两组文字跟随线条 2 由上到下依次显现出来，定位到两个线条中间的位置。

- 上方的线条 1 带动两组文字向下移动，与下方的线条 2 重合。
- 调节动画的运动速度，使效果更生动。

3．样片效果

线条文字动画部分效果如图 8-2 所示。

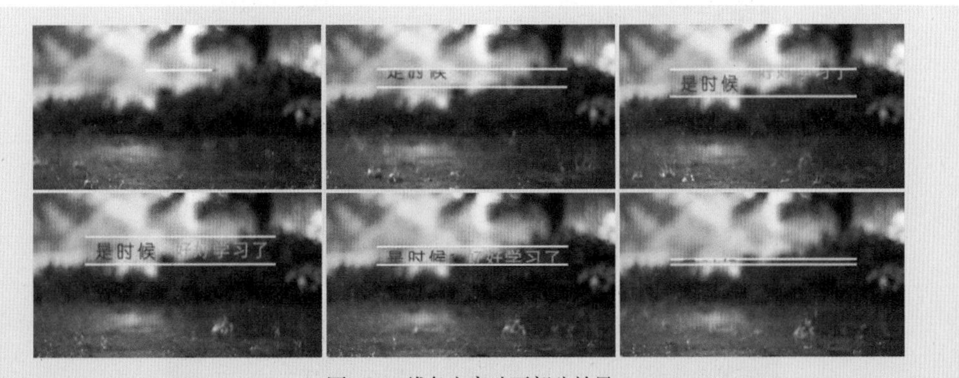

图 8-2 线条文字动画部分效果

项目制作

任务 1 春兰秋菊，各擅胜场——图形字幕的基本应用

1．如何添加图形字幕

（1）应用文字工具添加文本。在【工具】面板中，选择文字工具，然后在【节目监视器】面板中单击即可输入文字，同时会在视频轨道上添加一个字幕素材，如图 8-3 所示。

图 8-3 应用文字工具添加文本

长按文字工具，切换到垂直文字工具添加竖排文本，如图 8-4 所示。

图 8-4　应用垂直文字工具添加竖排文本

（2）应用矩形工具和椭圆工具添加图形。长按钢笔工具，可以切换到矩形工具和椭圆工具，分别绘制矩形和椭圆形状的字幕，如图 8-5 所示。

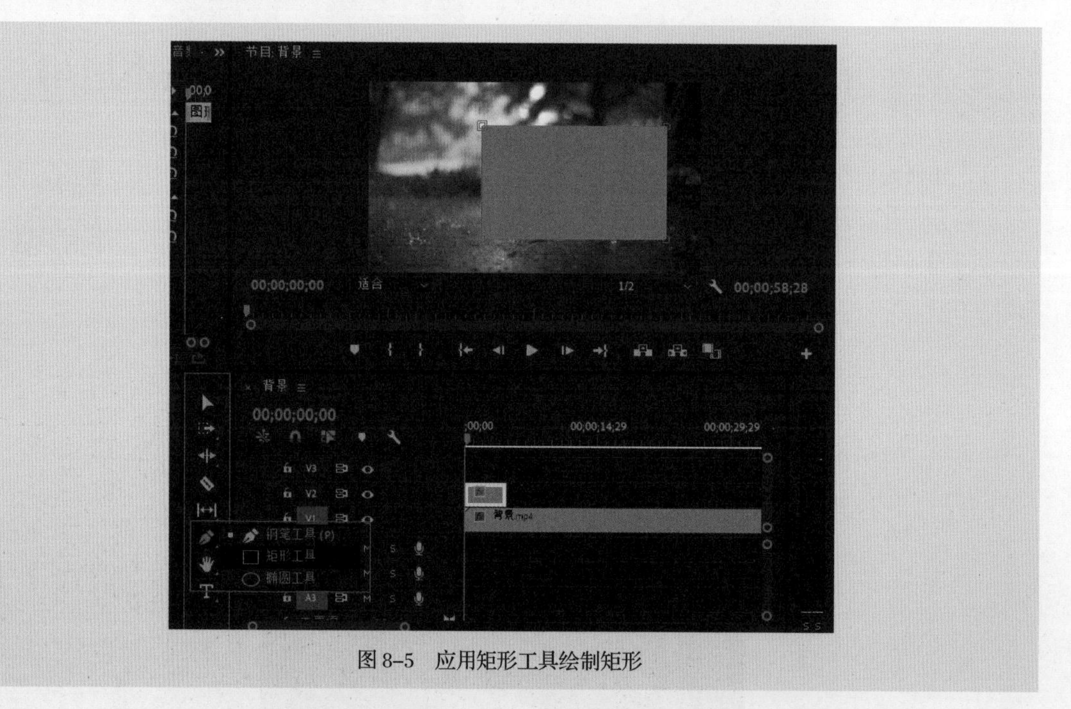

图 8-5　应用矩形工具绘制矩形

（3）应用“图形”菜单添加文本或图形。单击“图形”菜单，选择“新建图层”命令，其子菜单中包括“文本”“直排文本”“矩形”“椭圆”等命令，可以用来新建文本或图形，如图 8-6 所示。如果只是创建文本，可以直接按快捷键 Ctrl+T，在视频轨道上添加一个文本字幕素材，在【节目监视器】面板中修改文字内容。

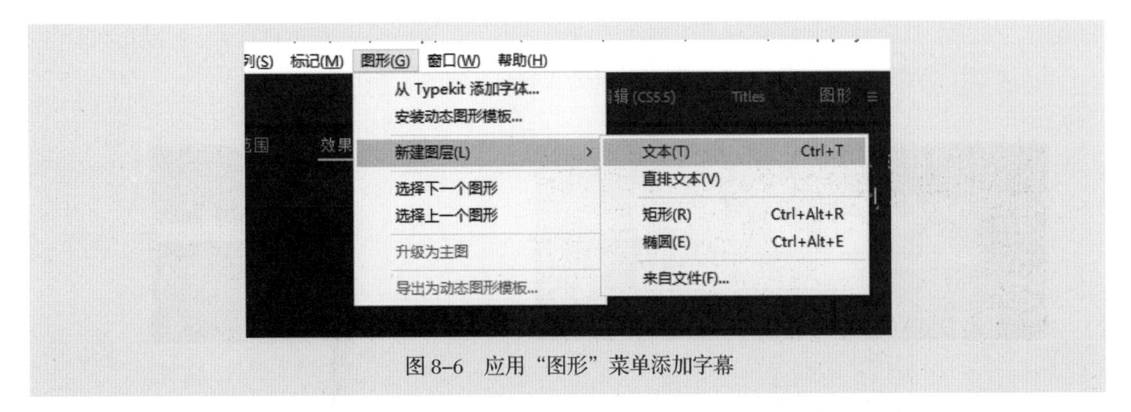

图 8-6　应用“图形”菜单添加字幕

（4）应用基本图形编辑器。基本图形编辑器支持以图层的方式快捷地创建文字、形状等，图层之间可以建立响应。

在屏幕顶部的工作区中单击“图形”选项卡，或单击“窗口”菜单，选择“工作区→图形”命令，然后进入“图形”工作界面，在整个界面的右侧会出现【基本图形】面板。在该面板中单击“编辑”选项卡，切换为基本图形编辑器，然后单击右下方的“新建图层”按钮，如图 8-7 所示。可以新建文本或图形，如图 8-8 所示。

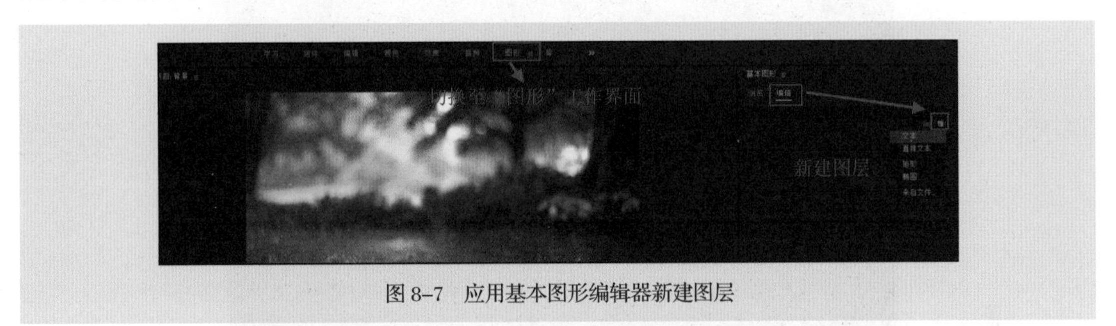

图 8-7　应用基本图形编辑器新建图层

图 8-8　应用基本图形编辑器新建文本和图形

在基本图形编辑器中双击添加好的文本层，然后在【节目监视器】面板中可以直接对文本内容进行修改，修改的文本内容即为该图层的名称，如图 8-9 所示。单击形状层将其选中，然后再次单击，或右击形状层，选择“重命名”，可以修改形状层的名称，如图 8-10 所示。

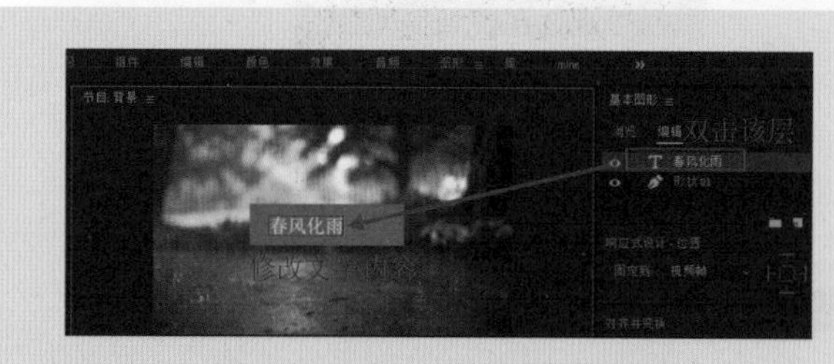

图 8-9　双击文本层修改文字内容

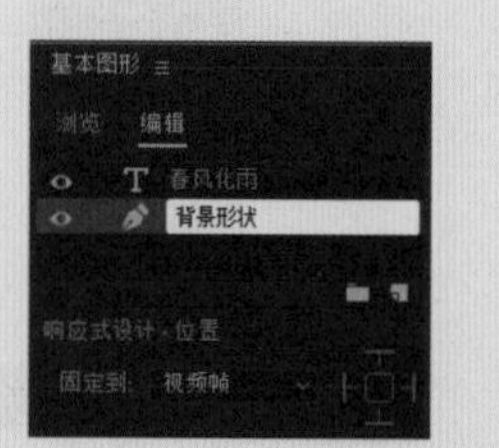

图 8-10　重命名形状层

2．文本和形状属性设置

在基本图形编辑器中选中文本层，下方会展开相应的文本属性，可进行字体、大小、外观等属性的设置。在【效果控件】面板中展开对应的“文本”控件，可以设置“源文本”和“变换”等属性，如图 8-11 所示，左侧为【效果控件】面板中的属性设置，右侧为基本图形编辑器中的相关设置。

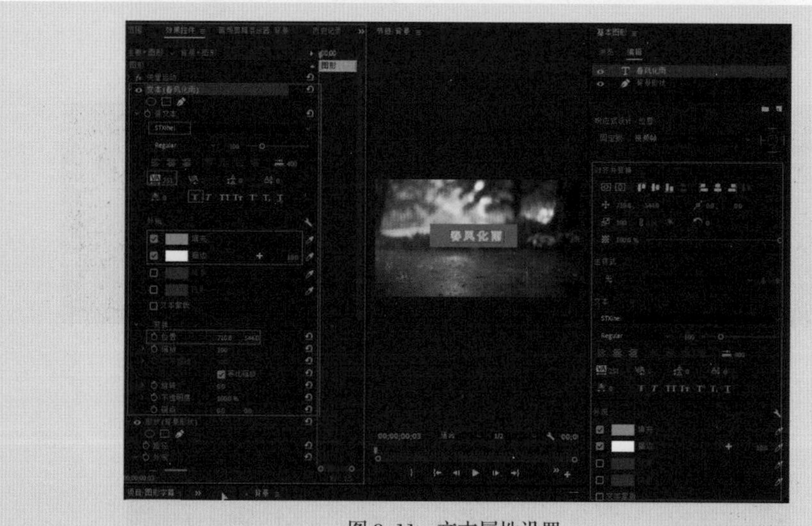
图 8-11　文本属性设置

用同样的方法可以分别在基本图形编辑器和【效果控件】面板中对绘制的形状进行外观、位置、缩放等属性的设置，如图 8-12 所示。

图 8-12　形状属性设置

3. 响应式设计

响应式设计可以设计图形，使图形自动适应视频帧长宽比的变化，或自动适应其他图形图层的位置或缩放属性。设置好文本和背景图形的对应关系，然后选中背景形状，在“固定到”下拉列表中选择文本层，作为当前所选图层固定目标的图层。然后在右侧正方形的中心位置单击，将 4 个边缘都进行固定，如图 8-13 所示。也可以分别单击上、下、左、右边缘，单独固定某一个或某几个边缘。

图 8-13　响应式设计 - 位置

建立响应关系以后，当对文字内容进行修改时，例如字数增加或减少、字号大小的改变等，背景图形会随之产生变化，始终保持之前的对应关系，如图 8-14 所示。

图 8-14　修改文字，图形响应

任务 2　这根线条会“魔法”——制作灵动的线条文字动画

1. 制作线条

（1）绘制一个白色矩形，命名为“形状 01”。展开【效果控件】面板中的“形状”控件，将“变换”属性中的“等比缩放”取消，然后将水平缩放调大，垂直缩放调小，并将形状的中心点拖动到线条中心位置，以实现由中心向两端展开的动画效果，参考设置如图 8-15 所示。

制作灵动的线条文字动画

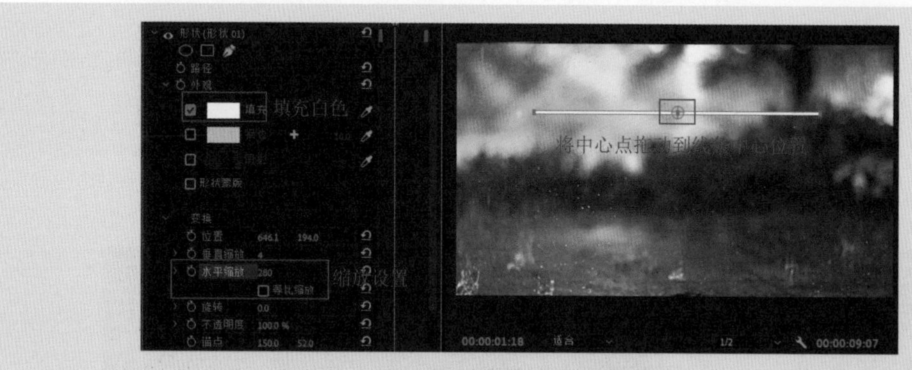

图 8-15　形状 01 的基本设置

为了使线条有一定的立体感，可以适当添加一些阴影效果，如图 8-16 所示。

图 8-16　为形状 01 添加阴影效果

（2）复制制作好的线条，并重命名为“形状 02”，然后调整位置即可，如图 8-17 所示。

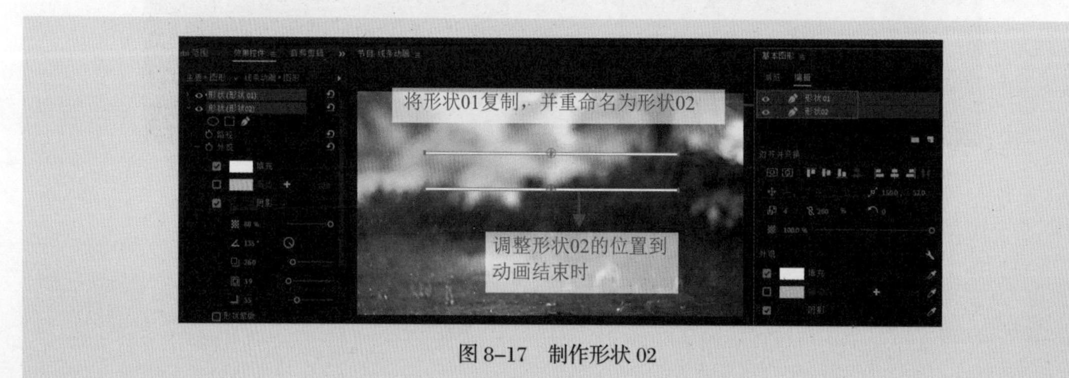

图 8-17　制作形状 02

（3）制作两组文字，设置外观样式，调整到动画结束时的位置，如图 8-18 所示。

2．制作两个线条的动画效果

（1）为形状 01 的“水平缩放”属性添加关键帧，第 0 帧动画开始，水平缩放为 0，第 2 秒动画结束，水平缩放为 280，实现形状 01 由中心向外展开的效果，如图 8-19 和图 8-20 所示。

图 8–18　添加文字后的效果

图 8–19　动画开始处形状 01 水平缩放为 0

图 8–20　形状 01 展开后的效果

（2）为形状 02 添加位置和不透明度动画，先在第 3 秒 24 帧为形状 02 的“位置”和“不透明度”属性添加关键帧，参数值不变，作为动画的结束点，然后将播放指示器移动到第 2 秒 01 帧，将形状 02 移动到与形状 01 重合，“不透明度”调为 0%，作为动画的开始点，实现形状 02 自形状 01 处向下移动，并逐渐显示出来的效果，如图 8–21、图 8–22、图 8–23 所示。

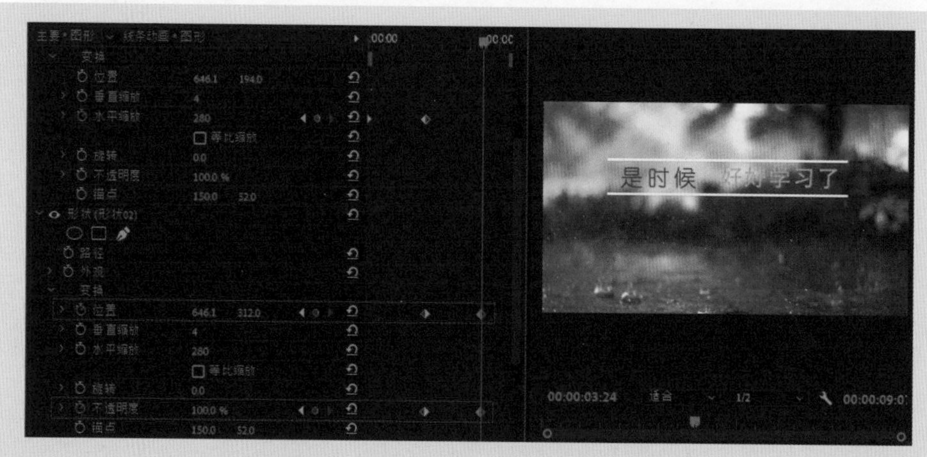

图 8-21　位置和不透明度动画的起始点效果

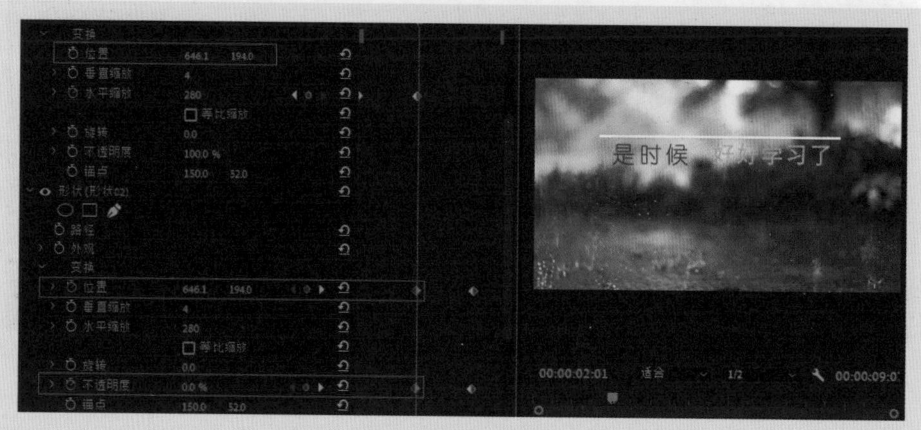

图 8-22　位置和不透明度动画的结束点效果

图 8-23　形状 02 的中间动画效果

（3）为了让动画更生动，分别选中形状 01 的水平缩放关键帧和形状 02 的位置关键帧，右击并选择“自动贝塞尔曲线”命令，然后调节速率曲线形状，如图 8-24 和图 8-25 所示。

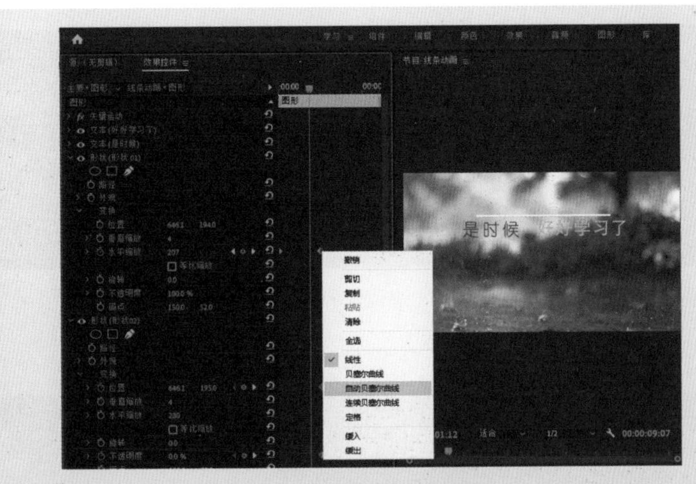

图 8-24　添加自动贝塞尔曲线

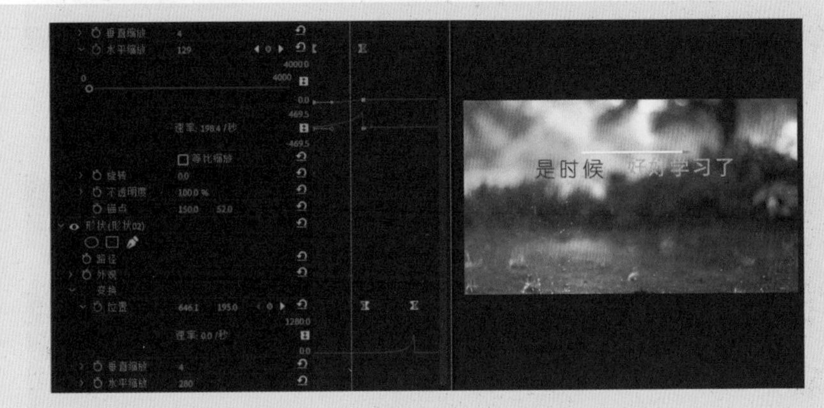

图 8-25　调节速率曲线，使动画更生动

3．制作文字随线条出现的效果

（1）分别为两组文字添加蒙版，调节大小至刚好能将文本内容包含进去，如图 8-26 所示。

图 8-26　为文字添加蒙版

（2）展开两组文字的“文本”控件，为“变换”选项中的“位置”属性添加关键帧动画，制作文字由上到下随线条形状 02 出现的效果。左边的文字动画在第 3 秒 11 帧开始，第 4 秒 01 帧结束，相关设置如图 8-27 和图 8-28 所示。右边的文字动画在第 3 秒 23 帧开始，第 4 秒 06 帧结束，相关设置如图 8-29 和图 8-30 所示。

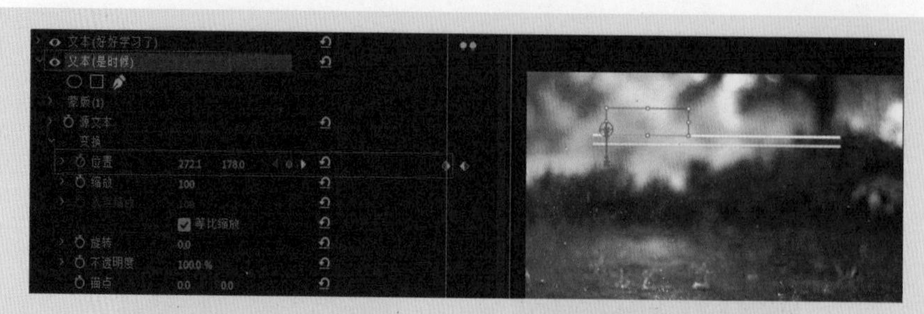

图 8-27　左边文字动画开始

图 8-28　左边文字动画结束

图 8-29　右边文字动画开始

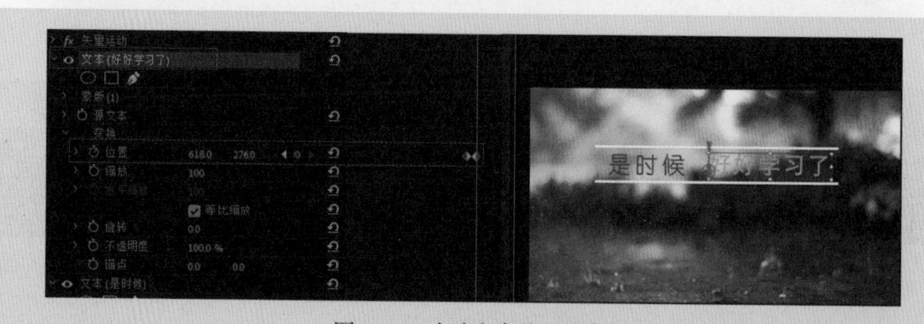

图 8-30　右边文字动画结束

（3）为了让文字出现的动画更生动，也为其设置贝塞尔曲线效果，如图 8-31 所示。两组文字的制作方法相同，第二组文字稍晚一点儿出现即可，这里不赘述。

（4）制作上方线条与文字向下合并效果，方法同上。具体设置如图 8-32 和图 8-33 所示。

至此，动画效果制作完成，如果要实现线条最后淡出画面的效果，可以分别为其添加不透明度动画，大家可自行完成。

图 8-31 为文字关键帧添加贝塞尔曲线效果

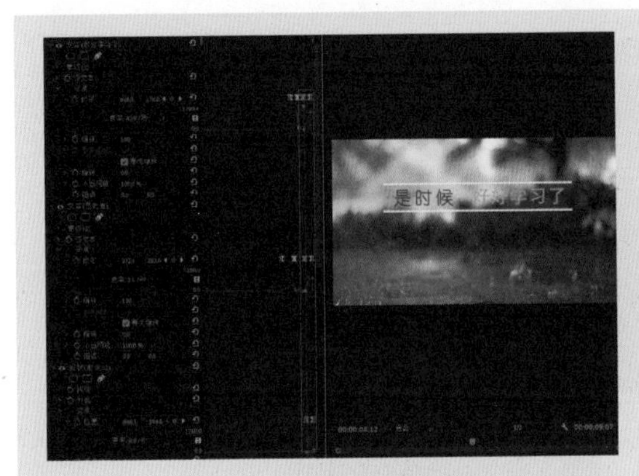

图 8-32 合并动画开始点

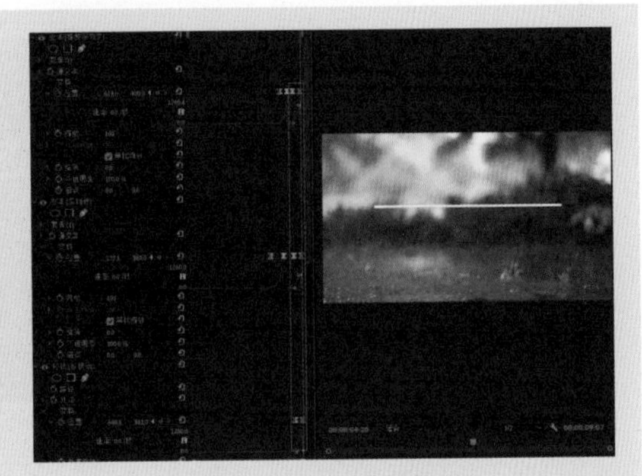

图 8-33 合并动画结束点

任务 3 青出于蓝而胜于蓝——从自带模板到创建模板

Premiere 中提供了自带的图形模板用于字幕制作。模板提供了相应的图形区域结构设置，如字幕的整体框架、文本的字体类型和运动等。

1．应用自带的动态图形模板

在【基本图形】面板选择“浏览”选项卡，可浏览 Adobe Stock（Adobe Stock 是用于交易视频素材、动态图形模板、照片等内容的市场）中的动态图形模板（.mogrt 文件）。拖动左下方的圆形滑块可以调整预览的大小，单击“排序”按钮，可以选择排序方式，以方便查找。选中某个模板拖曳到时间轴轨道中，便可以根据需要进行自定义修改，如图 8-34 所示。

2．存储自己的动态图形模板

可以将自己设计的文字图形动画存储为模板，以方便重复使用。在时间轴中选中设计好的字幕片段，单击“文件”菜单，选择“导出→动态图形模板”命令，如图 8-35 所示。然后会弹出“导出为动态图形模板”对话框，修改名称，选择保存位置，单击“确定”按钮，导出进度条结束后，模板保存成功，如图 8-36 所示。

图 8–34　应用自带的图形模板

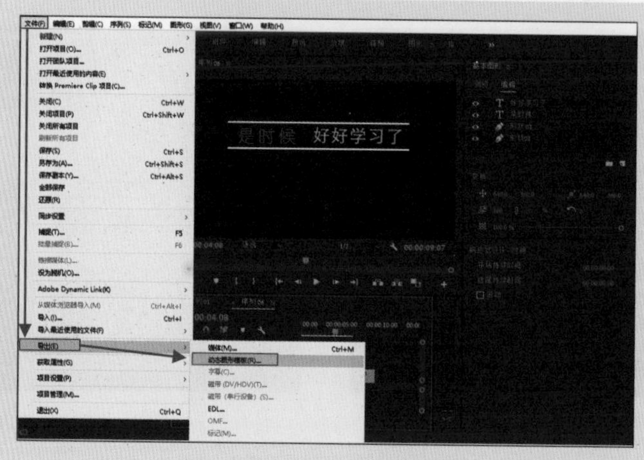

图 8–35　导出动态图形模板

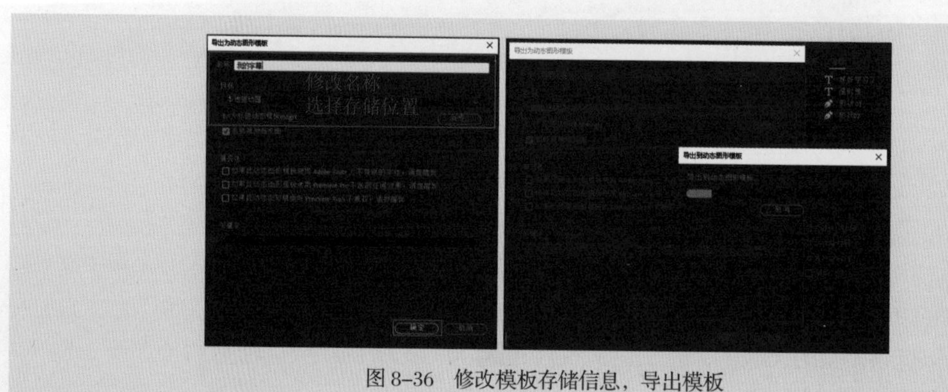

图 8–36　修改模板存储信息，导出模板

3．安装动态图形模板

可以将自己制作并保存的或从网上下载后存储到计算机中的动态图形模板（.mogrt 文件）安装到 Premiere 中。单击【基本图形】面板底部的“安装动态图形模板”按钮，如图 8–37 所示，可导航到保存动态图形模板的文件夹，选择一个想要使用的 .mogrt 文件，然后单击“打开”按钮，将该模板加载到软件中，即可通过【基本图形】面板使用，如图 8–38 所示。

图 8-37　安装自己存储的模板

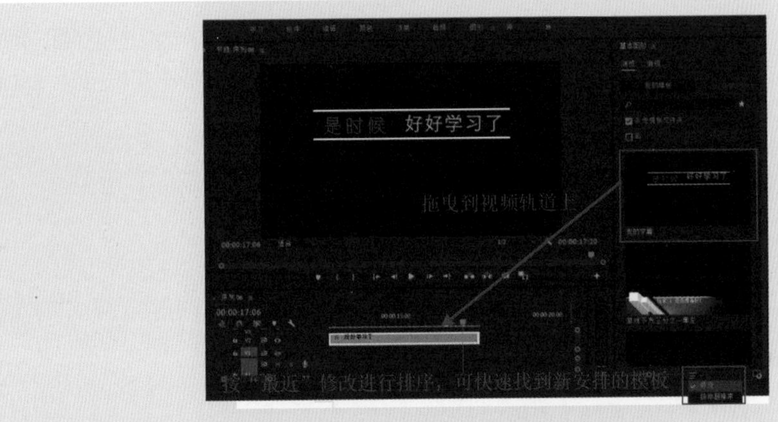

图 8-38　应用新安装的图形模板

要点总结

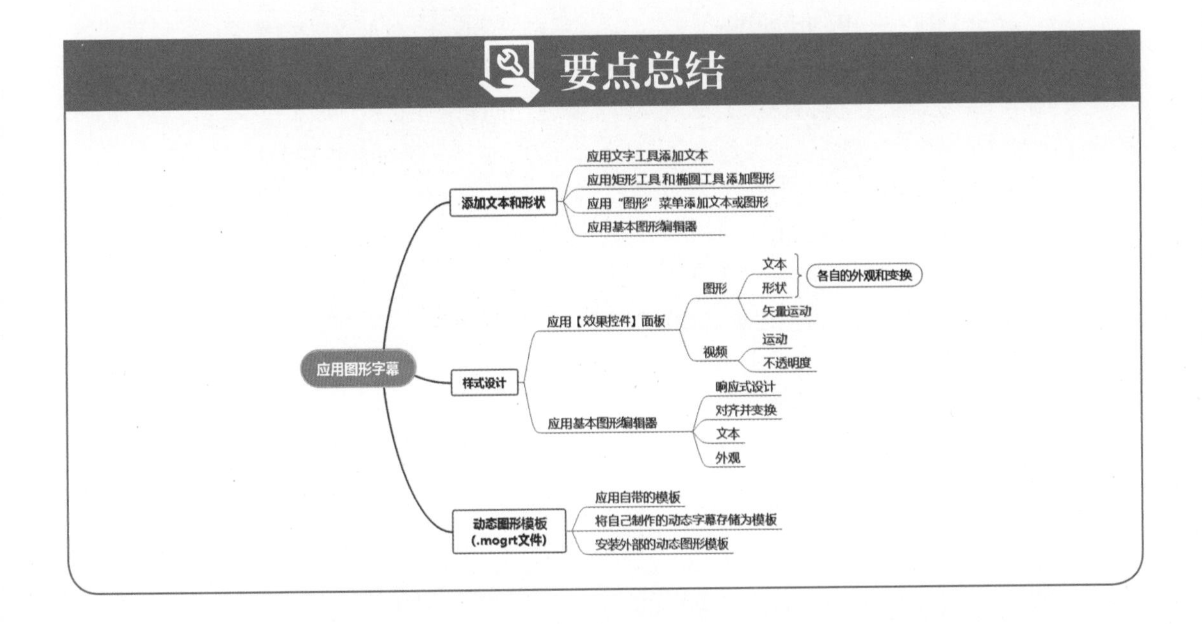

实践训练

选择一部电影或电视剧，为其设计制作片头字幕效果，包括影片名称、制作组、演员（角色）说明等信息。

课后习题

（一）单项选择题

1. 通过“图形”菜单的“新建图层”，不能直接创建的图层是（　　）。

A. 文本　　B. 圆形　　C. 矩形　　D. 椭圆

2. 新建文本图层的快捷键是（　　）。

A. Ctrl+C　　B. Ctrl+N　　C. Ctrl+T　　D. Ctrl+S

3. 在基本图形编辑器中，表示（　　）。

A. 切换动画的位置　　B. 切换动画的锚点　　C. 切换动画的比例　　D. 切换动画的旋转

4. 当创建了一个文本图层以后，在【效果控件】面板中选择哪个选项可以制作文本自身的动画，而不是层的动画？（　　）

A. 文本　　B. 矢量运动

C. 变换　　D. 不能实现这样的效果

5. 以下不能添加文本图层的操作是（　　）。

A. 在【工具】面板中选择文字工具，然后在【节目监视器】面板中单击

B. 单击“图形”菜单，选择“新建图层”中的“文本”命令

C. 在基本图形编辑器中，单击“新建图层”按钮，选择“文本”选项

D. 使用选择工具，在【节目监视器】面板中双击鼠标

6. 以下不属于基本图形编辑器中的属性设置的是（　　）。

A. 对齐并变换　　B. 时间重映射　　C. 响应式设计　　D. 外观

（二）多项选择题

1. 要制作一根线条从中间向两端展开的效果，需要进行的操作有（　　）。

A. 为“水平缩放”属性添加关建帧　　B. 为“位置”属性添加关键帧

C. 将中心点移动到线条的中心　　D. 取消“等比缩放”

2. 下列可以新建文本图层的操作有（　　）。

A. 按快捷键 Ctrl+T

B. 单击“图形”菜单，选择“新建图层”中的“文本”命令

C. 按快捷键 Ctrl+N

D. 单击“文件”菜单，选择“新建”命令

3. 利用“图形”菜单可以创建的形状有（　　）。

A. 矩形　　B. 圆形　　C. 椭圆　　D. 直线

4. 以下可以在基本图形编辑器中进行的操作有（　　）。

A. 新建图层　　B. 设置水平居中对齐

C. 调整位置　　D. 设置填充颜色

5. 下列关于在 Premiere 中应用字幕的说法正确的有（　　）。

A. 添加了字幕后，不能在轨道上进行裁切

B. 使用文字工具可直接在预览窗口中输入字幕内容

C. 可以设置字幕的字体、颜色等样式

D. 可以借助一些设计工具制作漂亮的字幕

（三）判断题

1. 基本图形编辑器支持以图层的方式快捷地建立文字、形状等，图层之间可以建立响应。（　　）

2. 通过“图形”菜单的“新建图层”，不能直接创建直排文本。（　　）

3. 在基本图形编辑器中，不能为文本设置填充颜色。（　　）

第五单元

赤橙黄绿青蓝紫，谁持彩练当空舞？——画面调色

调色在影视作品中不仅能还原自然界的丰富色彩，而且能增强影视画面的表现力和感染力。画面的不同色调会带给观众不同的心理感受，比如红、黄的暖色调给人一种喜庆、欢快、愉悦的氛围，而黑、蓝的冷色调则给人带来恐惧、失望、悲伤的情感。

在本单元中，我们就将一起感受“赤橙黄绿青蓝紫”营造的情感氛围，让你拥有“谁持彩练当空舞”的画面调色技能，从而让你的视频作品既有情感，又别具风格。

单元导学

项目层次	基础项目	提升项目
项目名称	项目 9：最是橙黄橘绿时—— 试一试 Premiere 调色的 4 种小方法	项目 10：王者？用好这个就够了—— 用 Lumetri 颜色调出冬日暖阳
学习目标	1. 知道为什么要调色 2. 理解加色和减色模型、相邻色和互补色、HSL 色彩空间 3. 能够应用“色阶”和“曲线”进行基础校色 4. 熟悉“通道混合器”的应用 5. 学会应用“颜色平衡”进行画面调色	1. 学会应用【Lumetri 范围】查看图像颜色分布，精准定位画面问题 2. 能使用【Lumetri 颜色】中的“基本校正”模块进行白平衡修正和画面亮度调节 3. 灵活应用【Lumetri 颜色】中的“创意”“曲线”模块设计画面的色彩风格 4. 学会使用【Lumetri 颜色】中的“色轮和匹配”模块进行色调的调整和颜色的匹配 5. 熟悉【Lumetri 颜色】的局部调色方法 6. 学会使用【Lumetri 颜色】的“晕影”模块进行影片的暗角处理
预期效果	对色彩有较深刻的理解，能熟练使用 Premiere 中的常用调色工具进行基础的校色和调色处理	理解调色的整体思路，能灵活应用【Lumetri 颜色】进行影片的综合调色处理
建议学时	4（理论 2 学时、实践 2 学时）	4（理论 2 学时、实践 2 学时）

09 项目 9

最是橙黄橘绿时——试一试 Premiere 调色的 4 种小方法

项目描述

数字摄像机的“色彩还原”不如模拟摄像机，也就是说，用数字摄像机拍摄出来的画面放到计算机里观看时，没有模拟摄像机拍摄出来的画面色彩鲜艳。为了弥补数字摄像机的这一不足，通常会在后期制作中，通过调色来实现画面的丰富多彩。更多时候，调色是作品剧情的需要，通过改变画面的色调来表达想法。下面通过学习 Premiere 中调色的 4 种方法，一起来感受色彩的魅力。

项目分析

1. 项目所需素材

项目所需素材如图 9-1 所示。

图 9-1　项目所需素材

2. 制作要求

分别应用色阶、RGB 曲线、通道混合器和颜色平衡调色工具对画面进行色彩处理。

3. 样片展示

调色工具应用效果展示如图 9-2 所示。

图 9-2　调色工具应用效果展示

应用“通道混合器”前　应用“通道混合器”后　应用“通道混合器”前　应用“通道混合器”后

应用“通道混合器”前　应用“通道混合器”后　应用“颜色平衡”前　应用“颜色平衡”后

图 9-2　调色工具应用效果展示（续）

项目制作

任务 1　色彩，你真的认识吗？——色彩基础知识

想要更具针对性地进行影视作品的调色处理，首先要理解 RGB、CMYK、HSL、互补色等色彩基础知识。大部分后期调色工具都是建立在这些色彩模型之上的。

1．RGB 和 CMYK

没有光线就没有色彩。而在自然界中，我们一共可以看到两种类型的光线。

第一种是物体自身发出光线，比如灯泡、显示器、电视等。通过三棱镜的实验，我们认识到自然界中的白光并不是单色光，用棱镜色散之后会看到组成白光的多种色光，如图 9-3 所示。白色光线是由这些五彩光线相加形成的，所以这些自发光的物体对应的就是加色模型。

第二种是物体反射的光线，比如颜料、涂料、印刷品等。这些物体吸收了一部分光线，而反射剩下的一些光线，从而显示出不同的色彩，如图 9-4 所示。因此这些反射出来的颜色对应减色模型。

图 9-3　加色模型原理

图 9-4　减色模型原理

无论是哪种色彩模型，首先我们都要定义一个概念——原色。原色是不能通过其他颜色混合而得

出的“基本色”。

在加色模型中，一共有红（R）、绿（G）、蓝（B）三原色。而红绿蓝三原色两两混合，可以形成黄、青、品红 3 种二次色。继续混合，则能调出各种各样的颜色，如图 9-5 所示。

与加色模型不同，在减色模型中，三原色变成了青（C）、品红（M）、黄（Y），如图 9-6 所示。

在大规模打印中，青品黄颜料混合而成的黑色，并不是纯黑，且成本太高。因此印刷机还有专门的黑色（K）墨水。CMYK 中的 K 就是指的这个黑色。

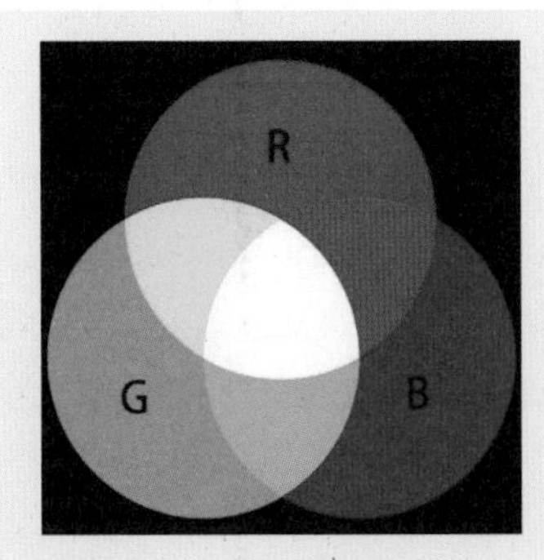

图 9-5 加色模型 RGB

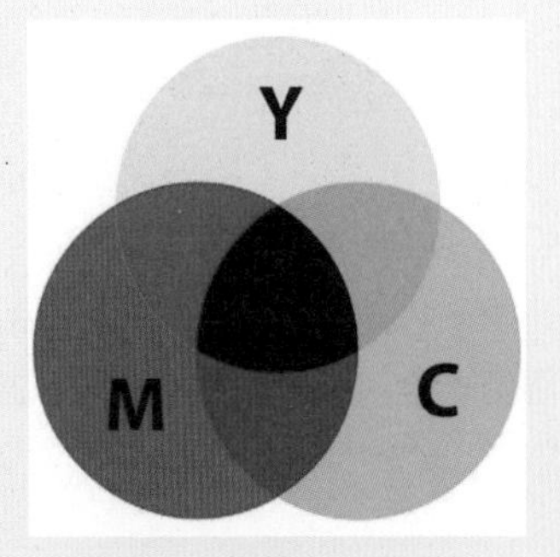

图 9-6 减色模型 CMYK

2．HSL 色彩空间

HSL 是色相（Hue）、饱和度（Saturation）和亮度（Lightness）这 3 个颜色属性的简称。HSL 色彩空间可以更加直观地表达颜色。

色相是色彩的基本属性，就是人们平常所说的颜色名称，如紫色、青色、品红等。我们可以在一个圆环上表示出所有的色相，如图 9-7 所示。

色环上的 0° 、120° 、240° 位置分别对应 RGB 模型的红、绿、蓝三原色。

三原色两两混合形成了二次色。比如黄色（60° ）就是由红色和绿色混合而成；蓝色和绿色相加则形成青色（180° ）；品红（300° ）则由红蓝两色组成。

三原色和二次色之间还有丰富的复色色相过渡，比如 270° 的紫色介于品红和蓝色之间，30° 的橙色则是由红色和黄色混合而成。

饱和度指的是色彩的鲜艳程度，也就是色彩的纯度。如果觉得一个色彩不够鲜艳，可以提升饱和度的数值，反过来如果觉得色彩很鲜艳，就可以降低饱和度的数值，当降到最低的时候，色彩消失成为灰度图像，如图 9-8 所示。

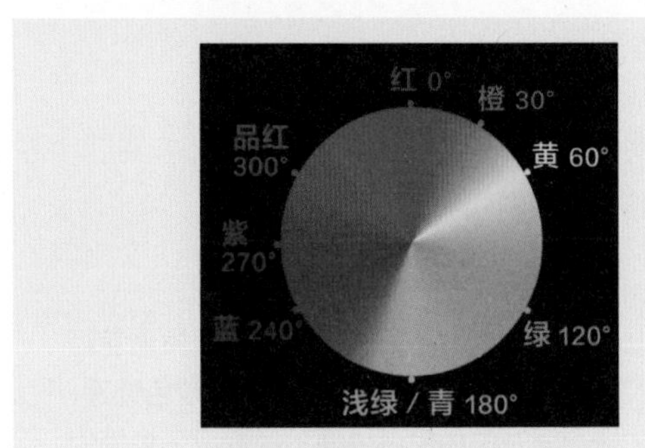

图 9-7 色相环

图 9-8 饱和度

亮度指的是色彩的明暗程度，亮度越高，色彩越白；亮度越低，色彩越黑，如图 9-9 所示。

图 9-9　亮度

3．相邻色与互补色

无论是 RGB 还是 CMYK，虽然它们的原色不同，但是颜色之间的混合关系却是相同的，比如绿色和红色，混合出来的都是黄色。

我们把一种颜色相邻的两种颜色，叫作它的相邻色。青色的相邻色是绿色和蓝色，绿色的相邻色是黄色和青色。而一种颜色对面的颜色，叫作它的互补色。比如红色的互补色是青色，绿色的互补色是品红，如图 9-10 所示。

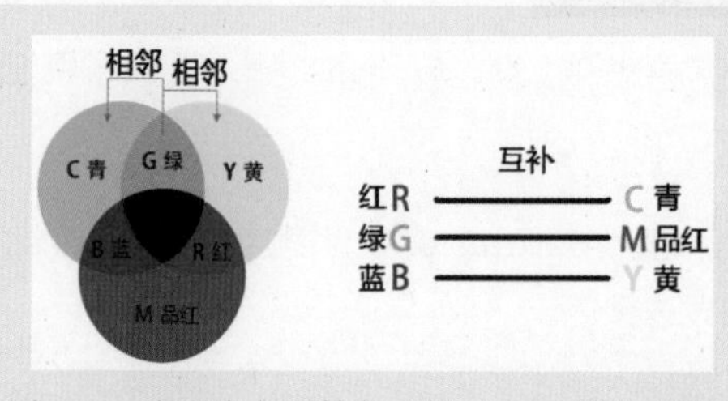

图 9-10　相邻色与互补色（以 CMYK 模型为例）

相邻色和互补色是我们调色的一个重要依据。如果要增加一种颜色，一共有两种方式，一是增加它的相邻色，二是减少它的互补色。同理，要减少一种颜色，也有两种方式，一是减少它的相邻色，二是增加它的互补色。

例如红色的互补色是青色，相邻色是品红和黄色，那么红色的变化就与青色、品红和黄色相关，要增加红色，就需要增加品红和黄色，减少青色。

任务 2　青山绿水蓝天——应用“色阶”进行基础校色

应用“色阶”进行基础校色的步骤如下。

（1）导入视频素材“青山 .MTS”，并将其拖曳到视频轨道，观察视频画面，可以发现画面明暗对比不够强烈，整体偏灰，画面看上去不够通透，如图 9-11 所示。

对于实拍的素材，经常会有色温或白平衡上的偏差，或由于天气不好、空气质量差等原因而产生画面亮度不够、缺乏对比度等问题，所以在调色之前，先对素材进行校色处理，还原素材本来的面目，再开始调色，往往事半功倍。同时校色也可以使不同情况下拍摄的视频素材匹配某一种特定的色调，体现影片的总体基调。

（2）在【效果】面板中依次展开“视频效果→调整”素材箱，选中“色阶”效果，将其拖曳到视频轨道的素材片段上，然后在【效果控件】面板中展开“色阶”控件，如图 9-11 所示。

图 9-11　原始素材画面及添加“色阶”效果

（3）单击“设置”按钮，打开“色阶设置”界面，选择 RGB 通道，可以分析并校正画面的整体亮度问题。通过直方图的像素分布可以看出，画面中最亮和最暗的区域缺少颜色信息，从而导致画面对比度不强、明暗层次不够等问题。通过向左拖动右边的白色三角滑块，增加画面亮部信息，向右拖动左边的黑色三角滑块，增加画面暗部信息，从而使画面明暗对比加强，有效提升画面的层次感，如图 9-12 所示。

图 9-12　色阶设置及整体亮度调节前后效果对比

（4）分别选择 R、G、B 通道，可以有针对性地对某个单一的颜色亮度问题进行校正，从而可以使画面产生某种色彩倾向或是让某一种颜色更鲜明。比如，在前面整体亮度校正的基础上，再次选择红色通道，然后在“输入色阶”中向右拖动黑色三角滑块，增加红色通道中的暗部信息；在“输出色阶”中，向左拖动白色三角滑块，将红色通道的整体亮度降低，于是画面中红色信息大量减少，绿色更加鲜明，如图 9-13 所示。

图 9-13　红色通道色阶设置及调节前后效果对比

知识补充 13

知识补充 13：认识色阶（扫描二维码学习）

任务 3　白草红叶黄花——应用“RGB 曲线”进行基础校色

应用“RGB 曲线”进行基础校色的步骤如下。

（1）导入素材并观察画面存在的问题，可以发现画面对比度不强，整体看上去灰蒙蒙的，如图 9-14 所示。当然，这个问题可以用前面学过的色阶来进行解决，还可以使用 RGB 曲线来进行校正。

（2）在【效果】面板中依次展开“视频效果→过时”素材箱，选中“RGB 曲线”，如图 9-15 所示，将其拖曳到视频轨道的素材片段上。

图 9-14　原始素材画面

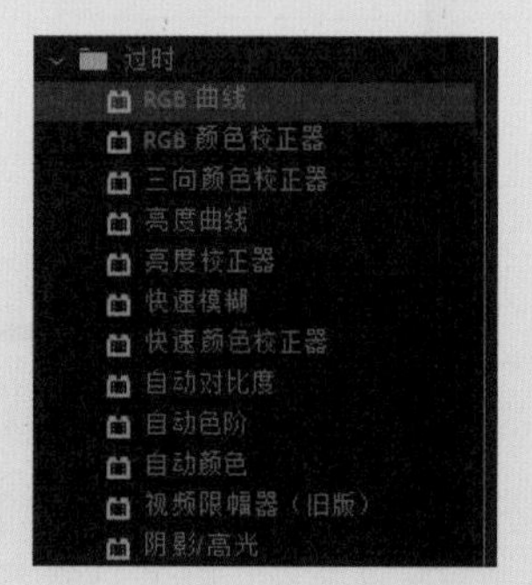

图 9-15　选中“RGB 曲线”

（3）在【效果控件】面板中展开“RGB 曲线”控件，通过“主要”曲线可以调整所有通道的亮度和对比度，分别通过“红色”“绿色”“蓝色”曲线可以调节相应颜色通道的亮度和对比度。对素材的“主要”曲线进行调节的效果如图 9-16 所示。

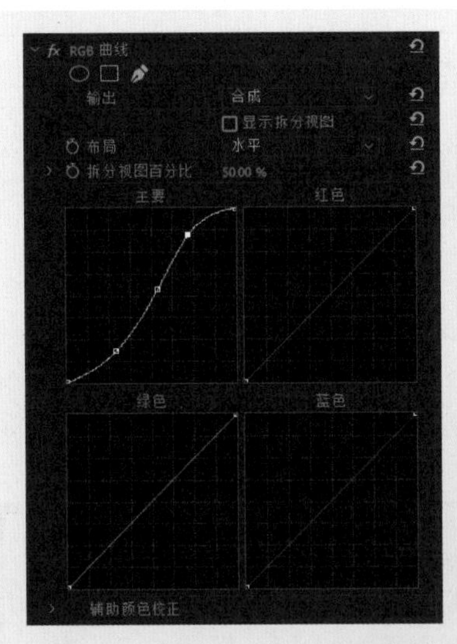

图 9-16　“主要”曲线调节及调节前后效果对比

知识补充 14：曲线详解（扫描二维码学习）

任务 4　暗暗淡淡，融融冶冶——应用“通道混合器”调出艺术色彩

1．认识通道混合器

通道混合器是一个很有用的滤镜，可以弥补画面上某个颜色通道的不足，也可以使一个颜色通道里的信息作用于另一个颜色通道。在【效果】面板中依次展开“视频效果→颜色校正”素材箱，选择“通道混合器”效果，将其拖曳到视频轨道的素材片段上，然后在【效果控件】面板中展开“通道混合器”控件，设置相应的参数，对素材进行色彩处理，如图 9-17 所示。

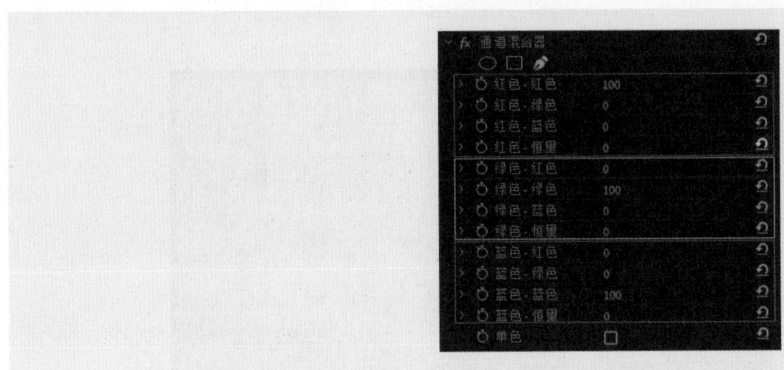

图 9-17　“通道混合器”控件

由于画面通常分为 3 个颜色通道（R、G、B），所以该效果也分为 3 个部分来进行设置。以第

一组红色通道为例：红色 – 红色，向红色通道增加红色，也就是说后面是目标通道，前面是需要增加的颜色；红色 – 绿色，向绿色通道增加红色；红色 – 蓝色，向蓝色通道增加红色；红色 – 恒量，红色通道的对比度，如果调大该数值，则向各个通道增加红色信息。其余通道部分的原理与此相同。

应用通道混合器可以设计 3 种画面效果：为画面单独添加一个颜色通道的值，使其具有某种艺术效果；制作高质量的灰度图像；制作色调图像。

2. 制作艺术效果——最美夕阳红

（1）导入素材，为其添加“通道混合器”效果。我们要将画面调为夕阳色，为了不盲目地调整，首先分析一下画面特点。画面中大部分色彩是蓝色，为了达到夕阳的效果，需要向蓝色通道增加红色。但这时发现，蓝色加红色，混合后的颜色是品红色，不是我们想要的夕阳的红色，如图 9–18 所示。

图 9–18　向蓝色通道增加红色

（2）这时我们需要降低蓝色通道的对比度，这样天空的颜色就被调为红色，如图 9–19 所示。

图 9–19　减小“蓝色 – 恒量”值

（3）既然是夕阳，那么草地也要有点红色，所以要向绿色里增加一点红色，如图 9–20 所示。

图 9–20　向绿色通道增加红色

（4）为了使画面不至于太红，需要保留一点天空和草地的颜色，所以要向蓝色和绿色通道里增加一点绿色，最终效果如图 9-21 所示。

图 9-21　分别向绿色通道和蓝色通道增加绿色

3. 制作高质量的灰度图像

（1）导入素材，应用“通道混合器”效果，然后勾选“单色”复选框，去掉画面原有的色彩，制作出黑白效果，如图 9-22 所示。相较于其他调色工具，应用“通道混合器”效果制作出的黑白效果能很好地保留画面的明暗层次。例如，使用“黑白”效果和“色彩”效果来制作黑白图，其人物的脸部是很平淡的灰，如图 9-23 所示。

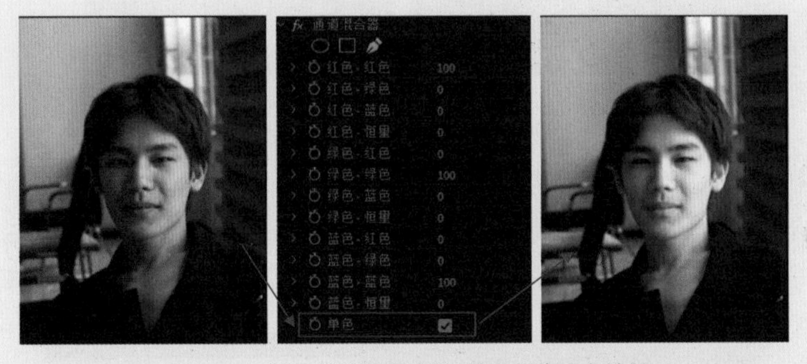

图 9-22　应用“通道混合器”效果制作黑白效果

图 9-23　使用“黑白”效果和“色彩”效果制作黑白图

（2）勾选“单色”复选框后，通道混合器只有最上面的一组属性值起作用，红色通道变成白色，绿色通道和蓝色通道变为黑色，对数值的调整相当于对画面各通道亮度的调整，如图 9-24 所示，通过对参数值的调整，增强画面的明暗层次。

4. 制作老电影效果

（1）为素材片段添加一个“通道混合器”效果，勾选“单色”复选框，去掉图像的原始色彩，如图 9-25 所示。

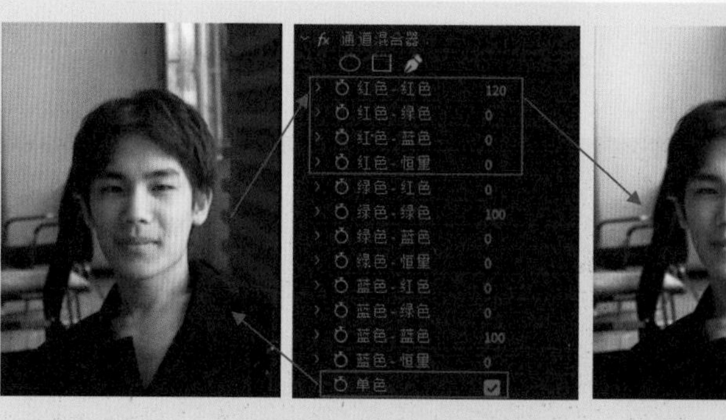

图 9–24　单色属性设置

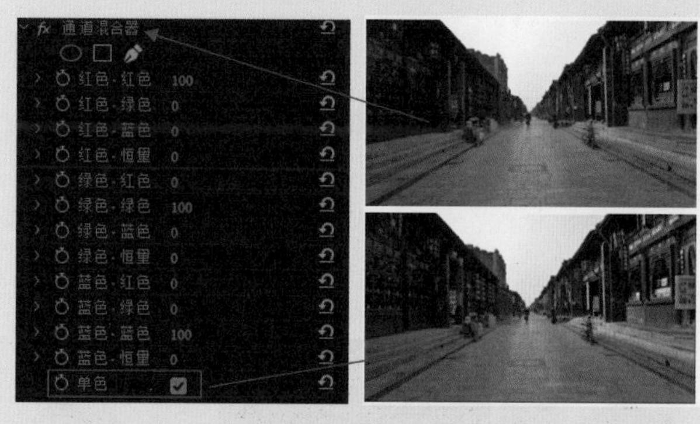

图 9–25　应用“通道混合器”效果去色

（2）添加一个“通道混合器”，并在上面调整颜色。因为老电影的色彩是一种发黄、发旧的颜色风格，所以在调节时可以根据颜色混合的效果有针对性地进行设置，比如绿色加红色，混合后是黄色，可以提高绿色通道的对比度，并且向各个通道里增加红色，最终设置及效果如图 9–26 所示。

图 9–26　老电影颜色效果

任务 5　淡妆浓抹总相宜——应用“颜色平衡”改变画面色彩倾向

应用“颜色平衡”改变画面色彩倾向的步骤如下。

（1）为素材片段添加“颜色校正→颜色平衡”效果，然后在【效果控件】面板中展开该控件，色彩平衡通过对画面阴影、高光、中间调 3 个区域的 RGB 通道的亮度调节来实现画面色彩倾向的改变，如图 9-27 所示。

图 9-27　原始素材及颜色平衡初始设置

（2）将画面调节成偏冷的色调。因为画面的主体色彩倾向主要由大部分的中间调来决定，所以要改变画面色彩倾向，可以先从中间调开始调节，增加中间调蓝色通道的亮度，然后再适当增加绿色通道的数值来平衡过于蓝的色彩；接着分别增加高光区的蓝色通道和绿色通道的数值，让画面的清冷氛围更明显；最后稍微增加阴影区红色通道数值来还原人物肤色的一些暖色成分。同时，勾选“保持发光度”复选框，以便在各通道亮度的调节过程中保持画面原有的亮度和对比度，最终参数调节及效果如图 9-28 所示。

图 9-28　色彩平衡参数调节参考及最终效果

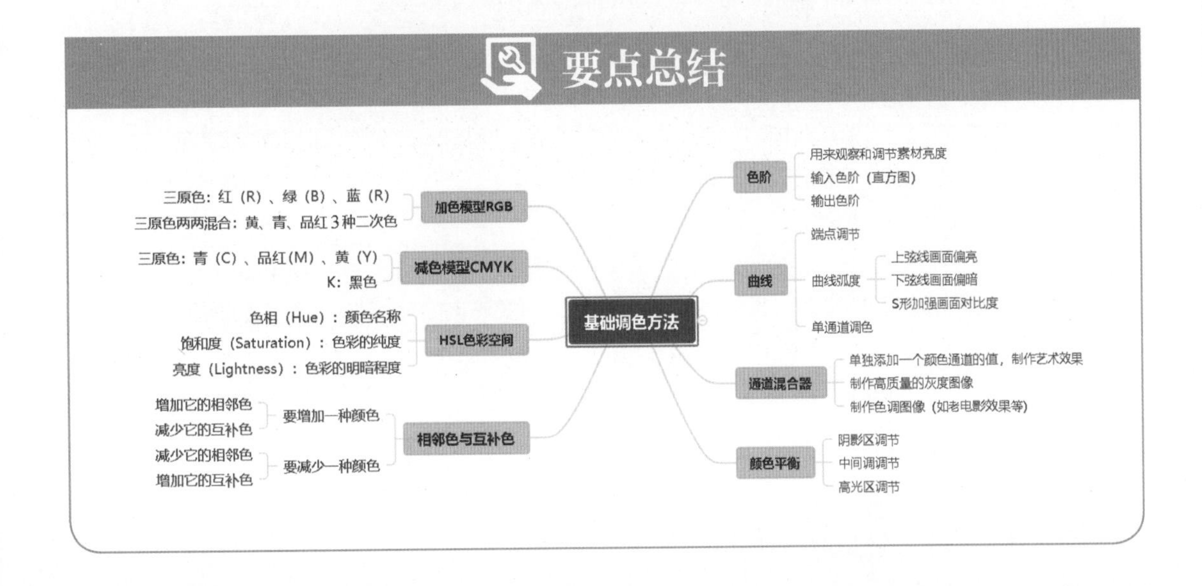

实践训练

- 分别应用“色阶”和“曲线”对素材进行基础校色处理。
- 应用“通道混合器”调节 3 种艺术色彩风格。
- 应用“颜色平衡”调节画面色彩倾向。

课后习题

（一）单项选择题

1. 与加色模型不同，在减色模型中，三原色变成了青、品红、（　　）。

A. 红　B. 绿　C. 黄　D. 蓝

2. 以下不是加色模型三原色的是（　　）。

A. 红色　B. 绿色　C. 蓝色　D. 白色

3. 在加色模型中，红绿蓝三原色两两混合，可以形成 3 种二次色，以下不是其中一种二次色的是（　　）。

A. 白色　B. 黄色　C. 青色　D. 品红色

4. 在加色模型中，三原色混合后，得出的颜色是（　　）。

A. 黑色　B. 棕色　C. 灰色　D. 白色

5. HSL 是色相、饱和度和（　　）这 3 个颜色属性的简称。

A. 色调　B. 色温　C. 亮度　D. 对比度

6. 以下不属于色阶特效中的属性调节的是（　　）。

A. （RGB）输入黑色阶　B. （RGB）输入白色阶

C. （RGB）输入灰色阶　D. （RGB）灰度系数

7. “RGB 曲线”特效通过调整素材的红色、绿色、蓝色通道和（　　）通道的数值曲线来调整 RGB 色彩值的效果。

A. 主要　B. 辅助　C. 色相　D. 饱和度

8. 通过对画面阴影、高光、中间调 3 个区域的 RGB 通道的亮度调节来实现画面色彩倾向的改变的特效是（　　）。

A. 颜色平衡　B. 色阶　C. 通道混合器　D. RGB 曲线

9. 当素材偏蓝的时候，我们可以准确地降低通道混合器（　　）通道的值，并向蓝色通道里加入其他通道的颜色来修复素材。

A. 红色　B. 绿色　C. 蓝色　D. 单色

10. 使用通道混合器制作发黄、发旧的老电影效果，需要先向素材里加入一个通道混合器，选中（　　），然后再加入一个通道混合器，并在上面调整颜色。

A. 红色　B. 绿色　C. 蓝色　D. 单色

（二）多项选择题

1. 以下属于减色模型三原色的有（　　）。

A. 青　　B. 品红　　C. 红　　D. 黄

2. 在自然界中，我们一共可以看到两种类型的光线，第一种是物体自身发出的光线，第二种是物体反射的光线，以下物体的光线属于第一种的有（　　）。

A. 颜料　　B. 灯泡　　C. 显示器　　D. 印刷品

3. 绿色的相邻色有（　　）。

A. 红色　　B. 黄色　　C. 青色　　D. 品红色

4. 黄色的相邻色有（　　）。

A. 绿色　　B. 红色　　C. 青色　　D. 品红色

5. 要增加一种颜色，可以通过（　　）方式实现。

A. 增加它的互补色　　B. 增加它的相邻色

C. 减少它的相邻色　　D. 减少它的互补色

6. 要调节素材的明暗对比，以下比较合适的工具有（　　）。

A. 颜色平衡　　B. RGB 曲线　　C. 更改颜色　　D. 色阶

7. 以下属于颜色平衡特效中的属性调节的有（　　）。

A. 阴影红色平衡　　B. 高光绿色平衡　　C. 保持发光度　　D. 灰度系数

（三）判断题

1. 没有光线就没有色彩。（　　）

2. 自然界中的白色光是单色光。（　　）

3. 在加色模型中，三原色是红、绿、蓝。（　　）

4. CMYK 中的最后一个 K，是由青品黄颜料混合成的黑色。（　　）

5. 我们要增加一种颜色，一共有两种方式：一是增加它的互补色，二是减少它的相邻色。（　　）

6. 色相指的是色彩的明暗程度，色相值越高，色彩越白；色相越低，色彩越黑。（　　）

7. 饱和度指的是色彩的鲜艳程度，也就是色彩的纯度。（　　）

8. 使用 RGB 曲线时，将曲线调节成 S 形，可以增强画面的对比度。（　　）

9. 通道混合器可以弥补画面上某个颜色通道的不足，也可以使一个颜色通道里的信息作用于另一个颜色通道。（　　）

10. 通道混合器“红色 - 绿色”通道是向红色通道增加绿色。（　　）

11. 在通道混合器中勾选“单色”复选框后，可以制作出黑白效果。（　　）

王者？用好这个就够了——用 Lumetri 颜色调出冬日暖阳

项目描述

各种色彩组成了视频中不同的明暗反差和不同色度的画面效果，对色彩处理的不同倾向，形成了各种各样的色调形式。色彩可以烘托影片氛围，表现影片的风格，还可以表达人物情感，展现整部影片的总体情绪。用好色彩，能让你的作品讲述更精彩的故事，起到此时无声胜有声的效果。

如何调出一个有故事的色彩？下面我们通过学习本项目掌握用 Lumetri 颜色调色的方式。

项目分析

1. 项目所需素材

读者可以自行拍摄视频素材，结合本项目所讲解的调色思路和方法进行画面色彩的调节。本项目所提供的素材如图 10-1 所示。

图 10-1　原始素材

2. 制作要求

先针对要调节的素材画面进行分析，找到画面光线色彩方面存在的问题，然后利用【Lumetri 颜色】进行综合处理，最后将偏冷的画面调节成暖色调，同时要确保调色的各个环节是独立的，以方便随时进行修改、完善。

3. 样片效果

原始素材及调色前后效果对比如图 10-2 所示。

图 10-2　原始素材及调色前后效果对比

项目制作

任务 1　不畏浮云遮望眼——应用【Lumetri 范围】查看问题

单击“窗口”菜单，选择“工作区→颜色”命令，或从工作区切换器中选择“颜色”，进入 Premiere 提供的预设颜色工作区，以便更加快速和高效地进行调色工作。进入颜色工作区后，【节目监视器】面板的右侧会自动打开【Lumetri 颜色】面板，在【节目监视器】面板的左侧可切换打开【Lumetri 范围】面板，如图 10-3 所示。

图 10-3　Premiere 颜色工作区

在【Lumetri 范围】面板中分析素材存在的问题，以便进行有针对性的校正。通过亮度波形可以看出，亮部细节不够多（80 ~ 100 的像素很少），暗部亮度不够低（0 ~ 10 缺少像素），所以整体其实是有些平淡的，明暗层次不够，如图 10-4 所示。

图 10-4　【Lumetri 范围】显示画面问题

知识补充 15

知识补充 15：应用【Lumetri 范围】分析画面的光线和颜色问题（扫描二维码学习）

任务 2 小园几许，收尽春光——初识【Lumetri 颜色】功能模块

【Lumetri 颜色】包括基本校正、创意、曲线、色轮和匹配、HSL 辅助、晕影共六大模块，如图 10-5 所示。

1. 基本校正模块

在基本校正模块中，包括输入 LUT、白平衡、色调和饱和度的设置，如图 10-6 所示。

（1）输入 LUT。Premiere 的自带效果，可以使用 LUT（查询表）作为起点对素材进行分级，然后使用其他颜色控件进一步调整。如果素材是使用 Log 模式拍摄的，或者是使用某些自定义相机设置的，则可以在开始调整控件之前添加“输入 LUT”，这将使图像看起来“正常”，如图 10-7 所示。

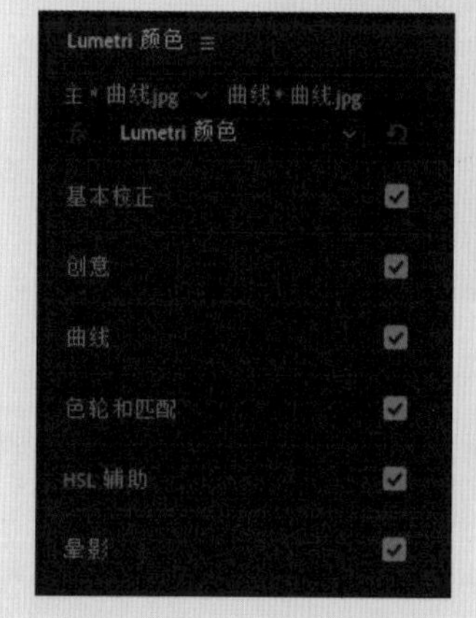

图 10-5　六大调色模块

图 10-6　“基本校正”模块

图 10-7　输入 LUT

一般选择对应摄像机配套的 LUT。LUTs 文件通常分为校准类、技术类、创意类等，此处应用的通常是校准类。一般不要加载非官方提供的 LUT 文件。

（2）白平衡。视频的白平衡反映拍摄视频时的采光条件，调整白平衡可有效地改进视频的环境色。调整白平衡的方式有以下两种。

- 应用白平衡选择器可以拾取颜色，自动进行白平衡调整。单击吸管工具，选择图像中的白色区域（在不偏色的情况下，应该是白色的区域）或中性色区域，系统会自动调整白平衡，如图 10-8 所示。从 RGB 分量显示看到红色波形亮度最高，因而画面呈现偏红的效果，单击吸管工具，在画面后方的白色建筑区域单击（注意选取中间亮度的区域，不要选择高亮和阴影区域），作为校正白平衡的参考点，然后便会自动完成白平衡的校正，如图 10-9 所示。
- 通过更改“色温”和“色彩”属性来调整白平衡。使用色温等级来微调白平衡，控制蓝色（冷）和橙色（暖），将滑块向左移动可使视频看起来偏冷色，向右移动则偏暖色。微调白平衡以补偿绿色或洋红色。要增加绿色，向左移动滑块（负值），要增加洋红色，向右移动滑块（正值）。

图 10-8　白平衡校正前

图 10-9　白平衡校正后

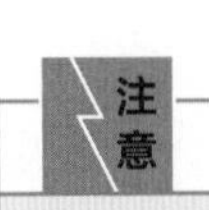

注意

有时候白平衡选择器会混淆黑色等级，在阴影中引入色偏，所以通常不建议使用自动白平衡选择器，可以手动调节色温和色彩来校正白平衡。

（3）色调。使用不同的色调控件调整视频剪辑的色调，主要有以下 8 个控件。

- 曝光：控制画面的中间调，向右拖动滑块可提升画面亮度，向左拖动滑块可降低画面亮度。
- 对比度：用来控制画面亮部和暗部的对比。对比度数值越高，亮部越亮，暗部越暗；对比度数值越低，画面整体偏灰。
- 高光：控制画面的亮部。向左拖动滑块可使高光变暗，向右拖动滑块可在最小化修剪的同时使高光变亮。如果视频过曝造成亮部细节丢失，可以通过压暗高光来恢复部分丢失的细节。
- 阴影：控制画面的暗部。向左拖动滑块可在最小化修剪的同时使阴影变暗，向右拖动滑块可使阴影变亮并恢复阴影细节。如果视频欠曝过暗，可以通过提升阴影来恢复部分暗部细节。
- 白色：控制画面亮部的修剪。对高光不进行过曝控制，如果高光的颜色值高于图像中可以表示的最高值，将发生修剪，过亮处修剪后输出为白色。向左滑动滑块会产生纯白色，使画面细节丢失；向右滑动滑块可以增加高光细节，丰富亮部层次。
- 黑色：控制画面暗部的修剪。如果高光的颜色值低于图像中可以表示的最低值，将发生修剪，过暗处修剪后输出为黑色。向左滑动滑块容易产生纯黑色，丢失画面细节；向右滑动滑块可以温和地提亮暗部，增加暗部层次。
- 重置：重置是将所有色调控件还原为原始设置。
- 自动：要设置整体色调等级，可以单击“自动”按钮。当选择“自动”时，Premiere 会设置滑块，可自动设置素材图像为最大化色调等级，即最小化高光和阴影。所有滑块可以通过双击复位。

（4）饱和度。均匀地调整视频中所有颜色的饱和度，向左拖动滑块可降低整体饱和度，向右拖动可增加整体饱和度。

图 10-10 所示为素材初始效果，画面偏暗。应用“基本校正”模块进行画面光线校正，先提高白色、略微降低黑色来拉大亮度空间，再适当调整其他参数，增加明暗层次，调节后效果及参数设置参考如图 10-11 所示。

图 10-10　调节前画面较暗

图 10-11　调节后效果及参数设置参考

2. 创意模块

创意与曲线模块

【Lumetri 颜色】的创意模块提供了各种 Look 预设效果，可以快速调整素材画面的颜色。也可以进行自然饱和度和饱和度等调整属性的设置，让影片具有独特的色彩风格。

（1）Look 预设如图 10-12 所示。常用预设效果有 3 种。

- Kodak 5218 Kodak 2395 (by Adobe)预设，可以让画面呈现电影胶片质感。
- Kodak 5218 Kodak 2383 (by Adobe)预设与第一种预设类似，但是对比度更强。
- Monochrome Kodak 5205 Fuji 3510 (by Adobe)是黑白预设，对比度更强。

“强度”用于调整应用的 Look 预设的强度。向右拖动滑块可增强应用的 Look 预设效果，向左拖动可减弱效果。

（2）调整属性的设置选项有以下 7 个，如图 10-13 所示。

- 淡化胶片：调节灰度值，使画面减淡，产生朦胧的感觉，其高光和阴影都会向中间调集中。
- 锐化：调整边缘清晰度以创建更清晰的画面。向右拖动滑块可增加边缘清晰度，向左拖动可减小边缘清晰度。边缘清晰度的增加可使画面中的细节更明显。
- 自然饱和度：调整饱和度以便在颜色接近最大饱和度时最大限度地减少修剪。该设置会更改所有低饱和度颜色的饱和度，而对高饱和度颜色的影响较小。“自然饱和度”还可以防止肤色的饱和度变得过高。
- 饱和度：均匀地调整剪辑中所有颜色的饱和度。

- 阴影色彩：调节阴影区域的颜色倾向。
- 高光色彩：调节高光区域的颜色倾向。
- 色彩平衡：在调节阴影色彩和高光色彩后，左边是高光（向左拖动会减少阴影的颜色来增加高光的颜色），右边是阴影（向右拖动会减少高光的颜色来增加阴影的颜色），中间高光和暗部达到平衡。

图 10–12　应用 Look 预设

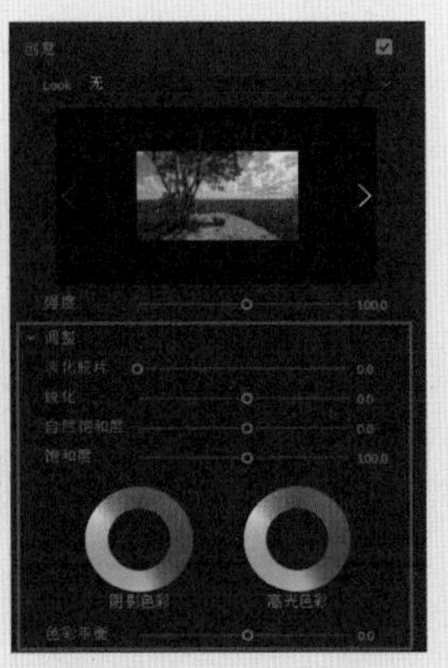

图 10–13　“调整”设置

3．曲线模块

应用【Lumetri 颜色】的曲线模块，可以进行快速和精确的颜色调整，以获得自然的外观效果。可用于编辑颜色的两种曲线类型为：RGB 曲线和色相饱和度曲线，如图 10–14 所示。

（1）RGB 曲线，可以调整亮度和色调范围。

左边的白色圆形是主曲线，控制画面的整体亮度，如图 10–15 所示。右侧红、绿、蓝色的圆形分别代表 R、G、B 这 3 个通道的亮度曲线，如图 10–16 所示。

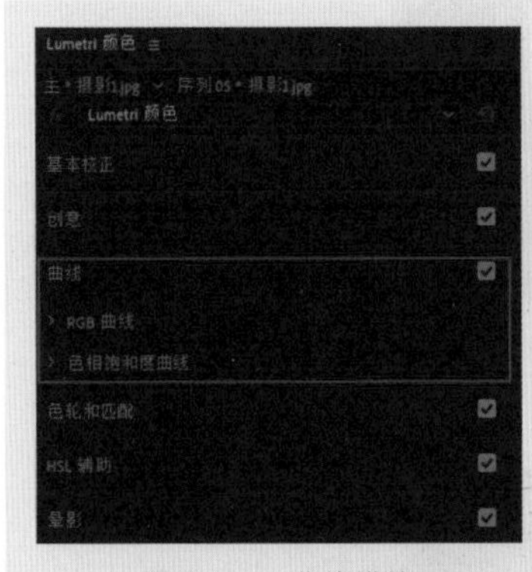

图 10–14　曲线模块

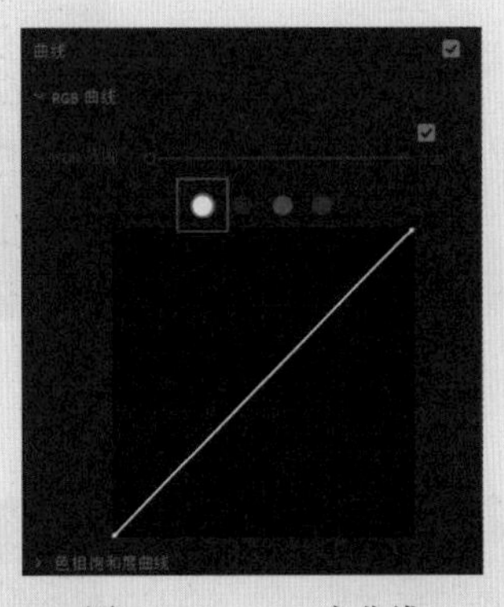

图 10–15　RGB 主曲线

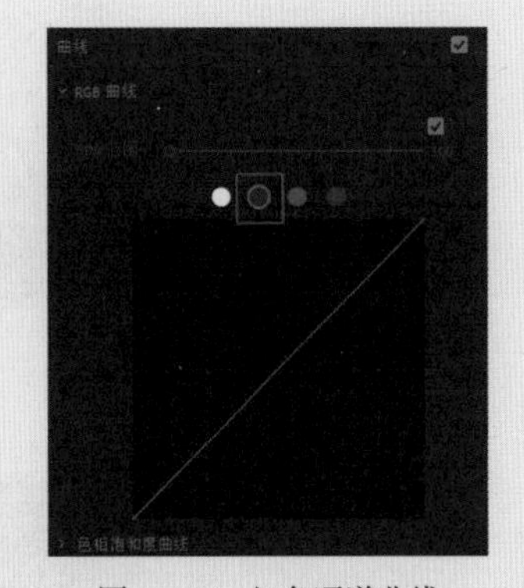

图 10–16　红色通道曲线

应用 RGB 主曲线调节亮度和对比度。向左或向下调节右上角的控制点，可以增加或减少高光；向右或向上调节左下角的控制点，可以增加或减少阴影；将曲线调节为下弦线，画面整体变暗；调节为上弦线，画面整体变亮；调节为 S 曲线，可以改变画面的对比度。图 10–17 所示为原始画面效果，为其增加高光后的效果如图 10–18 所示，增加阴影后的效果如图 10–19 所示，整体调亮后的效果如图 10–20 所示，增加对比度后的效果如图 10–21 所示。

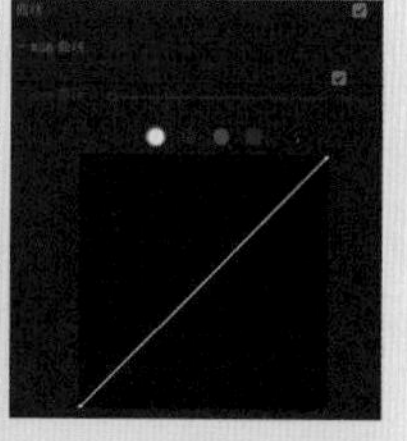

图 10-17　原始画面效果

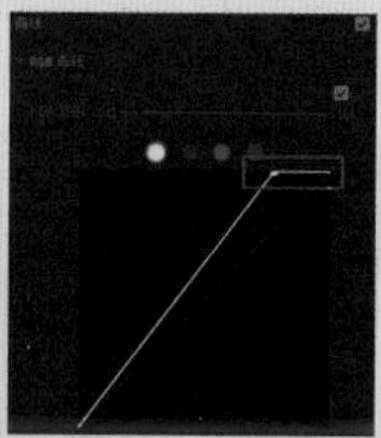

图 10-18　增加高光后的效果

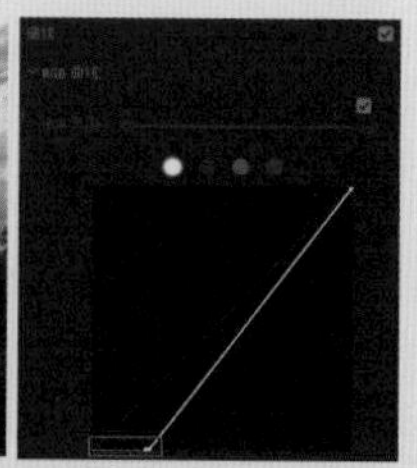

图 10-19　增加阴影后的效果

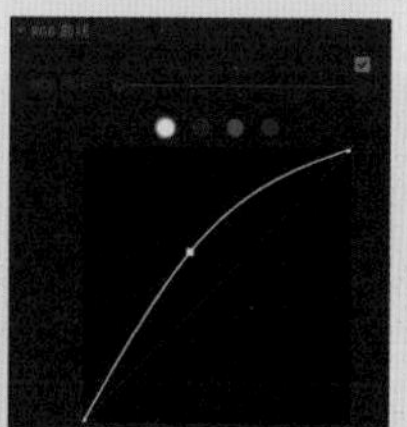

图 10-20　整体调亮后的效果

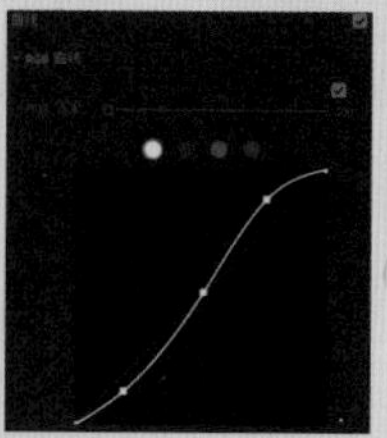

图 10-21　增加对比度后的效果

应用 R、G、B 单个通道的曲线改变画面色调。例如将以上素材调成暖色调，可以使用白色主曲线和红色通道曲线增加暖色，然后使用蓝色和绿色通道曲线来减少偏冷的蓝色和绿色，如图 10-22 所示。

图 10-22　改变画面色调

（2）色相饱和度曲线，可以基于不同类型的曲线来进行颜色调整。

- 色相与饱和度：选择色相范围并调整其饱和度水平。
- 色相与色相：选择色相范围并将其更改为另一色相。
- 色相与亮度：选择色相范围并调整亮度。
- 亮度与饱和度：选择亮度范围并调整其饱和度。
- 饱和度与饱和度：选择饱和度范围并提高或降低其饱和度。

可使用控制点来调整颜色。移动控制点时，会显示一个垂直条带，有助于判断最终结果，主要操作方法如图 10-23 所示。

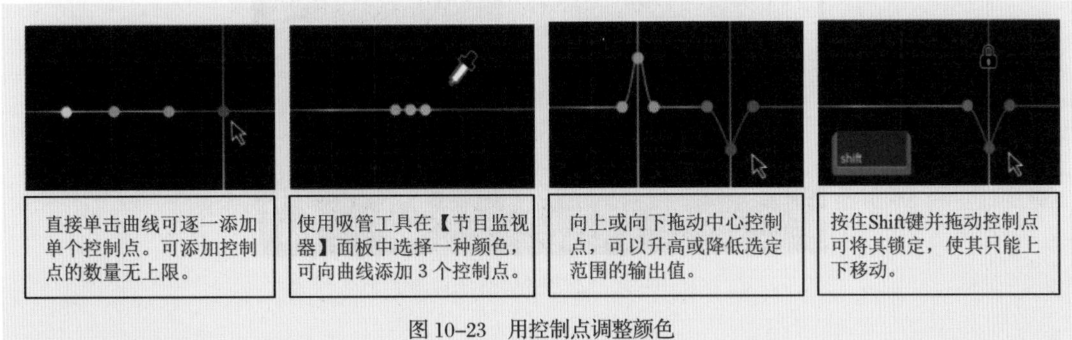

图 10-23　用控制点调整颜色

以“色相与色相”曲线为例，对图 10-24 所示的原始素材画面进行调节，将画面中的绿叶调节为深秋的红叶效果，选择“色相与色相”曲线的吸管工具，吸取画面中的绿色信息，然后将中间的控制点向上调节，改变所选范围的色相，调节效果如图 10-25 所示。

图 10-24　原始素材画面

图 10-25　调节“色相与色相”曲线后的效果

4. 色轮和匹配模块

使用【Lumetri 颜色】中的色轮和匹配模块，可以对镜头进行细微的颜色校正，还可以快速匹配不同镜头之间的颜色，以使视频的总体外观保持一致。

色轮和匹配模块

（1）使用色轮的三向颜色校正。Premiere 提供了 3 种色轮，分别用于调整中间调、阴影和高光。使用三向颜色校正，可以单独调整阴影、中间调和高光的亮度、色相和饱和度。当色轮为空心状态时，表示未进行任何调整，如图 10-26 所示。在色轮的中间拖动鼠标指针可以对 3 个区域进行色相和饱和度的调节，拖动到不同的角度，表示偏向某个色相，越靠近色轮的边缘，表示饱和度越高。如图 10-27 所示，利用色轮将画面调成偏冷的色调。

图 10-26　空心色轮表示未做调整

图 10-27　调节色轮后，画面为冷色调

调节色轮左侧的亮度滑块，可分别增强或减弱 3 个区域的亮度，从而增强画面对比度，如图 10-28 所示，将高光区域调亮，阴影和中间调区域调暗。

图 10-28　调节 3 个区域的亮度

（2）镜头间的颜色匹配。利用颜色匹配，可比较整个序列中两个不同镜头的外观，确保一个场景或多个场景中的颜色和光线外观匹配。

切换到“比较视图”。单击【节目监视器】面板下方的“比较视图”按钮或【Lumetri 颜色】面板中的“比较视图”按钮可切换到“比较视图”。使用此视图，可以选择并显示参考帧，对比镜头之间的颜色，如图 10-29 所示。

图 10-29　切换至“比较视图”

选择参考帧与目标位置。通过滑块条、时间码或使用箭头在编辑点之间跳转选择参考帧，同时将播放指示器放置在需要进行匹配的原始素材合适的时间位置，也就是在【节目监视器】面板中能同时看到参考素材和原始素材的位置。在设置了参考帧和目标位置后，可调整“比较视图”显示所需的内容，如图 10-30 所示。选择“并排”“垂直拆分”“水平拆分”显示。在拆分显示模式下，可以调整分割的位置，以查看屏幕的特定区域。

选择目标剪辑。在确定了参考帧与目标位置后，单击需要进行匹配的素材片段，确定目标剪辑。

禁用人脸检测（可选）。如果要进行匹配的镜头中有人脸，可以启用此选项。如果“自动色调”在参考帧或当前帧中检测到人脸，将侧重匹配面部颜色。此功能可提高皮肤颜色匹配质量，在背景颜色分散的情况下表现尤为突出，同时计算匹配所需的时间量会略有增加。而如果使用不含人脸的素材，则禁用人脸检测可加快颜色匹配速度。

Premiere 使用“色轮”和“饱和度”控件自动应用 Lumetri 设置，匹配当前帧与参考帧的颜色。“色轮”（如有必要，还包括“饱和度”滑块）更新，以反映自动颜色匹配算法应用的调整。自动匹配颜色后的效果如图 10-31 所示。如果对结果不满意，可以使用另一个镜头作为参考并再次匹配颜色。Premiere 将覆盖先前所做的更改，与新参考镜头的颜色进行匹配。

图 10-30　选择参考帧与目标位置

图 10-31　自动匹配颜色后的效果

5．HSL 辅助模块

【Lumetri 颜色】的 HSL 辅助模块属于二级调色环节，通常用在主颜色校正完成后对特定颜色（而不是整幅图像）进行控制。使用该模块进行颜色校正时，先应用键功能进行抠像，设置目标选区；然后利用优化功能对选区进行优化；最后通过更正功能，对选区范围内的颜色进行修改、校正。

（1）键功能可以用来设置选区。单击“设置颜色”吸管工具，然后在【节目监视器】面板中单击某个颜色来拾取目标颜色。可以使用“加号”和“减号”吸管工具添加或删除选区中的像素。选择目标颜色后，“色相”（H）、“饱和度”（S）和“亮度”（L）范围会反映颜色的选择情况。图 10-32 所示为用吸管工具拾取了树叶的绿色信息作为目标颜色。然后用“加号”吸管工具加选草地的绿色信息，其 H、S、L 范围变化如图 10-33 所示。

图 10-32　拾取目标颜色

图 10-33　加选目标颜色

或者，不从图像中拾取颜色，而是单击色卡中的一个颜色，此过程会选择一种预设颜色作为起始点，如图 10-34 所示。

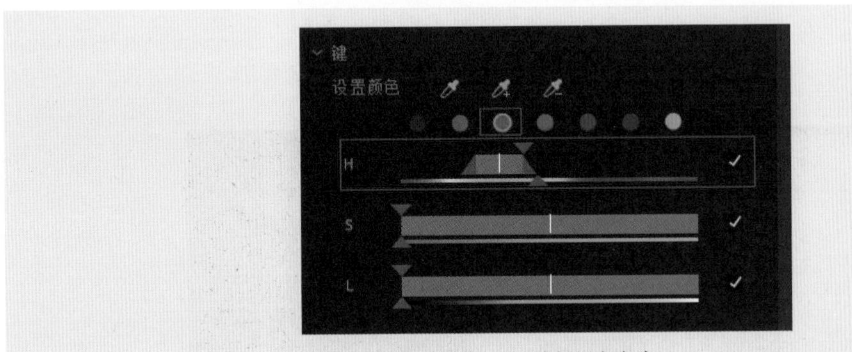

图 10-34　选择绿色色卡

要在操作颜色时仅查看受影响的范围，需要勾选“彩色 / 灰色”复选框，其下拉列表中还可选择“彩色 / 黑色”或“白色 / 黑色”等选项。图 10-35 所示为拾取绿色信息后，使用“彩色 / 灰色”模式查看影响范围，显示出来的绿色范围是确定的目标选区。

如果对选区不满意，可以使用 H、S、L 滑块进行调整和优化。使用滑块顶部的三角块，可扩展或限制范围。调整底部的三角块，可使选定像素和非选定像素之间的过渡更加平滑。要移动整个范围，单击所需滑块的中心并移动该滑块。图 10-36 所示为通过 3 个滑块对选区进行调整和优化。要重置范围，可以单击滑块下方的“重置”按钮或双击范围滑块。

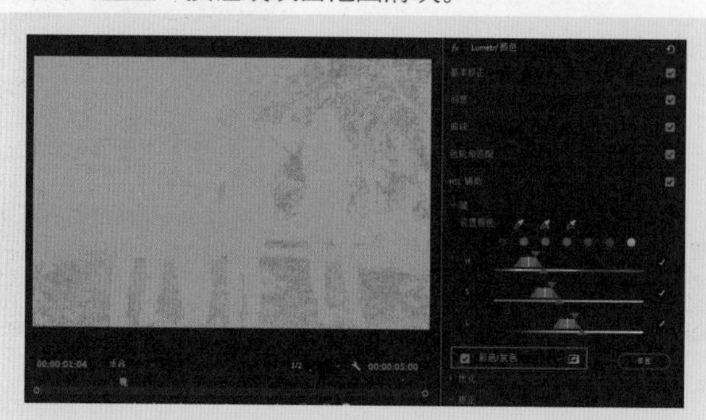

图 10-35　使用“彩色 / 灰色”模式查看影响范围

图 10-36　调整和优化选区

（2）优化功能可以通过降噪和模糊来优化选区。

- 降噪：使用“降噪”滑块可平滑颜色过渡，并移除选区中的所有杂色。
- 模糊：使用“模糊”滑块可柔化蒙版的边缘，以混合选区。

设置降噪和模糊后，选区颜色和边缘过渡都变得柔和了，如图 10-37 所示。

图 10-37　优化选区

（3）更正功能是在设置好选区范围以后，调整更正功能中的参数，对选区应用独立的颜色校正。取消勾选“彩色 / 灰色”复选框，可查看画面更正效果。

默认情况下，Premiere 会显示中间调色轮，如图 10-38 所示。可以通过单击色轮上方的图标 切换到传统的三向色轮，如图 10-39 所示。色轮下方提供了“色温”“色彩”“对比度”“锐度”“饱和度”的调整滑块，可用于精确控制校正，如图 10-40 所示。

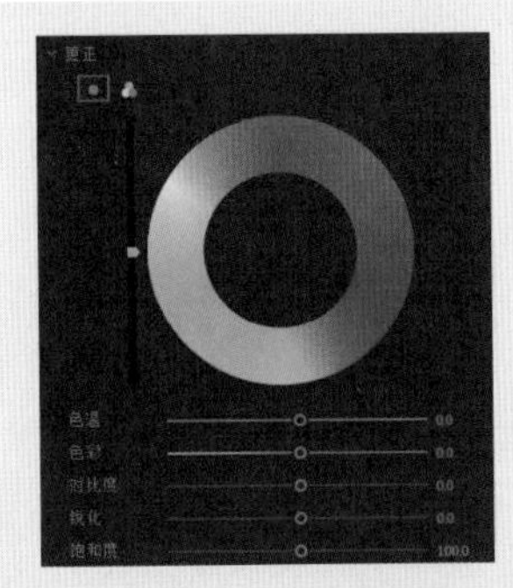

图 10-38　中间调色轮

图 10-39　三向色轮

图 10-40　更正选区颜色后的效果

6．晕影模块

应用晕影模块以实现边缘逐渐淡出、中心处明亮的效果，突出画面中心，吸引观众视线，如图 10-41 所示。

图 10-41　应用晕影模块

- 数量：沿图像边缘设置变亮或变暗量。输入数字或移动滑块，逐渐对素材画面着色。向右调节为白色，向左调节为黑色，可添加一个环绕帧的晕影。
- 中点：调节受“数量”滑块影响的区域的大小。
- 圆度：调节晕影区域的圆度效果。负值可产生夸张的晕影效果，正值可产生较不明显的晕影。
- 羽化：定义晕影的边缘。值越小，边缘越细、越清晰；值越大，边缘越厚、越柔和。

任务 3　阴阳割昏晓——基本校正，调节明暗对比

任务 1 中通过【Lumetri 范围】对影片进行分析发现，画面整体上缺少明暗层次，下面利用【Lumetri 颜色】的基本校正模块调整素材的明暗对比。

（1）微调曝光，增强光线，观察亮度波形的变化。

（2）适当调低黑色，使画面最暗部更暗，接近 0，但不要低于 0。

（3）增加高光，减弱阴影，再增加一点儿对比度，使画面整体的明暗层次分明。

调节前后画面效果及相关参数设置如图 10-42 和图 10-43 所示。

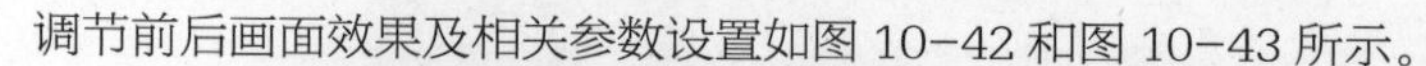

图 10-42　基本校正前画面效果及亮度波形范围

图 10-43　基本校正后画面效果及参数设置

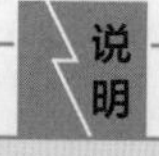

说明

这个过程也可以通过【Lumetri 颜色】的曲线模块来校正，所以【Lumetri 颜色】各个模块是并行的功能，有些模块的功能是存在交叉的，在实际应用过程中，读者针对素材特点和需求灵活选择使用即可。

任务 4　何须浅碧深红色——应用色轮和曲线调出色彩风格

1. 新建调整图层

新建调整图层并拖动到视频轨道，放在画面素材的上方，如图 10–44 所示。

2. 应用色轮进一步调整画面层次

（1）在“视频效果”中选择“颜色校正→ Lumetri 颜色”，将其拖曳到时间轴轨道的调整图层上，为调整图层添加“Lumetri 颜色”效果，然后在【效果控件】面板中右击“Lumetri 颜色”控件，选择“重命名”命令，输入“层次调整”，为该步的调节操作命名，以便清晰地标注出每一步做的是哪些调整，从而使每一步的操作都可回溯，方便后续的修改，如图 10–45 所示。

图 10–44　新建调整图层

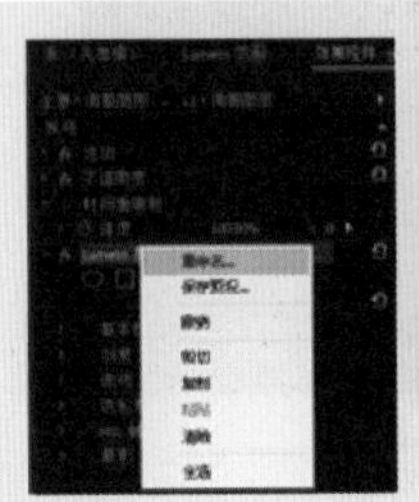

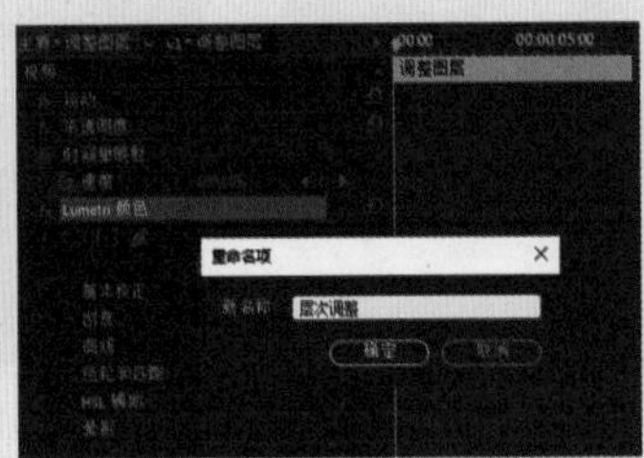

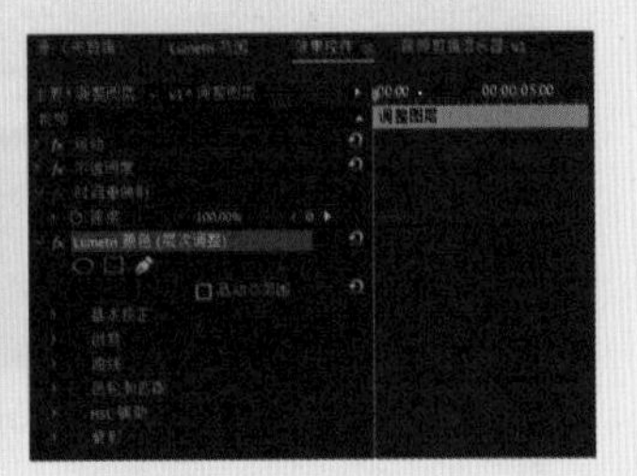

图 10–45　重命名“Lumetri 颜色”为“层次调整”

（2）在右侧的【Lumetri 颜色】面板中展开“色轮和匹配”模块，会看到中间调、阴影、高光区域的色环，通过调节色环左侧的亮度滑块，可进一步调整画面层次，如图 10–46 所示。也可以直接在【效果控件】面板中进行操作，大家自行选择习惯的操作方法。

图 10–46　“色轮和匹配”模块的初始状态

（3）将中间调亮度滑块提高，提亮面部，但调整后画面有点儿苍白，对比度不强，这时可以再将阴影的亮度适当降低（注意结合亮度示波器进行查看，不要太低了），高光亮度也可稍微提高一点儿，调节后的效果如图 10−47 所示。（如果想取消对滑块的调节，双击滑块即可还原。）

图 10−47　画面层次调节效果

（4）为调整图层再添加一个“Lumetri 颜色”效果，命名为“颜色调整”，如图 10−48 所示。

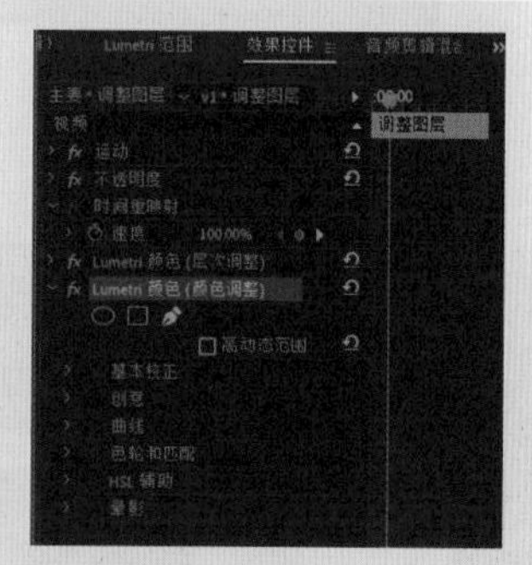

图 10−48　添加“Lumetri 颜色”效果并命名为“颜色调整”

（5）应用右侧的【Lumetri 颜色】面板或直接在【效果控件】面板中展开色轮和匹配模块，为画面增加暖色。将鼠标指针移动到高光区域的色环的中心，出现十字标记，然后向左上方稍微拖曳十字标记，添加一点儿橙黄色，如图 10−49 所示，调节后画面整体有些偏黄，如图 10−50 所示。再在阴影区域的色环处向左下方微调中心点，添加一点儿蓝色来进行平衡处理，最后在中间调增加橙黄色，使画面整体产生暖色，调节后的色环和画面效果如图 10−51 所示。

图 10−49　在高光区域增加暖色

图 10-50　高光调整后画面偏黄

图 10-51　调节后的色环和画面效果

3. 应用“色相和饱和度”曲线，处理面部细节

（1）为调整图层添加一个“Lumetri 颜色”效果，命名为“面部处理”，展开曲线模块，应用“色相和饱和度”曲线中的“色相与色相”曲线，纠正人物面部有些偏红的效果。选择“色相与色相”曲线中的吸管工具，在【节目监视器】面板中单击人物面部，对需要校正的某种颜色进行采样，然后下方的曲线上会出现 3 个控制点，中间的点对应所选取的颜色，两边的点用于确定容差范围，左右拖动控制点可以对所选颜色和容差范围进行调整。选中中间的控制点，向下方微调，使色相偏向黄绿的方向，从而降低偏红的程度。调节效果如图 10-52 所示。

图 10-52　“色相与色相”曲线调节效果

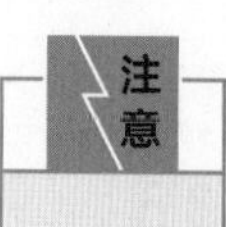

默认情况下，吸管工具会对 5 像素 ×5 像素的像素区域进行采样，并取选定颜色的平均值。按下 Ctrl 键的同时使用吸管工具，可对更大的像素区域（10 像素 ×10 像素）进行采样。

（2）使用类似的方法，利用“色相与亮度”曲线将面部提亮，效果如图 10-53 所示。

图 10-53 “色相与亮度”曲线调节效果

经过一系列的调节后，效果如图 10-54 所示，画面整体调成了比较自然的暖色调，总体来说实现了我们想要的冬日暖阳的氛围，但如果追求完美，可能会觉得天空太灰了，所以接下来可以进行二级调色，再对天空部分进行局部处理，增加一点儿蓝色。

图 10-54 调色前后效果对比

任务 5 梨花淡白柳深青——局部调色与暗角处理

1. 使用 HSL 辅助处理天空局部的色彩

（1）为调整图层添加“Lumetri 颜色”效果并命名为“局部处理天空”，然后展开“Lumetri 颜色”的 HSL 辅助模块，初始效果如图 10-55 所示。

（2）单击设置颜色右边的第一个吸管工具，拾取天空部分的颜色，勾选“彩色 / 灰色”复选框，仅查看受影响的范围，然后依次调整 H、S、L 滑块来创建选区，最终选区效果如图 10-56 所示。

图 10-55　应用“HSL 辅助”模块的初始效果

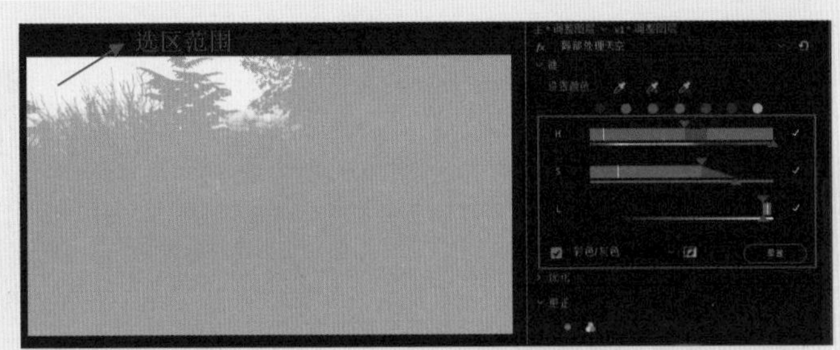

图 10-56　创建选区的最终效果

在确定选区时，对于 H、S、L 这 3 处滑块的调节效果，会受到前面几步调色环节的影响，因此没有统一的量化标准，通过查看受影响的范围，调节到合适即可。

（3）优化选区，展开“优化”选项，设置降噪和模糊值，使选区边缘更柔和，过渡不至于显得太生硬，如图 10-57 所示。

图 10-57　优化选区

（4）改变选区颜色，展开“更正”选项，单击右侧的“色轮切换”按钮，调整高光区域的色轮，将中心点向右下方拖动，这时选区天空部分的颜色被增加了蓝色，再向左微调色温，达到满意的效果即可，如图 10-58 所示。

图 10-58　修改选区颜色

（5）局部处理天空颜色前后效果对比如图 10-59 所示。

图 10-59　局部处理天空颜色前后效果对比

2. 设置晕影

设置晕影，将 4 个角压暗，突出画面的中心，如图 10-60 所示。

图 10-60　添加暗角后的最终效果

至此就完成了整个调色过程，通过为调整图层多次添加“Lumetri 颜色”，将各个环节的色彩调节独立开来，确保了调色过程的可回溯，便于随时进行修改和微调，最终达到满意的效果。

要点总结

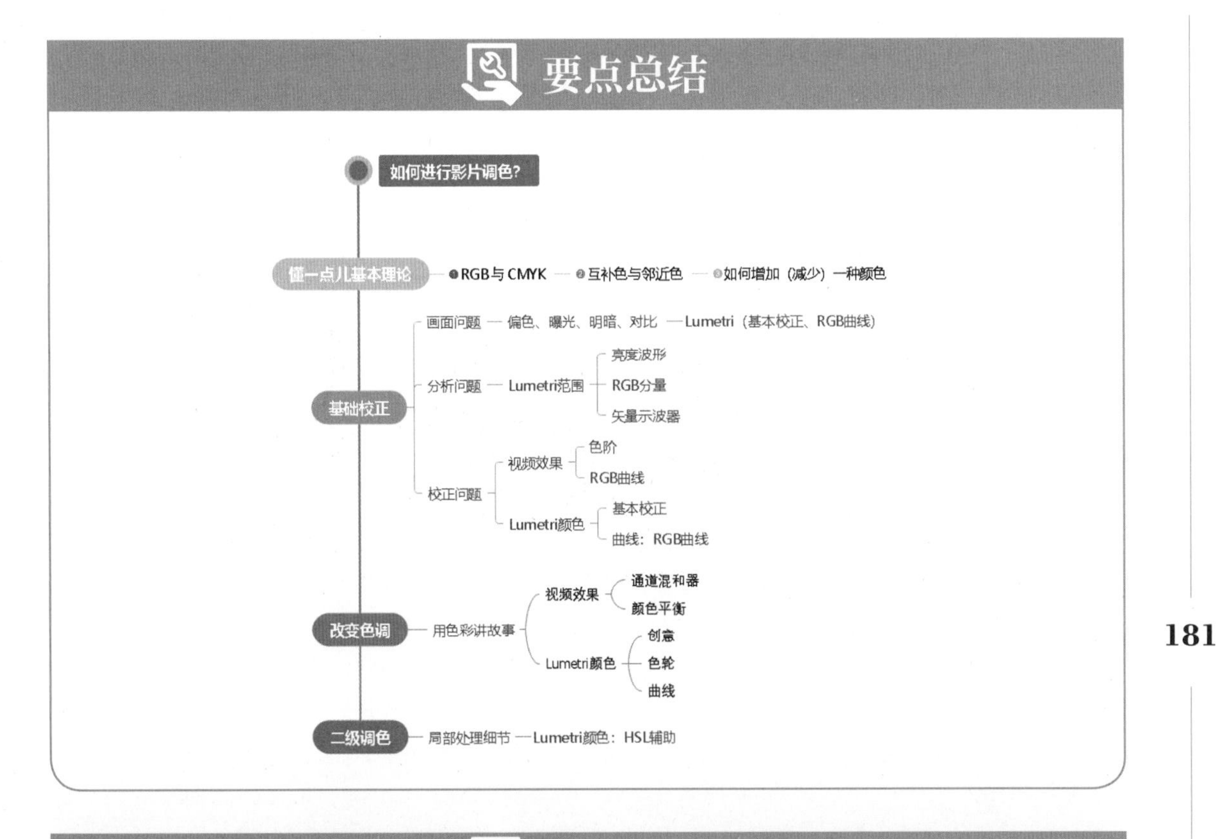

实践训练

- 调色练习：参照一部经典影视作品，模仿其画面色彩进行调色练习，例如影片《英雄》中的画面色彩。

影片《英雄》画面参考

- 原创调色实战：实拍剪辑一个小场景，用色彩来诠释这个故事。

课后习题

（一）单项选择题

1. 在【Lumetri 范围】中查看颜色分布，右击波形处选择以（　　）显示，可以分别查看红、绿、蓝 3 个通道的颜色分布。

A. 矢量示波器　B. 直方图　C. 分量（RGB）　D. 波形

2. 在【Lumetri 范围】中，右击并选择（　　），可以检查素材的亮度有没有过曝或过暗。

A. 波形（亮度）　B. 直方图　C. 分量　D. 预设

3. 在【Lumetri 范围】中，想要检查素材的饱和度情况，可以选择（　　）显示模式。

A. 矢量示波器　B. 直方图　C. 分量　D. 波形

4. 要调节素材的白平衡，可以在【Lumetri 颜色】的（　　）模块中进行。

A. 创意　B. 曲线　C. 基本校正　D. 色轮和匹配

5. 以下不能在【Lumetri 颜色】的“基本校正”模块中进行调节的是（　　）。

A. 色温　B. 色彩　C. 阴影　D. 自然饱和度

6. 在【Lumetri 颜色】的“曲线”模块中，色相饱和度曲线的选项部分不包含（　　）曲线。

A. 亮度与饱和度　B. 亮度与亮度　C. 色相与色相　D. 饱和度与饱和度

7. 在【Lumetri 颜色】的“创意”模块中，（　　）可以用来适当提升画面的清晰度。

A. 锐化　B. 淡化胶片　C. 饱和度　D. 色彩平衡

8. 在【Lumetri 颜色】中，能够对 4 个角进行压暗来突出画面中心的调节模块是（　　）。

A. 创意　B. 曲线　C. 色轮和匹配　D. 晕影

9. 在【Lumetri 颜色】中，以下不属于 HSL 辅助模块的调节功能的是（　　）。

A. 键　B. 优化　C. 更正　D. 颜色匹配

10. 以下不能在【Lumetri 颜色】的“晕影”模块中进行设置的是（　　）。

A. 模糊　B. 中点　C. 数量　D. 羽化

（二）判断题

1. 在【Lumetri 颜色】中进行白平衡调节，只能通过白平衡选择器自动调节。（　　）
2. 使用白平衡选择器的吸管工具吸取样本时，按住 Ctrl 键的同时单击，吸管会变粗。（　　）
3. 如果视频过曝，造成亮部细节丢失，可以通过压暗高光来恢复一些丢失的细节。（　　）
4. 在【Lumetri 颜色】的“基本校正”模块中，不能进行饱和度的调节。（　　）
5. 在【Lumetri 颜色】的“创意”模块中，淡化胶片用来调节灰度值，使视频减淡，产生朦胧的感觉，其高光和阴影都会向中间调集中。（　　）

（三）简答题

1. 列举【Lumetri 颜色】的六大组成部分。
2. 简述【Lumetri 颜色】中白平衡的作用及用法。
3. 简述【Lumetri 颜色】“创意”模块中饱和度和自然饱和度的区别。

第六单元

一切皆有可能——抠像合成

电影《角斗士》中的古罗马神殿让我们感受到了极为凝重而又壮观的历史色彩，电影《神话》中悬浮的秦始皇陵带领观众身临其境般地进入一座充满神奇色彩的地下“王国”。这些在现实中根本不存在的场景，如何让演员置身其中来演绎剧情呢？在本单元中，我们就来一起学习让一切皆有可能的抠像合成技术，让视频作品拥有更广阔的创意空间。

单元导学

项目层次	基础项目	提升项目
项目名称	项目 11：放飞青春，追逐梦想—— 制作主题短片《我眼中的青春与梦想》	项目 12：遮显之间，虚实交错—— 用“键控”特效组制作多种风格的短片
学习目标	1. 理解抠像的基本概念 2. 了解抠像素材拍摄的注意事项 3. 熟悉“键控”特效组 4. 熟练应用颜色键、非红色键、超级键进行素材的抠像处理 5. 灵活应用序列嵌套	1. 熟练应用轨道遮罩键进行画面合成 2. 熟练应用亮度键抠像 3. 灵活运用“键控”特效组制作不同风格的短片 4. 理解蒙版的概念，能够合理绘制蒙版 5. 培养创意合成能力
预期效果	能够理解抠像的基本思路，能对抠像的素材进行合理分析，选择合适的抠像方法进行绿幕或蓝幕抠像	能够综合运用“键控”特效、蒙版创意制作视频作品
建议学时	4（理论 2 学时、实践 2 学时）	4（理论 2 学时、实践 2 学时）

11 项目11

放飞青春，追逐梦想——制作主题短片《我眼中的青春与梦想》

项目描述

抠像是目前影视后期制作过程中常用的一种合成技术，在实际拍摄时演员可以在绿幕或蓝幕前进行表演，后期通过抠像特效完成背景的透明设置，合成的背景可以是真实世界中的某个地方，也可以是应用三维软件工具设计制作的虚拟场景。

在现实生活中，人们对青春和梦想的思考可以说是亘古不变的主题，青春、梦想与抠像技术结合又会碰撞出什么样的火花呢？下面通过本项目的学习了解并掌握抠像技术，制作合成一部主题短片《我眼中的青春与梦想》。

项目分析

1. 项目所需素材

将不同的学生代表讲述自己眼中的青春与梦想的镜头，通过抠像技术合成到新的背景画面中，所需素材如图 11-1 所示。

图 11-1 《我眼中的青春与梦想》短片素材

2. 制作要求

- 分析素材的特点，思考适合用什么方法进行抠像。
- 分别应用颜色键、非红色键、超级键进行抠像处理。
- 合成背景画面，并设计制作符合主题风格的片头。
- 添加背景音乐、音效和字幕。

3. 样片展示

短片部分镜头画面合成效果如图 11-2 所示。

图 11-2 《我眼中的青春与梦想》短片部分镜头画面合成效果

项目制作

任务 1 一切皆有可能——抠像知识介绍

1. 认识抠像

抠像是将素材中需保留的对象之外的部分转换为透明区域，从而显示出下层素材的画面，实现两层画面叠加合成的一种技术手段。目前抠像技术广泛应用于影视制作，比如一些虚拟的合成场景，如图 11-3 所示。大型的爆破、自然灾害、科幻等高难度、高危场景效果也经常会使用抠像技术辅助完成制作，如图 11-4 所示。

图 11-3 抠像合成效果 1

图 11-4 抠像合成效果 2

抠像的基本思路是在抠像过程中，针对抠取对象素材的不同特点，采取不同的技术和方法。通常，要进行抠像处理的素材可分为两种，一种是单一颜色背景素材，影视制作中以蓝屏背景、绿屏背景的素材居多。在 Premiere 中针对这种情况可以采用颜色键、非红色键、超级键等键控特效进行抠像。另一种是实景背景素材，背景中掺杂各种颜色。针对这种情况可以采用轨道遮罩键、差值遮罩键等特效或者绘制蒙版来进行抠像。

2. 熟悉“键控”特效组

在 Premiere 中，“键控”特效组主要用于对图像素材进行抠像合成，具体包括 9 种特效，如图 11-5 所示。

图 11-5 “键控”特效组

- Alpha 调整：控制图像素材中的 Alpha 通道，通过影响 Alpha 通道实现调整影片效果的目的。
- 亮度键：依靠图像中的灰度值创建透明关系。它可以将图像中颜色较深的像素变透明，颜色较浅的像素变不透明。
- 图像遮罩键：使用一张指定的图像作为遮罩。
- 差值遮罩：将一个对比遮罩与键控对象进行比较，然后将键控对象中位置及颜色与遮罩中相同的像素变为透明。
- 移除遮罩：移除图像中遮罩的白色边界或黑色边界，常用来进行抠像后的边缘处理。
- 超级键：针对蓝色和绿色背景的素材，可快速抠除背景颜色，从而起到控制局部的作用。
- 轨道遮罩键：使用一个轨道上任意剪辑的亮度信息或 Alpha 通道信息为另一个轨道上的所选剪辑定义一个透明蒙版。
- 非红色键：主要用于抠除画面内的蓝色和绿色背景。
- 颜色键：可以抠取画面内的指定颜色，常用于画面内包含大量色调相同或相近色彩的情况。

3. 抠像素材的准备

对于要进行抠像处理的素材，前期的拍摄与准备工作非常重要，素材质量的好坏会直接影响最终的抠像效果。如果素材质量较好，哪怕是使用最普通的抠像工具也能得到令人满意的抠像效果。

拍摄素材注意事项：背景尽可能平整，不出现褶皱；注意调整灯光，抠像的主体尽量不产生投影；注意人物的着装要和背景颜色区分开。

前期拍摄的时候为什么大多采用绿幕或蓝幕？主要是因为人体的自然色中不包含这两种颜色，这样抠像的时候就不会和人物混合在一起，而且这两种颜色是 RGB 中的原色，比较方便处理。目前在视频拍摄中，蓝色通道的噪点相对会比较严重，蓝幕抠像后的遮罩边缘相比绿幕抠像后的遮罩边缘会有更多的噪点，而绿幕抠像的边缘则更平滑，所以目前大多数视频采用的是绿幕拍摄。

任务 2　抠像原来如此简单——颜色键抠像

1. 认识颜色键

颜色键的作用主要是抠取画面内的指定颜色，因此多用于画面内包含大量色调相同或相近色彩的情况。图 11-6 中，左侧图片利用“颜色键”抠取黄色背景后，和中间图片合成得到右侧画面效果。

图 11-6　颜色键抠像效果

颜色键主要参数如图 11-7 所示。

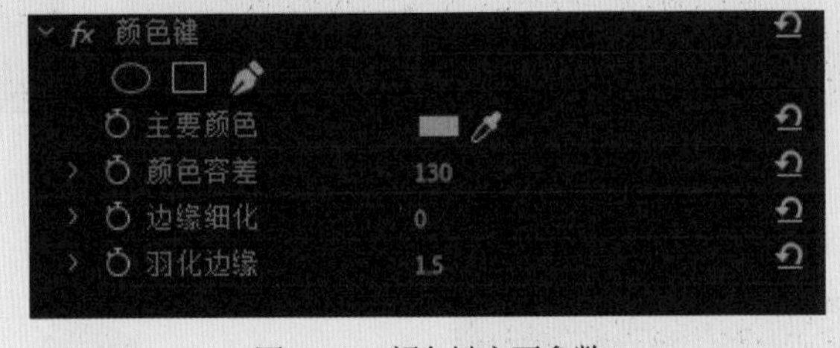

图 11-7　颜色键主要参数

- 主要颜色：利用吸管工具可以吸取要抠除的颜色。
- 颜色容差：调整抠除的色彩范围，根据其选项参数的不同，部分与“主要颜色”选项相似的颜色也将被抠除。
- 边缘细化：设置边缘的粗细，类似于收边、扩边的效果。
- 羽化边缘：对抠像对象进行边缘羽化操作，其参数值越大，羽化效果越明显。

2. 应用颜色键抠像

（1）新建序列，命名为“抠像”，导入素材“颜色键抠像素材 .mp4”，并将其拖曳到视频 V2 轨道（视频 V1 轨道用来放置合成背景），如图 11-8 所示。

（2）在【效果】面板中依次展开“视频效果→键控”素材箱，选中“颜色键”效果并将其拖曳到视频轨道“颜色键抠像素材”上。

（3）打开【效果控件】面板，展开“颜色键”控件，利用“主要颜色”后面的吸管工具在【节目监视器】面板中吸取素材中的绿色背景。调整“颜色容差”为 50，“边缘细化”为 3，“羽化边缘”为 3，如图 11-9 所示。然后添加合适的背景，完成第一个镜头的制作，合成效果如图 11-10 所示。

图 11–8　新建序列，导入素材

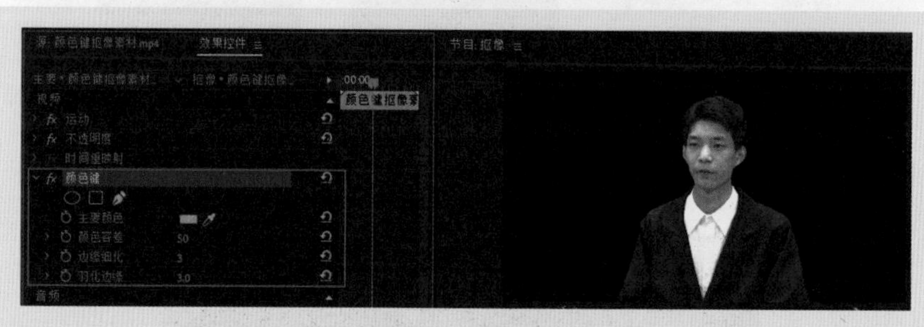

图 11–9　调整参数

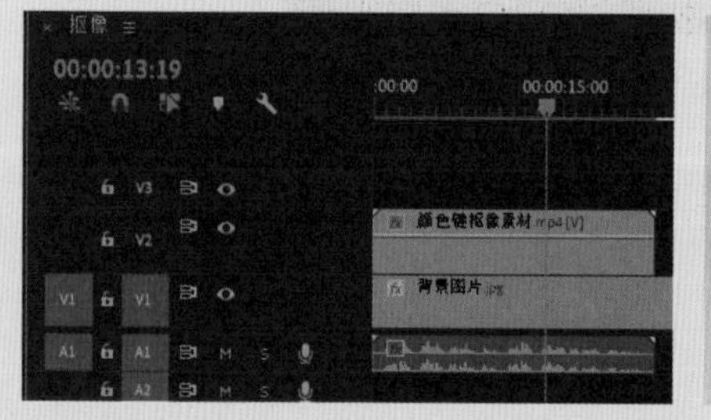

图 11–10　颜色键抠像合成效果

任务 3　尺有所短，寸有所长——非红色键抠像

1. 认识非红色键

非红色键主要用于抠除画面内的蓝色和绿色背景。非红色键主要参数如图 11–11 所示。

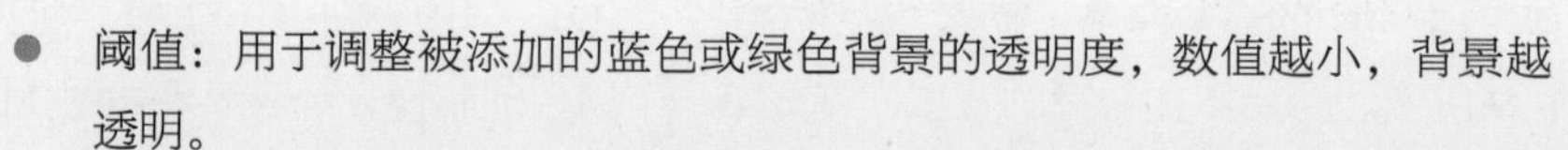

- 阈值：用于调整被添加的蓝色或绿色背景的透明度，数值越小，背景越透明。
- 屏蔽度：用于调节前景图像的对比度。基于阈值的调整效果，调整屏蔽度的参数，继续优化抠像效果，数值越小，则会进一步增加透明的范围。

图 11-11　非红色键主要参数

- 去边：用于选择去除绿色或蓝色边缘。
- 平滑：设置锯齿消除，通过混合像素颜色来平滑边缘。选择“高”则得到最高平滑度，选择“低”则只稍微进行平滑，选择“无”则不进行平滑处理。
- 仅蒙版：用于确定是否显示素材 Alpha 通道。

2. 应用非红色键抠像

（1）导入素材“非红色键抠像素材.mp4”，并将其拖曳到视频 V2 轨道，如图 11-12 所示。

图 11-12　导入素材

（2）在视频 V2 轨道上选中“非红色键抠像素材”，打开【效果控件】面板，选择“不透明度”控件中的钢笔工具，在人物四周绘制蒙版，如图 11-13 所示。

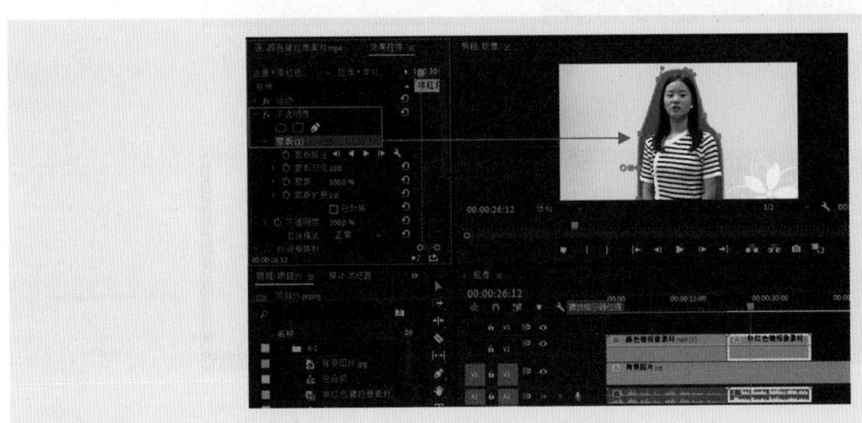

图 11-13　绘制蒙版

> **说明**
>
> **如果抠像的背景不够平整，或者有明暗差别较大的部分，或有多余的阴影等，可以先利用钢笔工具在人物周围绘制蒙版，屏蔽掉多余的背景，然后再利用相应的抠像工具进行抠像处理，这样会大大降低抠像参数调节的难度，实现更好的合成效果。**

（3）在【效果】面板中依次展开“视频效果→键控”素材箱，选中“非红色键”效果并将其拖曳到视频轨道“非红色键抠像素材”上，可以看到素材中的蓝色背景已经被抠除了一部分，如图 11-14 所示。

图 11-14　添加“非红色键”效果

（4）在【效果控件】面板中调节“非红色键”各属性的值。观察抠像效果，对“阈值”和“屏蔽度”两个属性的值进行反复调整，可通过勾选“仅蒙版”复选框，切换到 Alpha 通道显示方式，检查抠像效果，如图 11-15 所示。将“去边”设置为蓝色，“平滑”设置为高，最终调节效果如图 11-16 所示。

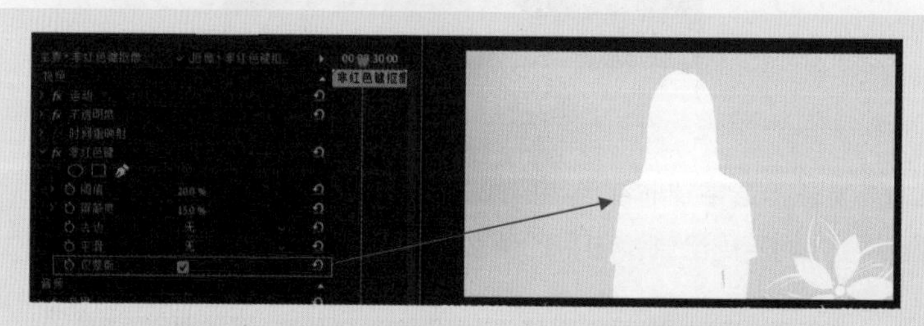

图 11-15　勾选“仅蒙版”复选框，检查抠像效果

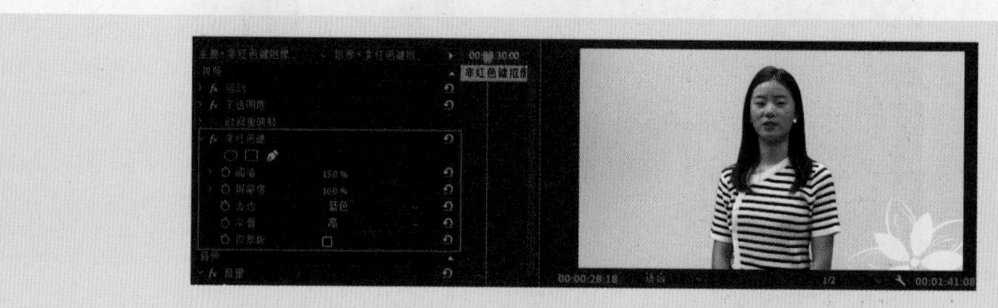

图 11-16　非红色键参数最终调节效果

（5）在“视频效果”中选择“颜色校正→通道混合器”效果，将其拖曳到“非红色键抠像素材”上，为该素材片段添加“通道混合器”效果，将“蓝色 - 红色”设置为 4，为红色通道增加一些蓝色，

弥补应用非红色键后，因为抠除了过多的蓝色而使人物肤色略发黄的问题，如图 11–17 所示，第二个镜头制作完成。

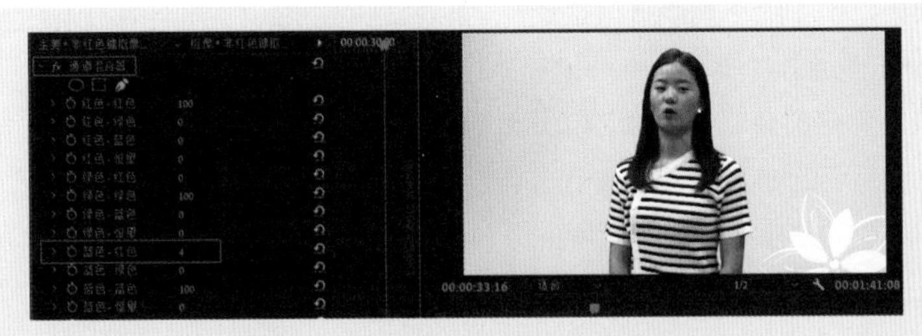

图 11–17　应用通道混合器简单校色

提示

相比颜色键，非红色键较好地处理了边缘问题，并且可以通过 Alpha 通道精确地观察抠像效果。但是去边后，人物本身的颜色也会随之发生一些变化，因此需要借助一些调色工具来还原画面中主体人物抠像前的色彩。

知识补充 16

知识补充 16：利用移除遮罩进一步优化抠像边缘（扫描二维码学习）

任务 4　为梦想插上翅膀——超级键抠像

1. 认识超级键

超级键视频

超级键可用于将图像中的任何颜色变为透明，并提供一系列额外的控制选项来强化处理效果。针对蓝色和绿色背景的素材，超级键可快速抠除背景颜色，从而起到控制局部的作用。超级键是目前 Premiere 中最常用的一款抠像效果。

超级键主要参数如图 11–18 所示。

- 输出：用于查看合成图像、Alpha 通道或所应用的“超级键”效果的颜色通道。
- 设置：扩展或收缩所选的透明颜色范围，可以选择默认、弱效、强效、自定义。“强效”——扩展像素颜色范围以增加透明度；“弱效”——收缩像素颜色范围以降低透明度；“自定义”——手动调整透明度。
- 主要颜色：用于吸取背景颜色。选中吸管工具后，按住 Ctrl 键的同时，在【节目监视器】面板中的画面背景上单击，可以选取 5 像素 ×5 像素区域的平均值，通常可以获得比较好的键控结果。
- 遮罩生成：调节改善透明区域。“透明度”——在对背景使用键控时，调整源图像的透明度，100 为完全透明，0 为完全不透明。“高光”——调整源图像浅色区域的不透明度。“阴影”——

调整源图像深色区域的不透明度。“容差”——调整所选颜色的范围。“基值”——过滤来自 Alpha 通道的噪声，在处理低亮度剪辑时可以改善键控。

- 遮罩清除：可用于缩小透明区域或柔化透明区域的边缘，主要用来优化边缘。“抑制”——缩小 Alpha 通道。“柔化”——模糊 Alpha 通道蒙版的边缘。
- 溢出抑制：优化前景，用来清除边缘和反射到主体上的背景色。“降低饱和度”——从几乎已经完全透明的像素上去除颜色。“范围”——控制溢出颜色的校正量。例如，在做绿屏抠像时，添加的是品红；在做蓝屏抠像时，添加的是黄色，这样可以中和溢出的颜色。
- 颜色校正：可用于使键控所选的颜色范围更加平滑。可分别调节前景源的“饱和度”“色相”“明亮度”。

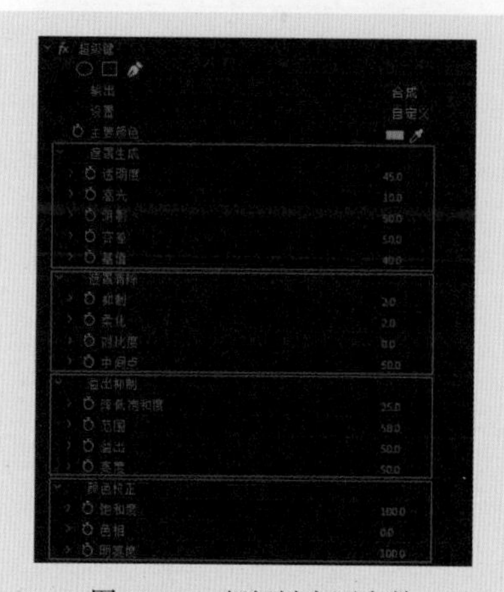

图 11-18　超级键主要参数

2. 应用超级键抠像

（1）导入素材“超级键抠像素材.mp4”，并将其拖曳到视频 V2 轨道，如图 11-19 所示。

图 11-19　导入素材

（2）在【效果】面板中依次展开“视频效果→键控”素材箱，选中“超级键”效果并将其拖曳到视频轨道“超级键抠像素材”上，为该素材片段添加“超级键”特效。然后在【效果控件】面板中展开“超级键”控件，利用“主要颜色”的吸管工具，在【节目监视器】面板中吸取画面中的绿色背景，此时画面中大多数绿色被抠除了，如图 11-20 所示。

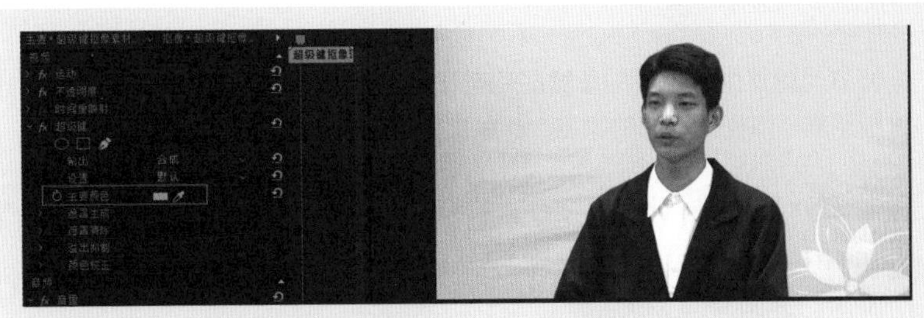

图 11-20　利用超级键吸取素材中的绿色背景

抠像的时候背景颜色越均匀越好抠，尽量不出现或少出现阴影。如果使用的素材背景颜色不均匀，可以尝试选择一个颜色比较适中的区域来吸取颜色。

（3）观察抠像效果。将“输出”设置为“Alpha 通道”，在这种显示方式下，最佳的抠像效果是人物身上是纯白色，也就是完全不透明，背景是纯黑色，也就是完全透明。而当前画面中，背景部分显示为灰色，说明背景颜色并没有被完全抠除，如图 11-21 所示。

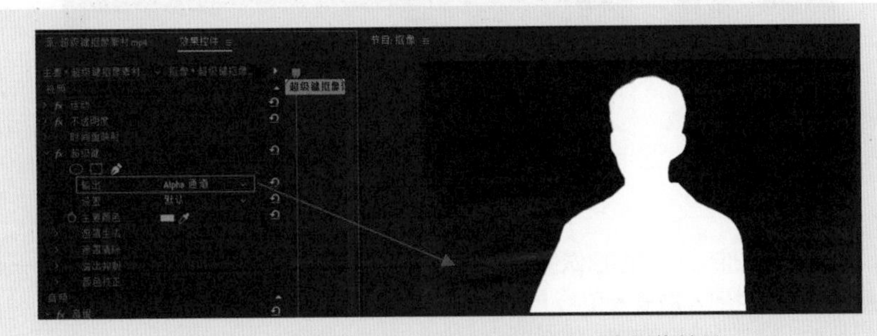

图 11-21　利用“Alpha 通道”显示方式观察抠像效果

（4）优化抠像效果。为了达到最佳抠像效果，继续调整“基值”为 40，“抑制”为 2，“柔化”为 2，如图 11-22 所示。调整参数后的效果如图 11-23 所示。

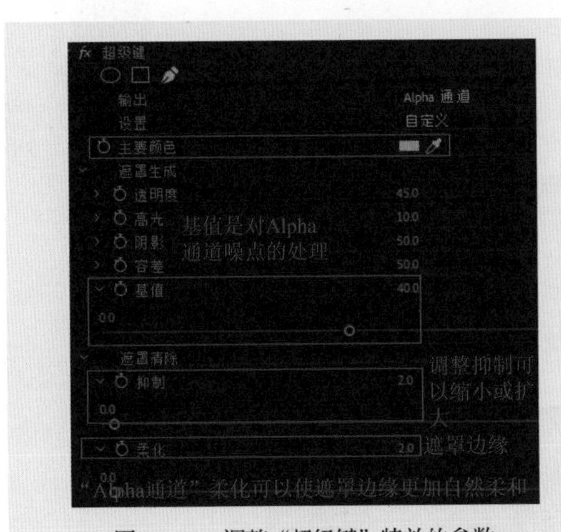

图 11-22　调整“超级键”特效的参数

图 11-23　调整参数后的效果

提示

调节“遮罩生成”下的参数时，可以通过容差和基值净化未被完全抠除的背景，再通过透明度、高光、阴影的微调，保留完整的前景和尽可能柔和的边缘。

将“输出方式”设置为“合成”，此时人物身体边缘和脸上都有反射到背景的绿色，调整“溢出抑制”下的“范围”为58，可以中和绿幕反射到人物身上的绿色，使人物看起来更自然。然后添加合适的背景，完成第三个镜头的制作，如图 11-24 所示。

图 11-24　超级键抠像最终效果

说明

调整范围值，会对颜色做偏移，针对绿幕抠像，调高范围值实际上是加了一点儿品红，从而中和反射到人物身上和脸上的绿色。

任务 5　锦上添花——制作文字片头

制作文字片头

1. 设置片头文字

（1）新建序列，命名为“片头文字”，导入素材“蒲公英.mp4”，并拖曳到时间轴轨道，如图 11-25 所示。

图 11-25　新建序列“片头文字”

（2）在【工具】面板中选择文本工具，在【节目监视器】面板中输入片头文字“我眼中的青春与梦想”。选中文本，在基本图形编辑器中设置文本的字体、字号，勾选“外观”设置中的“阴影”复选框，为文字添加阴影效果，如图 11-26 所示。

图 11-26　输入文本、设置文本样式

（3）为片头文字设置淡入淡出效果。选中文本，打开【效果控件】面板，在第 0 秒处设置“不透明度”为 0%，在第 1 秒处设置“不透明度”为 100%，在第 9 秒处设置“不透明度”为 100%，在素材结尾处设置“不透明度“为 0%，如图 11-27 所示。

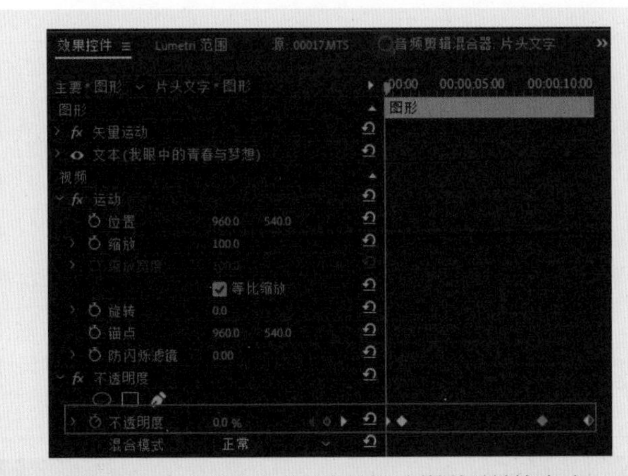

图 11-27　设置文本“不透明度”属性的关键帧动画

2. 合成影片

（1）嵌套序列。新建序列，命名为“总合成”。将“片头文字”序列、“抠像”序列依次拖曳到“总合成”序列的视频轨道 V1 中。这里我们应用到了嵌套序列，嵌套序列是序列中的序列。比如这个合成短片，在“总合成”序列中所应用的素材分别是经过剪辑处理后的“片头文字”序列和“抠像”序列，这就是嵌套序列，“总合成”序列被称为母序列，它所包含的两个序列则被称为子序列，如图 11-28 所示。

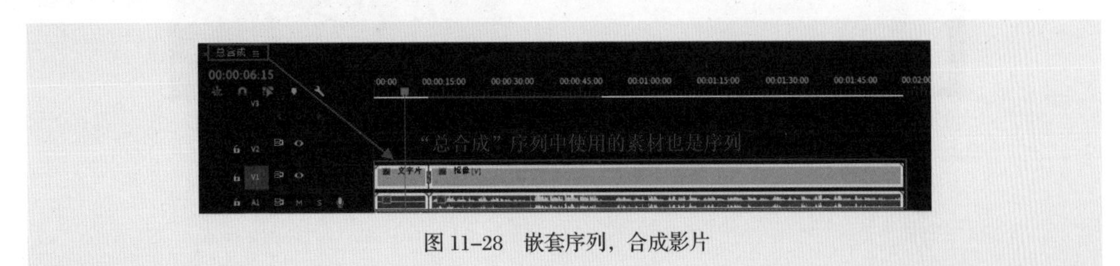

图 11-28　嵌套序列，合成影片

在嵌套序列时，被嵌套的子序列和母序列一般拥有一样的制式和规格。我们可以像操作其他素材一样，对嵌套序列素材片段进行选择、移动、剪辑并施加效果。对源序列做出的任何修改，都会实时地反映到其嵌套素材片段上，而且可以进行多级嵌套，以创建更为复杂的序列结构，但要注意的是，同一序列不可以进行自身嵌套。

（2）添加背景音乐。分别为片头和正片部分添加合适的背景音乐，并在短片结尾处为音乐制作淡出效果，让影片有自然的结束感，如图 11–29 所示。

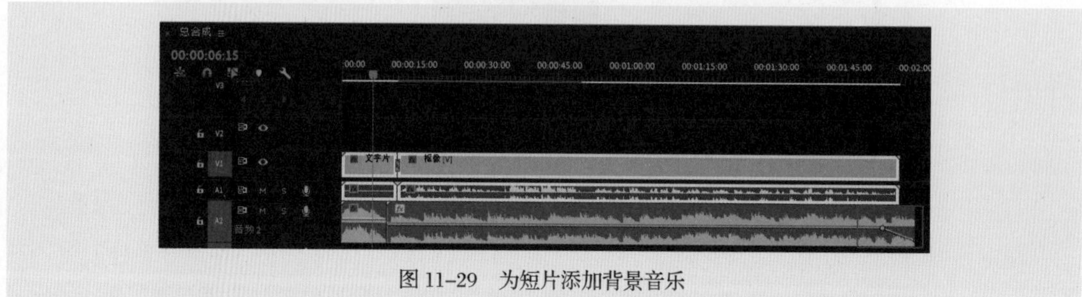

图 11–29　为短片添加背景音乐

知识补充 17：嵌套序列详解（扫描二维码学习）

3. 渲染输出

单击“文件”菜单，选择“导出→媒体”命令或按快捷键 Ctrl+M，打开“导出设置”对话框，设置格式为“H.264”，预设为“匹配源 – 高比特率”，如图 11–30 所示，更改输出名称，然后单击“导出”按钮，导出视频文件，完成制作。

图 11–30　渲染输出设置

要点总结

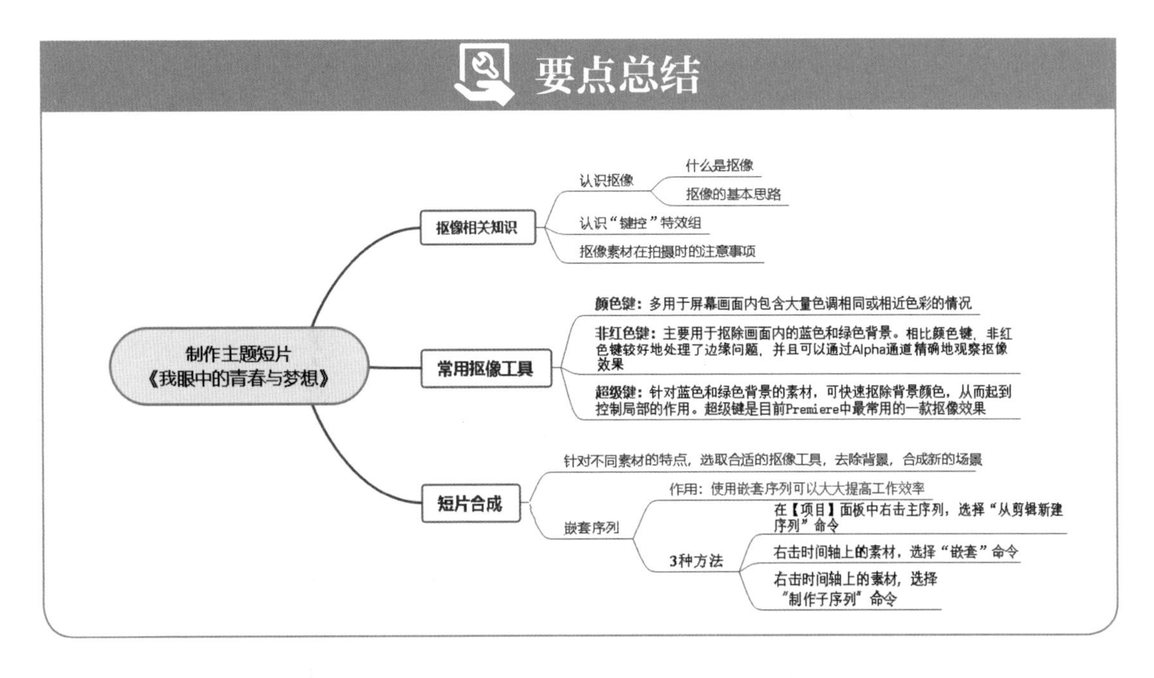

实践训练

- 打开素材“蜡烛”，尝试利用“超级键”特效进行抠像合成。

- 模拟场景合成——我眼中的青春梦想。

首先在纯色背景下拍摄一段视频：讲述你眼中的青春与梦想。然后选择合适的特效进行抠像。接着设计或搜集与拍摄的视频内容（解说内容）相关的背景画面素材，实现实拍与背景的抠像合成。最后恰当调色，使实拍画面与合成背景的色彩匹配。

课后习题

（一）单项选择题

1. 下列特效中不属于色键抠像的效果是（　　）。

A. 颜色键　　B. 非红色键　　C. 超级键　　D. 轨道遮罩

2. Alpha 通道是用于记录（　　）信息的。

A. 亮度　　B. 透明度　　C. 颜色　　D. 关键帧

3. 在 Premiere 中有蓝色和绿色背景的素材可以用（　　）特效抠像。

A. 亮度键　　B. 超级键　　C. 差值遮罩　　D. 移除遮罩

4. 使用超级键抠像时用（　　）作为背景色，可有效检查抠像效果。

A. 互补色　　B. 相近色　　C. 类似色　　D. 中差色

5. “超级键”特效下的“遮罩清除”参数的主要作用是（　　）。

A. 调节遮罩范围　　B. 用来清除边缘和反射到主体上的背景色

C. 用来优化边缘　　D. 用来调色

6. 使用超级键抠像，当输出模式设置为 Alpha 通道时，素材画面中的灰色代表的是（　　）。

A. 透明　　B. 不透明　　C. 半透明　　D. 以上都不对

7. 好的拍摄可以给后期抠像带来很大的便利，下面的（　　）不属于绿（蓝）幕拍摄的注意事项。

A. 背景尽量平整，没有褶皱

B. 布光均匀，背景人物尽可能不产生投影

C. 人物的着装要和背景区分开

D. 不能穿亮色衣服

（二）判断题

1. 颜色键多用于屏幕画面内包含大量色调相同或相近色彩的情况。（　　）

2. 非红色键相比颜色键，较好地处理了边缘问题，并且可以通过 Alpha 通道精确地观察抠像效果。（　　）

3. “超级键”特效下的“溢出抑制”参数的作用是优化前景，用来清除边缘和反射到主体上的背景色。（　　）

4. 非红色键主要用来去除红色通道。（　　）

（三）简答题

1. 什么是抠像？

2. 在 Premiere 的“键控”特效组中，主要通过比较目标的颜色差别来完成透明设置的抠像特效有哪些？

12 项目12

遮显之间，虚实交错——用“键控”特效组制作多种风格的短片

项目描述

在影视制作中，为了使影片更具观赏性，往往需要将多个画面或视频进行叠加处理，制作出具有创造力和冲击力的视觉效果。在本项目中，我们将进一步学习“键控”特效组，灵活利用“键控”特效组制作轨道遮罩文字、水墨效果等多种创意风格的短片，同时通过绘制蒙版实现复杂背景的抠像与合成效果。

项目分析

1．项目所需素材

本项目需要制作合成多种风格的短片，所需素材如图 12-1 所示。

图 12-1　项目所需素材

2．制作要求

- 应用“轨道遮罩键”制作文字片头效果。
- 应用“亮度键”制作水墨效果。
- 应用蒙版制作复杂背景的抠像、合成效果。

3．样片展示

多种画面合成方法及效果如图 12-2 所示。

图 12-2　多种画面合成方法及效果

项目制作

任务 1 轨道结合的奥秘——应用“轨道遮罩键”制作文字片头效果

遮罩是一个轮廓，“键控”特效组中的“图像遮罩键”“差值遮罩”“移除遮罩”“轨道遮罩键”等都是利用遮罩原理来实现抠像效果的。在影视后期制作中使用频率较高的是“轨道遮罩键”效果。

1．认识“轨道遮罩键”

“轨道遮罩键”是使用一个轨道上任意素材片段的亮度信息或 Alpha 通道信息为另一个轨道上的所选素材片段定义一个透明遮罩。具体应用时是通过上下两层素材共同完成最终效果，下层为纹理层，上层为遮罩层（形状层）。

“轨道遮罩键”特效的参数说明可参看本书第三单元。

2．应用“轨道遮罩键”制作文字片头效果

（1）新建序列，命名为“轨道遮罩文字片头”，导入素材“背景. mov”，并将其拖曳到 V1 轨道，按住 Alt 键的同时，拖曳 V1 轨道上的“背景. mov”素材到 V2 轨道上，实现素材片段的复制，如图 12-3 所示。

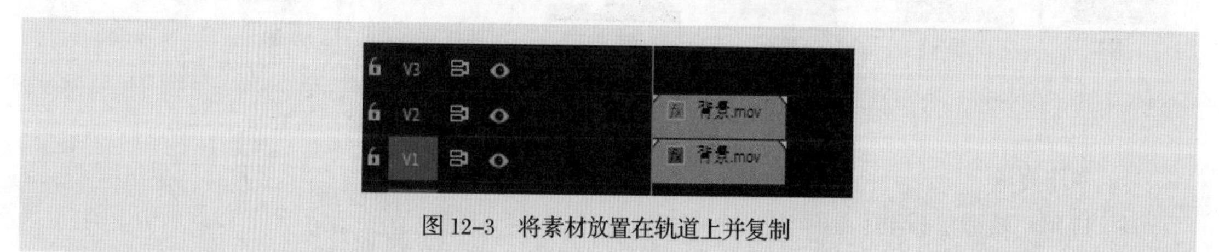

图 12-3　将素材放置在轨道上并复制

在【工具】面板中单击文字工具，在【节目监视器】面板中输入文本“岔河风光”，然后选中文本，在【效果控件】面板中调整文本的字体、字号等，如图 12-4 所示。调整文本样式后的效果如图 12-5 所示。

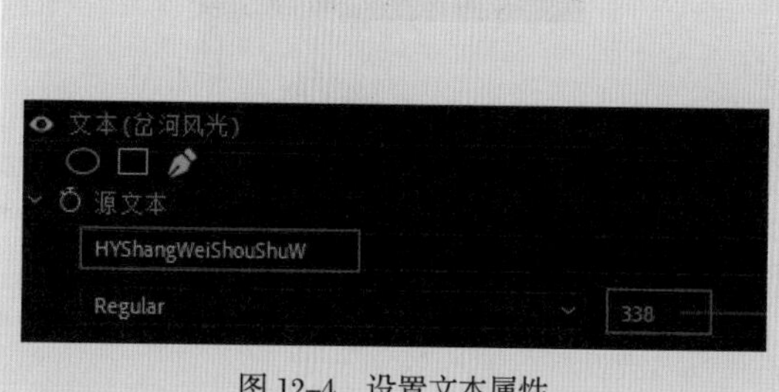

图 12-4　设置文本属性

图 12-5　调整文本样式后的效果

（2）设置轨道遮罩。在【效果】面板中依次展开“视频效果→键控”素材箱，选中“轨道遮罩键”效果，并将其拖曳到 V2 轨道的素材片段上。为了更好地观察合成效果，可以先将 V1 轨道隐藏。

打开【效果控件】面板，选择“轨道遮罩键”控件，将“遮罩”设置为“视频 3”，也就是文字所在的视频轨道，“合成方式”设置为“Alpha 遮罩”，如图 12-6 所示。调整后的效果如图 12-7 所示。

图 12-6　设置“轨道遮罩键”特效的参数

图 12-7　轨道遮罩文字效果

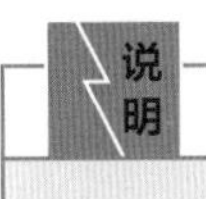

在 Premiere 中创建的文字、图形是自带 Alpha 通道的。可以在【节目监视器】面板中右击，选择“显示模式→ Alpha”命令，查看序列当前时间的 Alpha 信息。

（3）为 V1 轨道上的素材片段添加“裁剪”特效。将 V1 轨道取消隐藏，调整 V1 轨道上素材片段的“缩放”属性为 120%，在【效果】面板中依次展开“视频效果→变换”素材箱，选中“裁剪”效果，将其添加到该素材片段上，并设置“羽化边缘”为 20。在 0 秒处为“顶部”和“底部”添加关键帧，将播放指示器移动到 4 秒处，设置“顶部”和“底部”数值分别为 50% 和 20%，如图 12-8 所示。同时适当调整文本的位置，如图 12-9 所示。

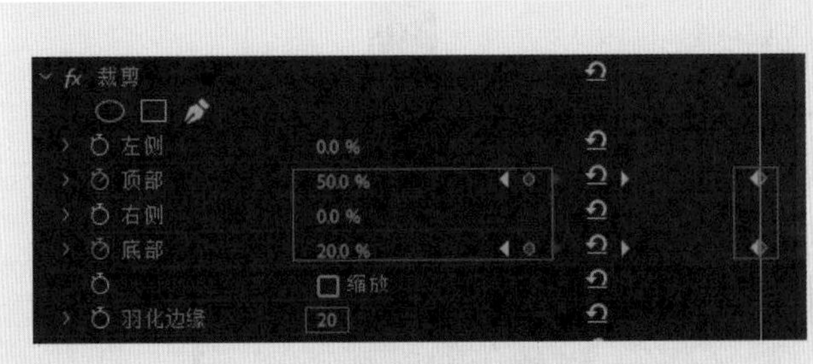

图 12-8　设置“裁剪”特效的参数

图 12-9　添加“裁剪”特效后的效果

（4）制作文字淡入、淡出动画。选中文本，分别在 4 秒、6 秒、8 秒、10 秒处调整文本的“不透明度”属性为 0%、100%、100%、0%。

如果想让文字出现的时候更具视觉冲击力，也可以尝试为文本添加“缩放”属性的关键帧动画或者“位置”属性的关键帧动画。

（5）合成输出。将背景音乐素材拖曳到音频轨道 A1 上，适当调整各轨道素材片段的持续时间，完成整个视频的制作。

知识补充 18

知识补充 18：图像遮罩键与差值遮罩（扫描二维码学习）

任务 2　让水墨在虚拟世界中流淌——应用“亮度键”合成水墨效果

应用亮度键合成水墨效果

1．认识“亮度键”特效

“亮度键”基于素材的亮度通道进行抠像。当主体与背景有明显不同的明亮度时，可使用此效果。“阈值”控制暗部像素的不透明度，默认为 100%，值越大，暗部像素越透明；值越小，暗部像素越不透明。“屏蔽度”控制亮部像素的不透明度，默认为 0%，值越小，亮部像素越不透明；值越大，亮部像素越透明。例如，对图 12-10 所示的原始黑白渐变层应用“亮度键”后，通过对“阈值”和“屏蔽度”的参数进行调节，分别得到图 12-11、图 12-12、图 12-13、图 12-14、图 12-15 所示的画面合成效果。

图 12-10　原始画面效果

图 12-11　“阈值”为 100%，“屏蔽度”为 0%

图 12–12　“阈值”调到 50%，“屏蔽度”为 0%

图 12–13　“阈值”调到 0%，“屏蔽度”为 100%

图 12–14　“阈值”调到 50%，“屏蔽度”为 45%

图 12–15　“阈值”调到 50%，“屏蔽度”为 60%

从上述的合成效果中可以看出，亮度键可以有两个方面的用途，一是暗背景抠像，应用较高的阈值和较低的屏蔽度；二是亮背景抠像，应用较低的阈值和较高的屏蔽度。当“阈值”和“屏蔽度”的参数值差别较大时，实现的是渐变擦除的效果，也就是带有一定羽化效果的渐变，而当两者的数值差别很小时，则会确立一个很精确的擦除范围。因此在实际应用中，可以结合所需要的合成效果进行灵活设置。

2．应用“亮度键”合成水墨效果

新建序列，导入素材，将素材“镜头 1．mov”拖曳到 V1 轨道，素材“水墨 1．mp4”拖曳到 V2 轨道，适当调整素材持续时间，如图 12-16 所示。

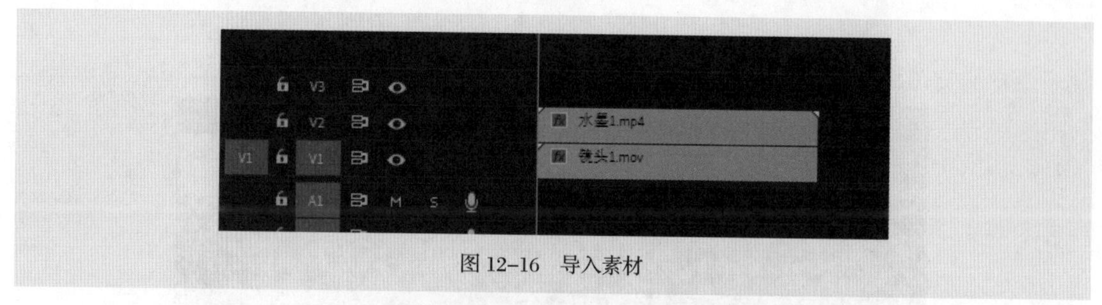

图 12-16　导入素材

（1）为“水墨 1”素材片段添加“亮度键”特效。在【效果】面板中展开“视频效果”素材箱，找到“键控→亮度键”特效，将其拖曳到 V2 轨道的“水墨 1”素材片段上，根据整体效果适当调整“水墨 1”的“不透明度”为 80%，如图 12-17 所示。

图 12-17　为“水墨 1”添加“亮度键”特效

（2）为“水墨 2”素材片段添加“亮度键”特效。依次将素材“镜头 2．mp4”拖曳到 V1 轨道，将素材“水墨 2．mp4”拖曳到 V2 轨道，为“水墨 2”素材片段添加“亮度键”特效，如图 12-18 所示。最后添加合适的背景音乐，并适当调整每个镜头持续时间，完成合成效果制作。

图 12-18　为“水墨 2”添加“亮度键”特效

任务 3　探索遮蔽的力量——应用蒙版合成镜头画面

在影视制作中，多个画面或视频进行叠加处理时，除了可以使用前面学习的键控技术之外，还可以通过灵活绘制蒙版对多个视频进行抠像、合成。

蒙版指的是一个路径或者轮廓图，利用蒙版可以灵活地显示画面中的某一部分，可以控制哪些区域受影响，哪些区域不受影响。

1．创建、设置蒙版

在【效果控件】面板中，展开“不透明度”控件，可以看到 3 个蒙版工具，分别是椭圆工具、矩形工具和钢笔工具，用它们可以绘制出蒙版的各种形状，如图 12-19 所示。椭圆工具和矩形工具可以用来创建椭圆和矩形蒙版，利用钢笔工具可以自由绘制路径形状。单击可以创建节点，拖动鼠标可以创建带有贝塞尔曲线手柄的节点，将路径闭合可以形成选区。

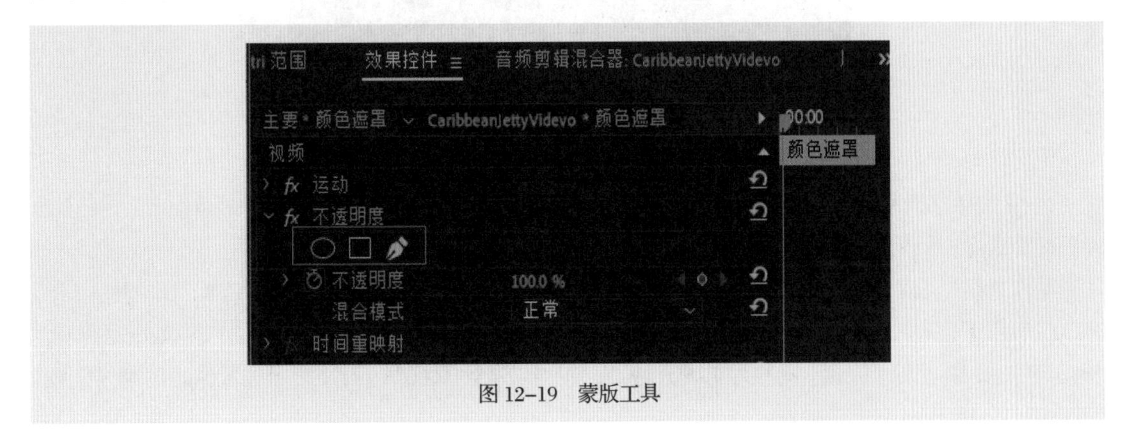

图 12-19　蒙版工具

在 Premiere 中，创建的蒙版会在【效果控件】面板中依次显示为蒙版（1）、蒙版（2）……选中蒙版可以对其进行编辑，可以选择、移动、编辑、删除点，或者移动整个蒙版。蒙版的属性主要包括“蒙版路径”“蒙版羽化”“蒙版不透明度”“蒙版扩展”“已反转”等。

创建“蒙版”、设置“蒙版”的具体操作可参看本书第二单元。

2．应用蒙版合成镜头画面

（1）导入素材“局部遮挡. bmp”“卡通飞机. png”，将素材“局部遮挡. bmp”分别拖曳到 V1、V3 轨道，将素材“卡通飞机. png”拖曳到 V2 轨道，如图 12-20 所示。

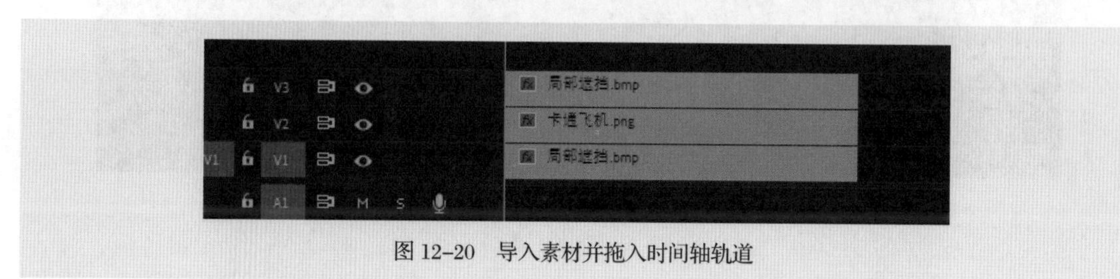

图 12-20　导入素材并拖入时间轴轨道

（2）为了方便观察，先隐藏 V1 和 V2 轨道，单击 V3 轨道上的素材片段“局部遮挡.bmp”，打开【效果控件】面板，在“不透明度”控件中选择钢笔工具，然后在【节目监视器】面板中沿着大楼外侧绘制蒙版，如图 12-21 所示。

绘制蒙版时要注意两点：第一，蒙版要闭合，这样才能形成选区；第二，将“蒙版羽化”调整为 0。

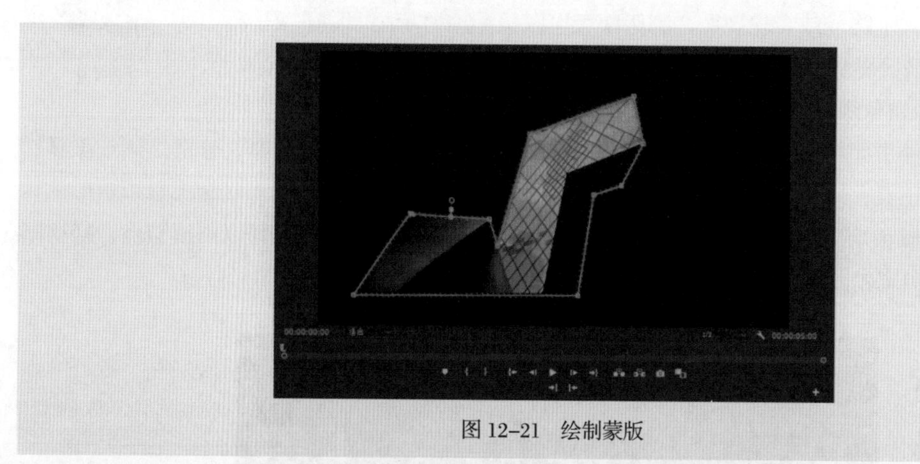

图 12-21　绘制蒙版

（3）制作飞机动画。将 V1 和 V2 轨道正常显示，单击选中素材片段“卡通飞机. png”，在【效果控件】面板中调整“卡通飞机 .png”的“缩放”属性为 15%。

制作素材“卡通飞机. png”的“位置”和“旋转”属性的关键帧动画。在 0 秒处“位置”属性为 -120、345，“旋转”属性为 15°；在 1 秒处“位置”属性为 480、430；在 3 秒处“位置”属性为 850、480；在 4 秒 23 帧处“位置”属性为 1480、400，“旋转”属性为 5°。至此，合成镜头画面制作完成，如图 10-22 所示。

图 12-22　飞机动画效果

要点总结

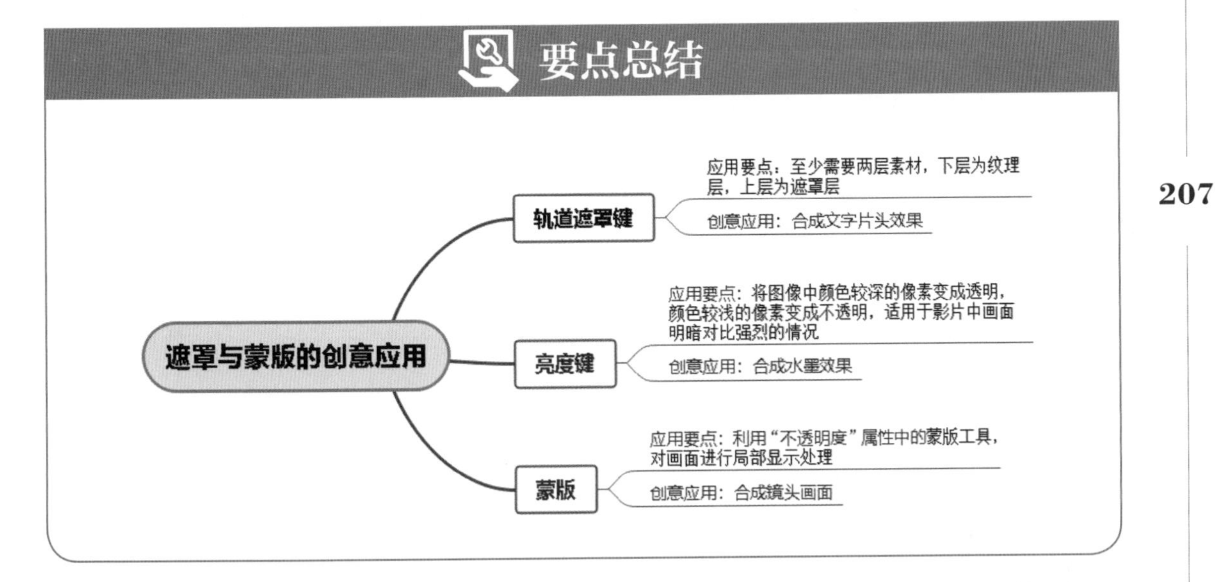

实践训练

为古诗《游子吟》设计制作一部文艺短片。

墨是中国千年文化沉淀的瑰宝，从画到字无处不在，水墨更是中国艺术作品里恒久不变的主题。请为古诗《游子吟》设计镜头画面，剪辑制作一部文艺短片，并利用水墨效果、蒙版合成等进行画面的包装设计，突出古风国韵的主题风格。

课后习题

（一）单项选择题

1. 要想抠除水墨素材中的黑色部分使其变成透明，使用下列的（　　）特效比较合适。

   A. 颜色键　　B. 亮度键　　C. 非红色键　　D. Alpha 调整

2. 轨道遮罩是通过（　　）素材来完成的。

   A. 两层　　B. 三层　　C. 四层　　D. 五层

3. 轨道遮罩键下的 Alpha 遮罩读取的是遮罩层的（　　）信息。

A. 颜色亮度　　B. Alpha 通道　　C. RGB　　D. 色相

4. 轨道遮罩键下的亮度遮罩读取的是遮罩层的（　　）信息。

A. 颜色亮度　　B. Alpha 通道　　C. RGB　　D. 不透明度

5. 蒙版的属性包括（　　）。

A. 蒙版路径　　B. 蒙版羽化　　C. 蒙版扩展　　D. 以上都是

6. 在 Premiere 中，视频轨道之间的关系是（　　）。

A. 上层遮挡下层　　B. 下层遮挡上层　　C. 互不影响　　D. 以上都不对

（二）判断题

1. “亮度键”特效可以将影片中颜色较深的像素变成不透明，颜色较浅的像素变成透明。（　　）
2. 使用“轨道遮罩键”时作为遮罩层使用的素材只能是视频素材。（　　）
3. 在 Premiere 中创建的文本、图形是自带 Alpha 通道的。（　　）
4. 使用蒙版椭圆工具只能绘制椭圆，不能绘制圆。（　　）
5. 通过添加蒙版可以局部显示画面或者局部添加效果。（　　）

（三）简答题

1. 轨道遮罩键的合成方式包括哪些？
2. 差值遮罩的作用是什么？
3. 蒙版的属性包括哪些？